高等职业院校教学改革创新示范教材·软件开发系列
中软国际卓越人才培养系列丛书

Java
程序设计

第2版

王晓华　毕兰兰　主　编
万志伟　朱丽萍　副主编

電子工業出版社
Publishing House of Electronics Industry
北京·BEIJING

内 容 简 介

古人云，“万事开头难”，熟练掌握Java语言是Java应用开发的第一个台阶，能够深入理解Java程序设计，是学习Java系列技术的必要前提。本书结合作者多年开发和教学经验，从入门者的学习特点出发，循序渐进地带领读者走进Java世界，使得“开头并不难”。

全书分为6个部分，包括Java语言的类、类之间的关系、异常处理、核心API的使用、特性总结和编程实战。其中，编程实战部分提供了连连看游戏的完整实现，帮助读者使用教材就能自主实现该案例，快速提高Java程序设计实践能力。书中内容打破了传统的堆砌知识点的方式，从解决问题的角度诠释面向对象程序设计，涵盖了企业实际工作中常用的技能与知识点，简单明了，易读易懂。

本书适合Java语言初学者以及Java程序员阅读。

图书在版编目（CIP）数据

Java 程序设计/王晓华，毕兰兰主编. —2 版. —北京：电子工业出版社，2016.6
ISBN 978-7-121-28912-5

Ⅰ. ①J…　Ⅱ. ①王…　②毕…　Ⅲ. ①JAVA 语言－程序设计－高等学校－教材　Ⅳ. ①TP312

中国版本图书馆CIP数据核字（2016）第114035号

策划编辑：程超群
责任编辑：郝黎明　　特约编辑：张　彬
印　　刷：北京七彩京通数码快印有限公司
装　　订：北京七彩京通数码快印有限公司
出版发行：电子工业出版社
　　　　　北京市海淀区万寿路 173 信箱　邮编 100036
开　　本：787×1 092　1/16　印张：16.25　字数：416 千字
版　　次：2011 年 9 月第 1 版
　　　　　2016 年 6 月第 2 版
印　　次：2022 年 1 月第 4 次印刷
定　　价：38.00 元

凡所购买电子工业出版社图书有缺损问题，请向购买书店调换。若书店售缺，请与本社发行部联系，联系及邮购电话：（010）88254888，88258888。

质量投诉请发邮件至 zlts@phei.com.cn，盗版侵权举报请发邮件至 dbqq@phei.com.cn。

本书咨询联系方式：（010）88254577，ccq@phei.com.cn。

序

当我翻阅了“中软国际卓越人才培养系列丛书”后，不禁为这套丛书的立意与创新之处感到欣喜。教育部“卓越工程师教育培养计划”有三个主要特征：一是行业企业深度参与培养过程；二是学校按通用标准和行业标准培养工程人才；三是强化培养学生的工程能力和创新能力。这套丛书紧紧围绕“卓越计划”的要求展开，以企业人才需求为前提，同时又充分考虑了高校教育的特点，能让企业有效参与高校培养过程，是一套为“卓越计划”量身打造的丛书。

丛书的设计理念紧扣中软国际（ETC）的“5R”理念，即真实的企业环境、真实的项目经理、真实的项目案例、真实的工作压力、真实的就业机会，切实将企业真实需求展现给读者。丛书中的知识点力求精简、准确、实用，显然是编者经过反复推敲并精心设计的成果。丛书中对企业用之甚少的知识点，都进行了弱化，用较少篇幅讲解，而对于企业关注的知识点，都讲解得非常详尽。这样的设计对初学者尤其是在校学生非常有必要，能够节省很多学习时间，从而在有限的时间内学习到企业关注的技能，而不是花费很多精力去钻研并不实用的内容。

丛书非常强调“快速入门”这一法宝，能够对某门技术“快速入门”永远是激发学习兴趣的关键。丛书设计了很多“快速入门”章节，使用详尽丰富的图示以及代码示例，保证读者只要根据丛书的指导进行操作，就能够尽快构建出相关技术的实例。

丛书非常注重实际操作，很多知识点都是从提出问题引出，从而在解决这个问题的过程中讲解相关的技能。丛书中没有大篇幅的理论描述，尽力用最通俗、最简练的语言讲解每个问题，而不是“故作高深”地使用很多新名词。

非常值得一提的是，丛书配备了对应的 PPT 讲义，并将 PPT 讲义显示到了相应章节，同时为关键知识点录制了微视频课件，这种形式令人耳目一新。首先能起到提纲挈领的作用，帮助读者快速了解每个章节的主要内容，掌握完整的知识体系。另外，这种方式非常适合在高校教学中使用，能够完全与教材同步，方便学生课前预习及课后复习，可以有效提高教学效果。

这套丛书是中软国际多年行业经验的积累和沉淀，也是众多编者智慧与汗水的结晶，一定能在校企合作的道路上发挥积极长远的作用。

国家示范性软件学院建设工作办公室副主任

北京交通大学软件学院院长

PREFACE 前言

本书第 1 版自 2011 年 9 月面世以来，与《JavaEE 主流开源框架》和《JavaEE 架构与程序设计》一起，获得了广大师生的普遍欢迎和好评，其中修订后的《JavaEE 主流开源框架（第 2 版）》（"十二五"职业教育国家规划教材，ISBN 978-7-121-23920-5）和《JavaEE 架构与程序设计（第 2 版）》（ISBN 978-7-121-25136-8）已先于本书出版。

本书编者在实际工作中发现，很多 Java 初学者甚至有开发经验的 Java 程序员，对 Java 语言的掌握都不够系统，没有一个完整的知识体系，而仅仅掌握一些片面的内容。本书配套了 PPT 讲义，并把讲义内容显示到每个章节的对应位置，这样有助于读者能够快速了解每个章节的主要内容，建立起 Java 的完整知识体系，对整体掌握 Java 程序设计起到非常好的作用。本书也非常适合作为高校 Java 程序设计相关课程的教材使用，书中的 PPT 可以单独下载，这样能够保证讲师授课思路和顺序完全与教材对应，取得良好的教学效果。附录部分提供了企业关注的技能点，并从企业的角度给予了解析，能够帮助读者进一步整理书中内容，掌握企业需要的技能。

本书分成了 6 个部分，每一部分都专注一个大的主题，而各主题都是前后关联、相辅相成的关系。读者按照这 6 个部分进行学习，不仅能循序渐进地掌握 Java 编程语言的核心知识点，而且能真正建立面向对象的编程思想，实际完成一个编程项目。

第一部分：Java 语言的类。既然 Java 应用都是由 Java 类组成的，所以首先需要了解 Java 类的相关知识，如 Java 的类由哪些部分组成，以及这些组成元素所涉及的知识点。本部分学习结束后，读者将对一个 Java 类的各个组成部分都有深入理解。

第二部分：类之间的关系。第一部分已经对一个独立的 Java 类本身有了深入理解。然而，一个 Java 应用中不可能只有一个类，一定由多个类组成。既然有多个类，类与类之间就一定存在着各种关系。本部分将详细讲解类与类之间的各种关系，如关联、依赖、继承、实现。

第三部分：异常处理。学习完前两部分后，读者对于封装、继承、多态的概念已经掌握。异常处理是保证程序鲁棒性的一个有效方法，本部分主要学习 Java 的异常处理机制。

第四部分：核心 API 的使用。学习完前三部分后，读者对于 Java 语言的核心概念已经掌握。本部分主要关注 Java 语言核心 API 的使用，包括集合、输入/输出、GUI、线程等。本部分学习结束后，读者能够熟练使用常用的 API 进行编程。

第五部分：特性总结。本部分集中讨论一些特性，如泛型、枚举、可变参数、Annotation 等，客观讨论每种特性的适用场合。

第六部分：编程实战。本部分完整展示连连看游戏的实现过程。

本次修订改版，编者为关键知识点录制了一百多个**微视频课件**，通过扫描关键知识点二维码，即可通过移动终端在线播放和观看。建议在无线网络环境下播放和观看微视频课件。教材相关的 PPT、源代码及视频均可到 **www.hxedu.com.cn** 下载，还可以在线免费申请样书。

本书由王晓华和毕兰兰担任主编，万志伟和朱丽萍担任副主编，全书由王晓华统稿。

在编写本书的过程中，得到了很多领导、同事以及朋友的帮助。感谢中软国际的所有领导以及 CTO 办公室的所有同事，是你们的帮助、鼓励以及支持才有这本书的问世。

由于编者水平有限，也由于时间仓促，书中一定存在一些不尽如人意的地方，甚至会有一些错误。如果您发现了任何内容方面的问题，烦请一定通知我们（wangxh@chinasofti.com），我们争取尽快勘误。

编　者

CONTENTS 目录

第一部分 Java语言的类

第二部分　类之间的关系

第三部分　异常处理

第四部分 核心 API 的使用

第五部分 特性总结

第六部分　编程实战

第一部分

Java 语言的类

要学习 Java 程序设计，首先要熟悉 Java 应用的基本组成单位。作为一门面向对象的语言，可以说 Java 应用都是由若干个类（class）组成的。无论一个多么简单或者多么复杂的 Java 应用，都由若干个 Java 类组成，所以先学习 Java 类的相关知识非常有必要。本部分先介绍 Java 语言的基本特征以及环境搭建，帮助读者快速入门，然后学习一个 Java 类的 5 种主要组成元素，帮助读者对一个 Java 类有较完整的了解。在后面的几章将介绍 Java 类中的一些重要且通用的知识点，如权限修饰符、数据类型、static、final、操作符、流程控制等。学习本部分后，读者能熟练掌握并理解一个 Java 类的相关语法，也能初步了解面向对象的思想。

第 1 章

Java 语言概述

本章主要介绍 Java 语言的特点、开发环境的安装以及如何编译运行一个简单的 Java 类。通过学习本章，读者将能快速上手，揭开 Java 语言的面纱。

1.1 Java 语言的特点

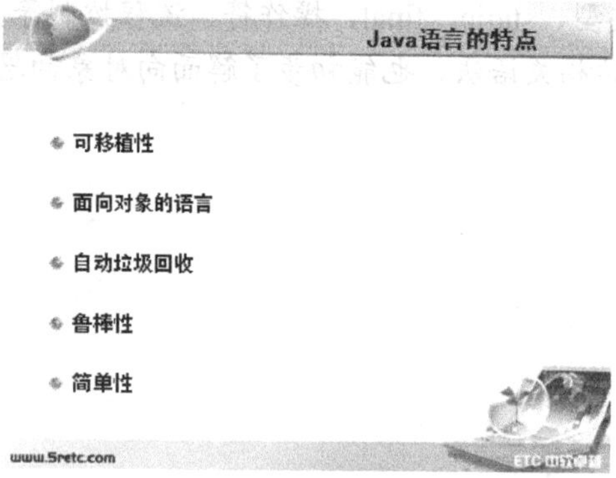

Java 平台介绍与特点

Java 语言是 Sun 公司（目前已被 Oracle 公司收购）于 1995 年正式推出的面向对象的编程语言。秉承“简单明了”的编写原则，对于其发展历史本书不再赘述，下面就从了解 Java 语言的主要特点开始，走进 Java 的世界。Java 语言有很多优秀的特点，本节中只列出几种重要的特征，总结如下。

1. 可移植性

可移植性，又称跨平台性、平台无关性，或者“一次编写、处处运行”，可以说是 Java 语言最为闪光的特点，在任何场合介绍 Java 语言，都少不了介绍这一特征。可移植性的意思是开发 Java 应用，无须为不同平台开发不同的程序，只要开发一次，就可以在任何平台运行。要理解可移植性，首先需要了解 Java 程序的运行过程：Java 程序的源文件都被存储为以.java 为后缀的文本文件，要运行 Java 程序，首先需要对源文件进行编译（compile）；编译后将生成类文件（.class 文件）。类文件是字节码文件，不是机器码文件，可谓“半成品”。CPU 执行类文件前需要将类文件解释生成符合当前平台规范的字节码文件。负责将字节码解释成机器码的是 JVM（Java 虚拟机）中的解释器。而 Sun 公司为主流平台都提供了相应版本的 JVM。JVM 负责根据平台特征，将编译生成的字节码解释成符合当前平台规范的机器码，从而实现了只要一次编写，就能在不同平台上运行的效果。可以说，如果要运行 Java 程序，首先必须安装 JVM，因为只有 JVM 的解释器能将编译生成的字节码成功解释为符合当前平台规范的机器码，才能保证在当前平台上正常运行 Java 应用。

什么是 JVM？即 Java 虚拟机，是一个想象中的机器，在实际的计算机上通过软件模拟来实现。Java 虚拟机有自己想象中的硬件，如处理器、堆栈、寄存器等，还具有相应的指令系统。只要在计算机上安装了 JDK（Java 开发工具包），该计算机就拥有了虚拟机。

2. 面向对象的语言

Java 是一门面向对象（Object Oriented）的语言，也就是说，Java 程序都以对象作为基本组成单元。面向对象语言都有三大特征：封装、继承和多态。这三大特征将在后面的章节中深入学习。要了解面向对象的思想，首先需要理解一系列相关的概念，参见 1.2 节。

3. 自动垃圾回收

众所周知，内存的有效使用对于程序设计是非常重要的。对于不再被使用的数据，就应该及时释放其占据的内存，以提高内存使用效率，这个过程被称为“垃圾回收”。Java 语言的垃圾回收机制采用后台线程自动完成，不需要程序员通过代码完成，称为“自动垃圾回收”。后台线程将跟踪并检查内存使用情况，对于不再被引用的数据，将自动进行内存释放。然而，值得注意的是，虽然 Java 语言有自动垃圾回收机制，但是并不能保证不出现内存泄漏。如果源代码的结构或算法等有问题，也同样可能发生内存泄漏。

4. 鲁棒性

鲁棒性又称健壮性（Robustness）。Java 在编译和运行时，都要对可能出现的问题进行检查，以消除错误的产生。Java 提供自动垃圾回收机制来进行内存管理，防止程序员在管理内存时出现容易产生的错误；通过异常处理机制，帮助程序员正确地处理异常，以防止系统崩溃。异常处理的相关知识参见本书第三部分。

5. 简单性

Java 语言取消了指针，内存管理通过后台线程自动进行。不再使用 goto 语句，不支持多继承（继承的相关知识参见本书第二部分）。这些特性都保证了 Java 的简单性。

1.2　面向对象的基本概念

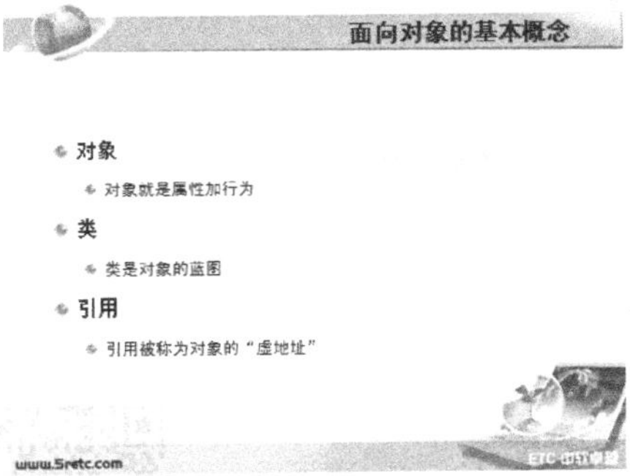

面向对象的基本概念

Java 语言是一门面向对象的语言，所以在开始编写 Java 程序前，有必要先理解与面向对象相关的概念。

本节将学习与面向对象有关的几个重要概念，包括对象、类、引用。

1. 对象

对象（object）这个词在很多地方都会出现。到底什么是对象？可以说“万物皆对象”，这句话虽然看似玄妙，实则是对对象非常准确的描述。可以说，现实世界中任何一个存在的事物，都可以称为对象，桌子、鼠标、人、苹果……都是对象。想象一下，如果一个外星人问地球人："什么是汽车？"地球人将如何描述清楚？可以说：汽车有 4 个轮子，有刹车系统，可以前进、后退……如果问："什么是近视眼镜？"可能说：眼镜有两个镜片，能够让近视的人看清物体……总之，对于任何一个对象的描述，其实都是从对象的**属性**和**行为**出发，属性就是对象的数据，如汽车的 4 个轮子、刹车系统，行为是对象能做的事情，如汽车能前进、后退，即操作。那么可以理解为，对象就是属性加行为。也可以说，对象封装了属性和行为。

Java 语言是面向对象的语言，即使用 Java 语言开发应用，从需求到设计，再到编程实现，都以对象为驱动。一个真正的面向对象的应用是严格反映现实世界的，即现实的业务系统中存在的实际对象，计算机应用系统中都有相应的语言对象。反之也成立，即现实业务系统中不存在的对象，计算机应用系统中也不应该存在该对象。

2. 类

类（class）是对象的蓝图，对象都是通过类创建出来的，也称为实例化。Java 应用都由若干个类组成，而在运行过程中，都是通过类实例化出的若干个对象在相互协作，从而实现业务逻辑。

3. 引用

Java 中取消了指针，却有一个概念非常类似指针，即引用（reference）。如 String s="hello"，声明创建了一个字符串类型的对象，其中 s 即引用。Java 语言中没有明确的指针定义，实质上用来创建对象的每个 new 语句返回的都是一个类似指针的引用，只不过在大多时候 Java 中不用关心如何操作这个"指针"。引用也可以被称为"虚地址"，如果两个对象的引用相同，那么在物理内存上就认为是一个对象。反之，如果两个对象的引用不同，那么在物理内存上就认为是两个对象。对对象的属性、方法的调用，都是通过引用进行的。如 s.length()，调用了对象 s 的 length()方法。

1.3 第一个 Java 类

1.3.1 环境搭建

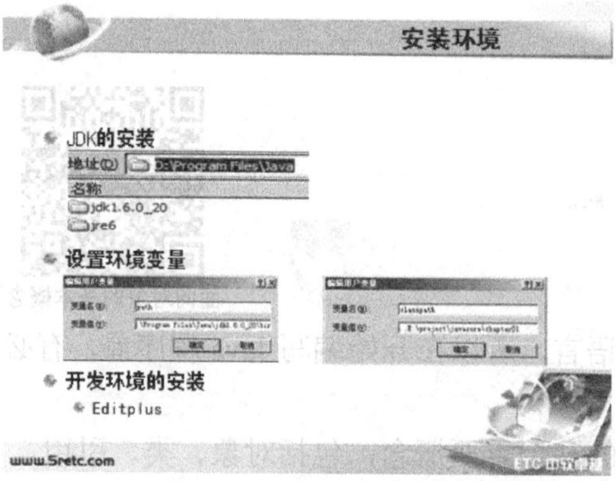

环境搭建

通过前面两节的学习，已经了解了 Java 语言基本知识，接下来写一个最简单的 Java 类，并成功编译、运行。工欲善其事，必先利其器。本节将从环境安装开始，完成最简单的 Java 类。

1. 安装 JDK

要编译运行 Java 程序，必须先安装相应版本的 JDK（Java 开发工具包）。按照默认步骤进行安装即可，成功安装后，相关文件将存放在 Program Files 目录下，如图 1-1 所示。

要使用 JDK 工具编译 Java 源代码，需要先设置环境变量。首先设置 path 环境变量，指定 JDK 的 bin 目录所在位置，如图 1-2 所示。

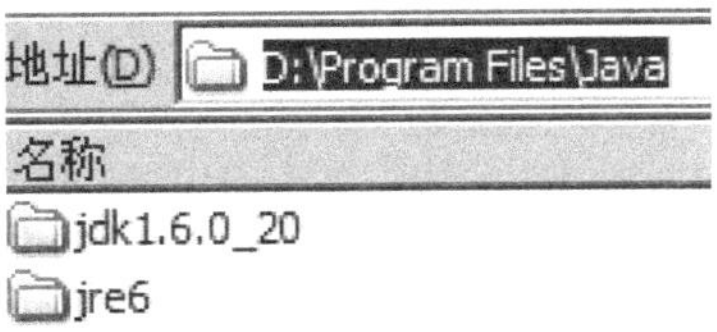

图 1-1　JDK 安装后的目录

要运行类文件，需要设置 classpath 环境变量，指定类文件路径。接下来，设置 classpath 变量，指定.class 文件所在的位置，可以设置多个路径，用分号隔开，使用.表示当前路径，如图 1-3 所示。

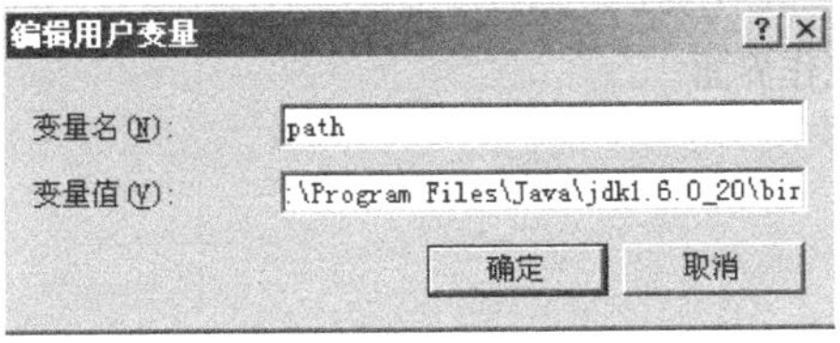

图 1-2　设置 path 环境变量

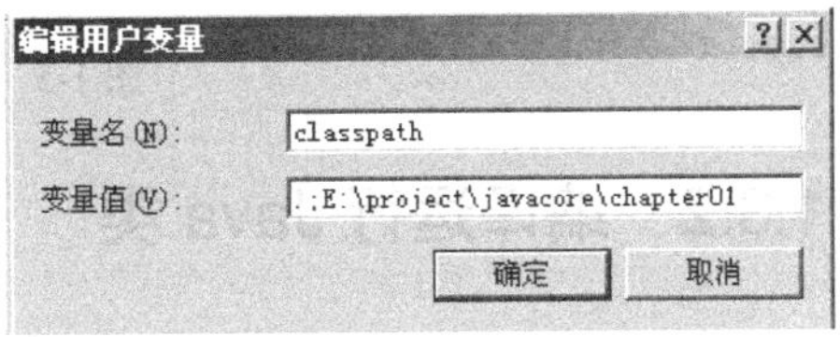

图 1-3　设置 classpath 环境变量

2. 安装开发工具

Java 源代码可以在任意文本编辑器中编写，在开发企业级应用过程中，都会采用 IDE（集成开发环境）工具以提高效率，如 Eclipse 等。在学习 Java 语言的初期，笔者建议使用最简单的编辑器即可，不必使用 IDE 工具，以强化对语言基础的理解和掌握，如 EditPlus 编辑器，其工作界面如图 1-4 所示。

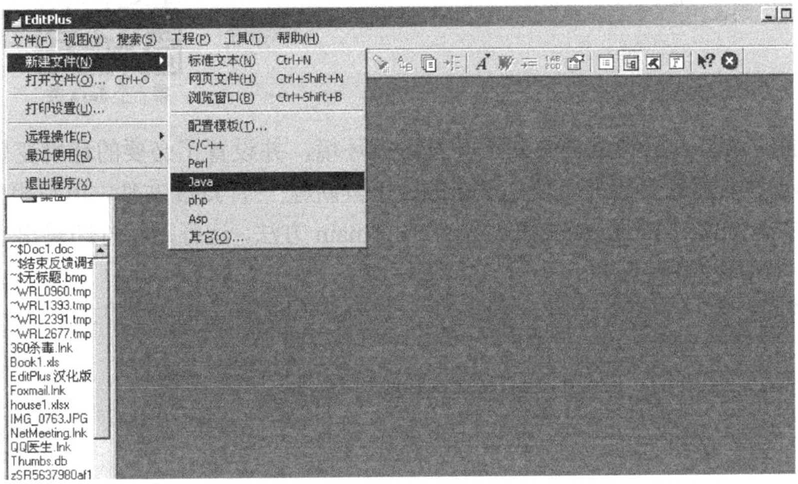

图 1-4　EditPlus 编辑器工作界面

当对 Java 语言有了基本了解后就可以使用 IDE 工具，目前使用较多的是 Eclipse。其工作界面如图 1-5 所示。

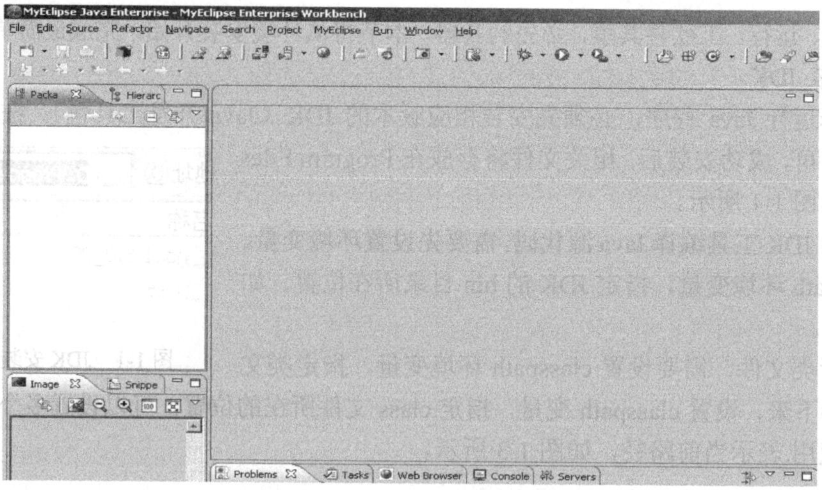

图 1-5　Eclipse 工作界面

1.3.2 编译运行 Java 类

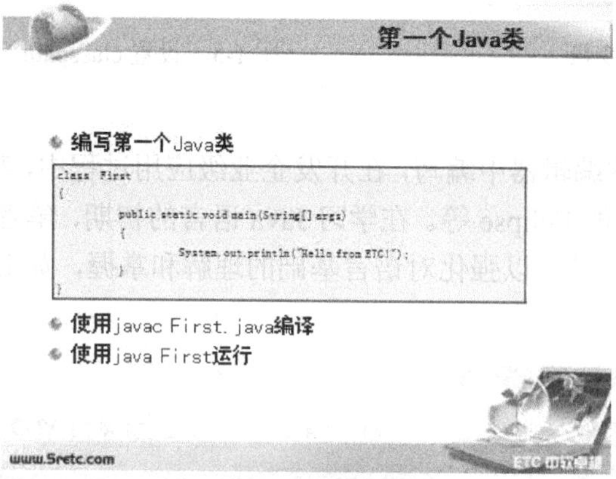

第一个 Java 类

通过上面的章节，已经成功安装了开发运行环境，并设置了必要的环境变量，本节将编写第一个 Java 类，并编译运行。使用 EditPlus 工具新建一个 Java 文件，填写相应代码，完成第一个 Java 类，保存为 First.java。该类只有一个 main 方法，运行后将打印输出字符串“Hello from ETC！”如下代码所示：

```
class  First
{
     public static void main(String[] args)
     {
          System.out.println("Hello from ETC!");
     }
}
```

1．编译 First.java

运行 cmd 命令，转到 First.java 文件目录下，使用 javac 命令编译 First.java，如图 1-6 所示。

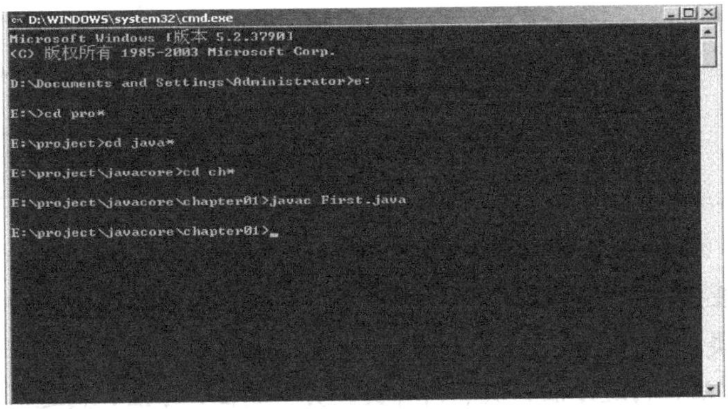

图 1-6　编译 First.java

编译成功后，会生成 First.class 文件，即类文件。

2. 运行 First.class

使用 Java 命令，可以运行 Java 类，这里是 First 类，如图 1-7 所示。

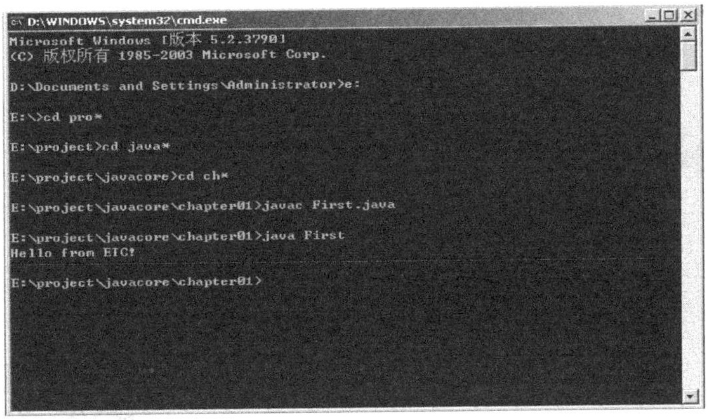

图 1-7　运行 First 类

为什么会打印出“Hello from ETC”？运行一个 Java 类，都会默认执行其中的 main 方法，main 方法必须按照规范声明，即 public static void main(String[] args)，否则将会出现运行错误。该类中有一个符合规范的 main 方法，所以运行后打印输出“Hello from ETC”。

1.4　本章小结

本章主要起到快速入门的作用，帮助读者快速了解 Java 语言的特点，能够顺利安装设置开发运行环境，并能成功编译运行第一个 Java 类。学习本章后，读者将对 Java 语言的主要特点有所了解，重点理解可移植性、面向对象的特征，也同时对面向对象的相关概念有初步理解，为继续深入学习打下基础。

第 2 章 Java 类的组成

学习第 1 章后，读者已经对 Java 语言有了初步的了解，本章将具体解析 Java 类的组成元素。任何一个 Java 类，都有 5 种基本组成元素：属性、方法、构造方法、块和内部类。其中属性、方法、构造方法是使用最多的元素，而块、内部类使用较少。本章将对各种元素进行学习。

Java 类基本结构

2.1 类

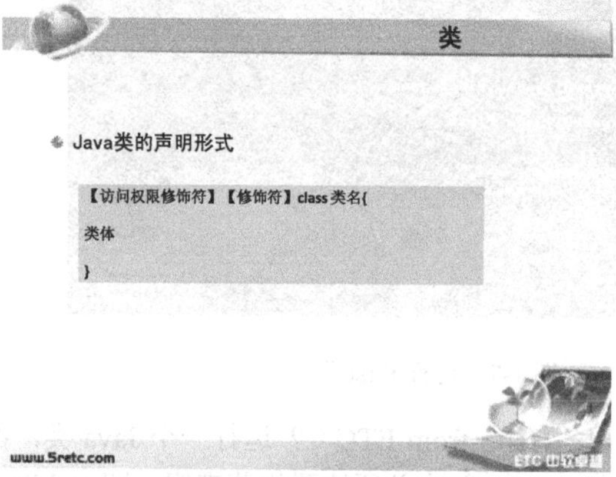

类的声明形式及作用

要学习 Java 类的组成，首先要了解 Java 类的声明形式。类的声明方式如下（【】代表可选项）：

```
【访问权限修饰符】【修饰符】class 类名{
 类体
 }
```

假设有一个员工类，类名为 Employee，则声明形式如下：

```
public class Employee{
 }
```

其中 public 是访问权限修饰符，Employee 是类的名字。访问权限修饰符的相关知识将在后面章节详细学习。该类的类体目前为空，类体往往包括属性、方法、构造方法、块、内部类等元素，下面将详细学习。

Java 语言中的标识符有哪些规则？标识符可以由字母、数字、下画线、$符组成，但是不能以数字开头。类名的首字母要大写，属性、方法名首字母小写，第二个单词的首字母大写。标识符中可以包含关键字，但是不能直接使用关键字。如类名 Employee、方法名 getName 都是合法且规范的标识符。而 1test、class 都是不合法的标识符。

2.2 属性

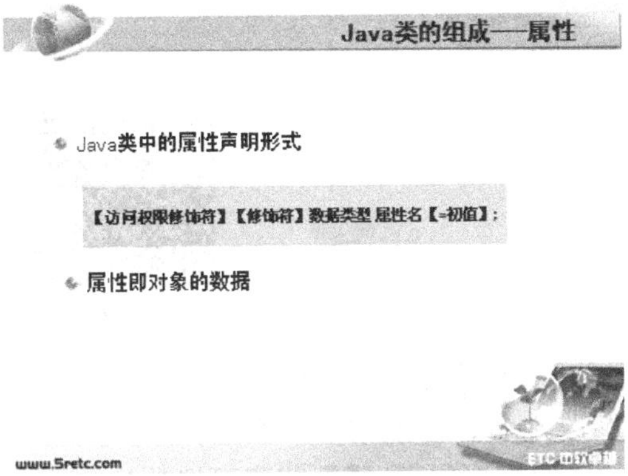

属性的声明形式及作用

类是对象的模板，对象都会有不同的属性，所以类里应该声明该类所具有的属性。属性即对象的数据，如员工的姓名、薪水、数量，就是员工类的属性。属性的声明方式如下（【】代表可选项）：

```
【访问权限修饰符】【修饰符】数据类型 属性名【=初值】；
```

在 Employee 类中声明姓名、薪水、数量 3 个属性，代码如下：

```
private String name;
private double salary;
private static int count=0;
```

其中，private 是访问权限修饰符的一种，表示私有权限；static 是修饰符的一种，表示静态变量，二者都不是必须使用。String、double、int 均为数据类型，name、salary、count 均为属性名称。其中 count 的初始值为 0。权限修饰符、修饰符、数据类型，均在下面章节详细展开。

2.3 方法

2.3.1 方法的声明形式

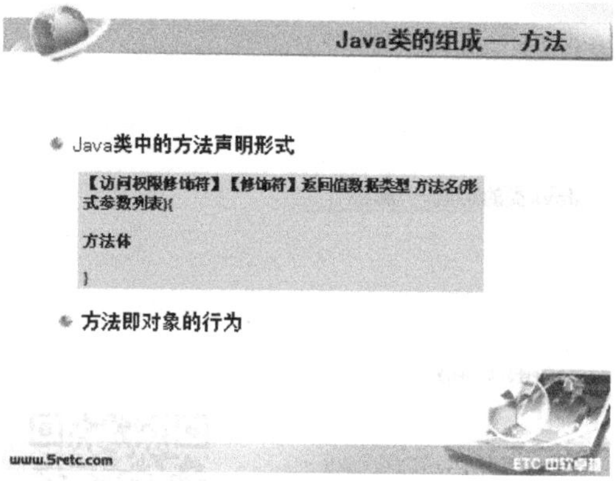

方法的声明形式及作用

对象除了具有属性外，还有自己的行为，即方法。所以类里除了要声明属性外，还要声明类的所有方法。如员工对象可以修改姓名、修改薪水、查看姓名、查看薪水，这些就是Employee类应该声明的方法。方法的声明方式如下（【】代表可选项）：

```
【访问权限修饰符】【修饰符】返回值数据类型 方法名(形式参数列表){
方法体
}
```

在Employee类里声明修改姓名、修改薪水、查看姓名、查看薪水4个方法，代码如下：

```
public String getName() {
      return name;
}
public void setName(String name) {
      this.name = name;
}
public double getSalary() {
      return salary;
}
public void setSalary(double salary) {
      this.salary = salary;
}
```

上述代码中声明了4个方法。其中getSalary是一个有返回值的方法，必须以一个带值的return语句返回。若方法没有返回值，则返回值类型用关键字void表示，如setSalary方法。如果方法需要参数，则需要声明形式参数，如setName方法的String name为该方法的形式参数列表，形式参数可以有多个，用逗号隔开即可。方法中的细节问题，请参见相关章节。

this是什么意思？this关键字，在此处代表的是当前对象的引用，由于方法的局部变量与类的属性同名，所以就必须借助this来区分。this.salary的salary是类的属性，=后的salary是方法的形式参数。

至此，Employee 类的类体已经不再是空，而包含了 3 个属性、4 个方法，代码如下：

```
public class Employee {
    private String name;
    private double salary;
    private static int count;
    public String getName() {
        return name;
    }
    public void setName(String name) {
        this.name = name;
    }
    public double getSalary() {
        return salary;
    }
    public void setSalary(double salary) {
        this.salary = salary;
    }
}
```

2.3.2 方法重载

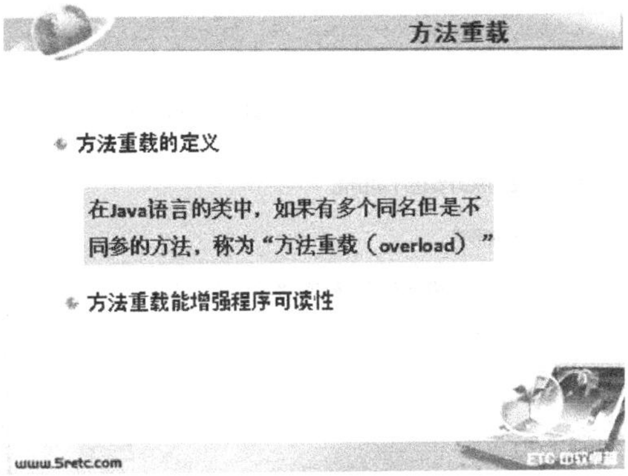
方法重载
方法重载的定义
在Java语言的类中，如果有多个同名但是不同参的方法，称为“方法重载（overload）”
方法重载能增强程序可读性
www.5retc.com

方法重载

假设 Employee 的薪水调整还有另外一种方案，即根据员工级别，按照一定比例调整薪水，那么在 Employee 类中增加如下方法：

```
public void setSalary(char level){
    switch(level){
        case 'a':salary=salary*1.1;break;
        case 'b':salary=salary*1.2;break;
        case 'c':salary=salary*1.3;break;
    }
}
```

至此，在 Employee 类中，就有两个名字为 setSalary 的方法，只不过参数不同。在 Java 语言的类中，如果有多个同名但是不同参数的方法，称为“方法重载（overload）”。所谓不同参数，可能是形式参数的个数不同，也可能是类型不同。方法重载能够增强程序的可读性。如 Employee 类中的 setSalary(char level)方法，命名为 setSalary2 也可以，不会影响使用，但是可读性将降低。两个方法都跟薪资调整有关，不过是算法不同、参数不同，所以应该使用同样的名字，可读性将提高。

一个类中，可以出现两个同名同参但是返回值不同的方法吗？答案是否定的，这种情况会发生编译错误。因为调用方法时，是通过指定方法名和参数调用的，如果两个方法的名字和参数都相同，那么调用的时候就会混淆，所以方法的返回值是不具备区分性的。

目前，Employee 类已经完成，那么，如何使用该类的方法或属性？对于任何一个类，最终使用的时候都需要实例化该类的对象，通过对象调用相应方法，从而执行相应的功能。所以，要使用类，首先就需要掌握创建对象的方法。创建对象的语句如下：

```
类名 对象名=new 类的构造方法;
```

要创建 Employee 类的对象，可由以下语句完成：

```
Employee e=new Employee();
```

其中 Employee 是要创建的对象的类型，即类名；e 是对象的名字，即引用；new 后面的 Employee()是 Employee 类的构造方法。构造方法的相关知识，参见 2.4 节。

2.4 构造方法

构造方法的声明形式及作用

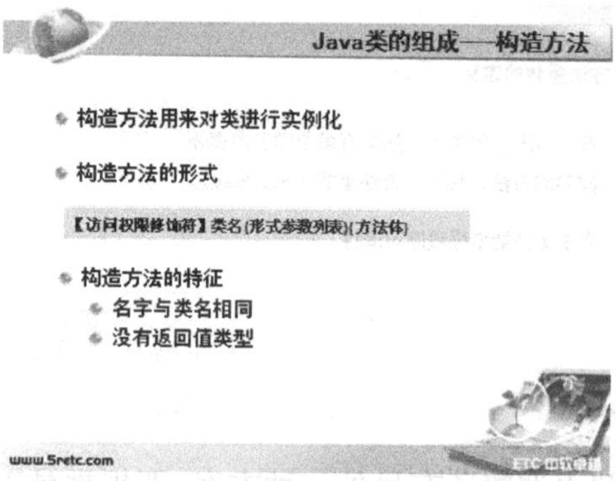

构造方法重载

要想使用 Java 类，必须创建类的对象，即对类进行实例化。而创建对象就必须使用构造方法，因此，构造方法在 Java 类中有举足轻重的作用。构造方法的声明形式如下（【】代表可选项）：

```
【访问权限修饰符】类名 (形式参数列表){方法体}
```

构造方法有两个显著特征：①名字必须与类名相同，且大小写敏感；②没有返回值类型。Employee 类中无参的构造方法形式如下：

```
public Employee() {
}
```

值得注意的是，任何一个 Java 类都默认有一个如上所示的无参构造方法。也就是说，即使 Employee 类中没有声明无参的构造方法，照样可以直接使用。如对于 2.2 节展示的 Employee 类，其中没有任何构造方法的声明，但是却可以使用如下代码：

```
public static void main(String[] args) {
    Employee e=new Employee();
    e.setName("Gloria");
    e.setSalary(5000);
    System.out.println(e.getName()+e.getSalary());
}
```

上述代码首先使用 Employee 类的无参构造方法 Employee()创建一个对象，名字为 e。接下来，使用圆点调用了 e 的方法，其中 e.setName 对 e 指定了名字为 Gloria，e.setSalary 方法将 e 的薪水赋值为 5000，最后调用 getXXX 方法返回 e 的名字和薪水。打印输出结果如下所示：

```
Gloria 5000.0
```

如果希望在创建 Employee 对象时，为该对象直接指定名字，而不是使用 setName 方法指定名字，该如何实现？这种情况下，就可以在 Employee 类中声明带形式参数的构造方法。如下代码所示：

```
public Employee(String name) {
    this.name = name;
}
```

同理，也可以创建具有其他参数的构造方法，使得创建对象的同时，能够直接对名字、薪水赋值。如下代码所示：

```
public Employee(String name, double salary) {
    this.name = name;
    this.salary = salary;
}
```

需要注意的是，无参的构造方法，只有在该类没有声明任何构造方法的时候，才是默认存在的；只要声明了其他带参的构造方法，无参的构造方法将不会默认存在，而是必须声明才可以使用。至此，Employee 类的代码如下所示：

```
public class Employee {
    private String name;
    private double salary;
    private static int count;
    public Employee() {
    }
    public Employee(String name) {
        this.name = name;
    }
    public Employee(String name, double salary) {
        this.name = name;
        this.salary = salary;
    }
    public String getName() {
        return name;
    }
    public void setName(String name) {
        this.name = name;
    }
    public double getSalary() {
        return salary;
    }
```

```
    public void setSalary(double salary) {
        this.salary = salary;
    }
}
```

该类中声明了3个属性、3个构造方法、4个方法。可以使用如下代码测试该类：

```
public static void main(String[] args) {
    //使用无参构造方法创建对象
    Employee e=new Employee();
    e.setName("Gloria");
    e.setSalary(5000);
    System.out.println(e.getName()+" "+e.getSalary());
    //使用带一个参数的构造方法创建对象
    Employee e1=new Employee("Alice");
    System.out.println(e1.getName()+" "+e1.getSalary());
    //使用带两个参数的构造方法创建对象
    Employee e2=new Employee("John",6000);
    System.out.println(e2.getName()+" "+e2.getSalary());
}
```

运行结果如下：

```
Gloria 5000.0
Alice 0.0
John 6000.0
```

Java类的主要组成部分就是属性、方法、构造方法。属性用来表示对象的数据，方法用来表示对象具有的行为，构造方法用来创建对象，反之也成立，即构造方法只能用来创建对象。

类名、属性名、方法名有什么命名规范？Java语言中的所有标识符都只能由字母、数字、下画线、$符组成，且数字不能打头。类名建议首字母大写，每个单词的首字母都大写，如CustomerService。属性名建议第一个单词首字母小写，其他单词首字母大写，如accountType。方法名与属性名的建议相同，如getName。即使违反了命名规范，也不会发生编译运行错误，但是却严重影响代码的可读性。

2.5 块

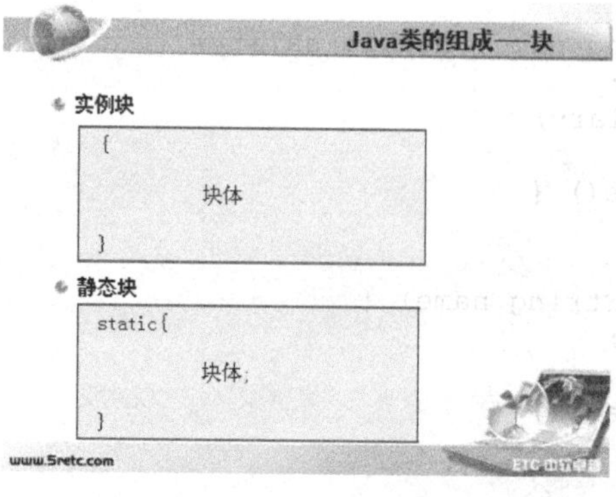

块与内部类

块是在 Java 类中不太常见的一种元素。块的声明形式与方法体类似，分实例块和静态块（static 块）两种。static 的具体含义在相关章节将详细展开。

1. 实例块

实例块的声明形式如下：

```
{
        块体
}
```

在 Employee 类中增加实例块，如下所示：

```
{
        count++;
        System.out.println("创建了一个对象");
}
```

实例块不能直接调用，每次调用任何构造方法创建对象时，都会在调用构造方法前自动调用实例块的代码。所以实例块常常用来包含所有构造方法都需要执行的功能，而这些功能只在调用构造方法前执行。再次运行 2.4 节中的测试代码，结果如下：

```
创建了一个对象
Gloria 5000.0
创建了一个对象
Alice 0.0
创建了一个对象
John 6000.0
```

可见，不管使用哪个构造方法创建对象，在调用构造方法前，都默认执行了实例块代码。一个类中可以有多个实例块，将按照声明顺序被执行。

2. 静态块

静态块的声明形式如下：

```
static{
        块体;
}
```

静态块与实例块的区别在于，静态块只被运行一次，而实例块是每次创建对象都会运行。因此，静态块往往用来包含该类必须执行且只执行一次的代码。在 Employee 类中加入如下静态块：

```
static{
    System.out.println("静态块");
}
```

再次运行 2.4 节的测试代码，结果如下：

```
静态块
创建了一个对象
Gloria 5000.0
创建了一个对象
Alice 0.0
创建了一个对象
John 6000.0
```

可见，虽然创建了 3 个对象，但是静态块却只运行了一次，而且在最开始处运行。

2.6 内部类

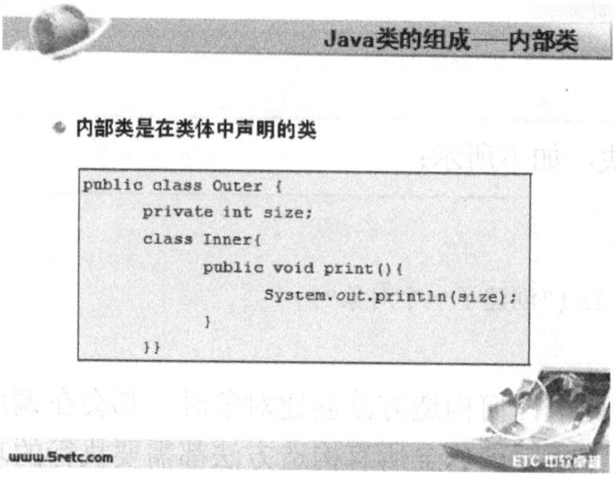

块与内部类

顾名思义，内部类（inner class）即在类体中声明的类，包含内部类的类往往被称为外部类（outer class）。内部类作为外部类的成员存在，可以像方法一样使用外部类的属性和方法。同时内部类也具有类的特征，可以声明属性、方法、构造方法等，内部类也需要创建对象才能使用类中的方法或属性等成员。

如下代码中的 Inner 类即 Outer 类的内部类：

```
Public class Outer {
    private int size;
    class Inner{
        public void print(){
            System.out.println(size);
        }
    }
}
```

内部类的具体应用，请参考第 17 章。

2.7 本章小结

Java 程序都由若干个类组成，所以先了解 Java 类的主要组成元素非常关键。本章主要学习了类中常见的 5 种元素，包括属性、方法、构造方法、块和内部类。学习本章后，读者能够对 Java 类有清晰认识，对各元素的声明形式、含义、作用也有所了解。但是 5 种元素中有很多通用的知识点，如类、属性、方法、构造方法都使用到了访问权限修饰符，属性、方法都涉及数据类型等。在第一部分接下来的章节中，将针对这些“通用”的知识点逐一展开学习。

第 3 章

访问权限修饰符

Java 程序中的类、属性、方法都需要使用访问权限修饰符，本章将详细讲解访问权限修饰符的使用。

3.1 包

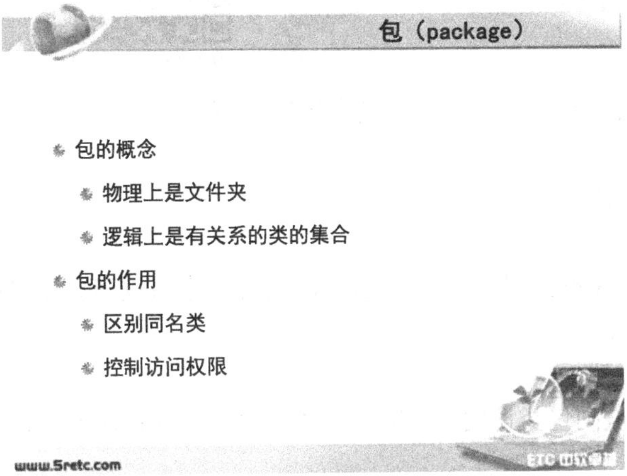
包（package）
包的概念
物理上是文件夹
逻辑上是有关系的类的集合
包的作用
区别同名类
控制访问权限
www.5retc.com
ETC 中软卓越

包的概念与作用

要理解访问权限修饰符，首先需要掌握包的概念。包在物理上是文件夹，逻辑上是有逻辑关系的类的集合。包的作用有两个方面：①避免类重名，②控制访问权限。

要为一个类指定包，在类文件的第一行用 package 语句声明即可。如下代码所示：

```
package com.etc.chapter03;
public class Employee {
}
```

上述代码中，使用 package com.etc.chapter03 语句指定了包。编译 Employee 后，其类文件将被编译在 com/etc/chapter03 目录下。包名是名字空间的一部分。也就是说，Employee 类的名字将不再是 Employee，而是 com.etc.chapter03.Employee。如果在其他包里调用 Employee 类，需要使用 import 语句将其引入。如下代码所示：

```
package com.etc.chapter03.test;
import com.etc.chapter03.Employee;
public class TestEmployee {
}
```

如果使用 import com.etc.chapter03.*;语句，则表示同时引入 com.etc.chapter03 包里所有的类。在实际工作中，都会在开发规范中指定包名的命名规范，往往包名中会包含公司或组织的简称以及模块名称。通过规范不同模块的包名，可以避免类重名发生的冲突，也可以控制访问权限，3.2 节将学习每种访问权限修饰符的使用。

3.2 4 种访问权限修饰符

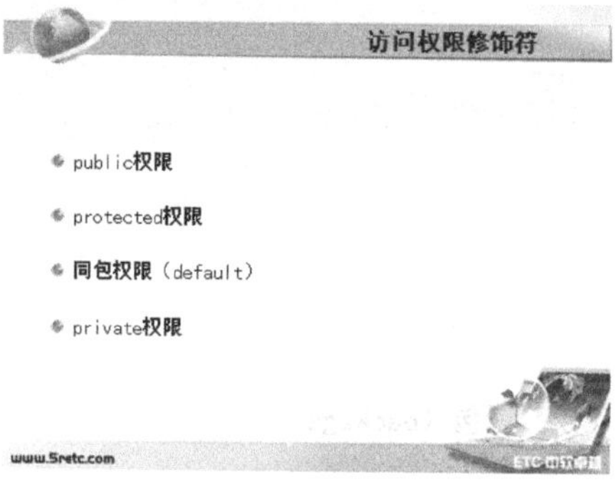

访问权限修饰符

Java 语言有 4 种访问权限修饰符，权限从小到大依次如下。

1. private：私有权限

可修饰属性、方法。只能在本类中访问。

2. 同包权限（default）

可修饰类、属性、方法。并不使用关键字 default，意思是不写权限修饰符时，默认情况下的权限。只能被同包的类访问。

3. protected：受保护的权限

可修饰属性、方法。可以被同包类访问，如果不是同包类，必须是该类的子类才可以访问。

4. public：公共权限

可修饰类、属性、方法。可以被任意类访问。

可见，类（专指外部类）只可以是同包或者公共权限，而属性、方法却可以选择 4 种权限的任意一个。

3.3 封装性

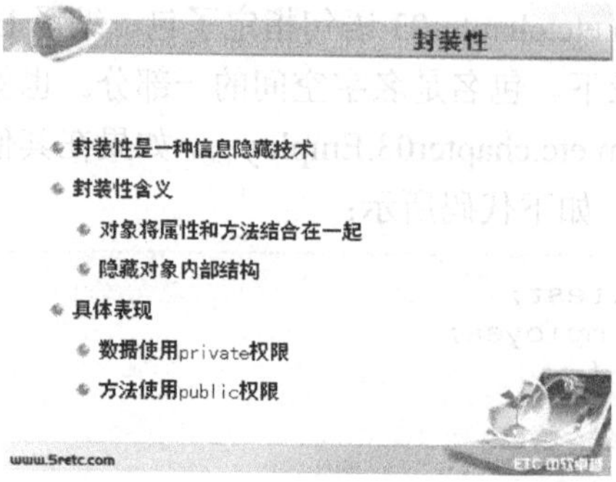

Java 中的封装

Java 语言是面向对象的语言，所有面向对象的语言都具有三大特点，即封装、继承、多态。本节先了解 Java 的封装性。封装性是一种信息隐藏技术，往往有两个含义：①对象的全部属性和全部方法结合在一起，形成一个不可分割的独立单位；②尽可能隐藏对象的内部结构。具体表现是，在 Java 类中属性都尽量使用 private 权限，这样可以保证属性不会被任意修改。而对属性的操作都封装到方法中，方法往往使用 public 权限。如下代码所示：

```
public class Employee {
    private String name;
    private double salary;
    private static int count;
    public String getName() {
        return name;
    }
    public void setName(String name) {
        this.name = name;
    }
}
```

可见，Employee 类的属性 name、salary、count 都使用了 private 权限，不能够直接修改。而对属性的操作都封装到方法中，如 getName、setName 方法，都使用 public 权限。

3.4　本章小结

从本章开始逐一学习 Java 类中一些通用的知识点，本章主要学习访问权限修饰符。Java 语言中有 4 种权限修饰符，分别是 public、protected、同包、private。访问权限修饰符其实决定的是“被访问”的权限。如 public 权限的类，可以被任何类访问，而不可以访问任何其他类。另外，在本章学习了两个与访问权限修饰符相关的知识点：包和封装性。至此，读者就可以根据不同需求，对类、属性、方法等选择使用适合的权限访问修饰符。

第 4 章 数据类型

类的重要组成元素包括属性、方法、构造方法，而这 3 种元素都需要使用数据类型。属性必须指定数据类型，方法必须指定返回值类型，如果有形式参数，则必须指定形式参数的数据类型。Java 的数据类型有两种，即基本数据类型和引用类型。本章将详细学习 Java 数据类型相关的知识点。

4.1 基本数据类型

基本数据类型
共有4类8种基本数据类型
整型：byte/short/int/long
浮点型：float/double
字符型：char
逻辑型：boolean
www.5retc.com

Java 基本数据类型

基本数据类型不需要通过 new 关键字来创建，而是可以直接赋值，数据值存放在栈(stack)内，在空间的分配和释放上都有较高效率。基本数据类型有 4 类，共 8 种具体类型。

1. 整型：byte/short/int/long

整型有 4 种类型，分别为字节型 byte，长度为 8 位；短整型 short，长度为 16 位；整型 int，长度为 32 位；长整型 long，长度为 64 位。整数默认以 int 类型存储。

2. 浮点型：float/double

浮点型有两种类型，分别为单精度 float，长度为 32 位；双精度 double，长度为 64 位。小数默认以 double 类型存储。如 float f=2.3;将有编译错误，因为 2.3 默认为 double 类型，将高精度数值直接赋值给低精度变量会出现编译错误，解决办法有两种：①float f=2.3f;使用后缀 f 指定 2.3 的类型为 float；② float f=(float)2.3;这种方式称为强制类型转换，显示指定将 2.3 转换为 float 类型。

3. 字符型：char

字符型 char 表示一个单一的字母，在 Java 中不常用，使用单引号包含字母，如 char c='a';。

4. 逻辑型：boolean

逻辑型也叫布尔型，有两个值，分别是 true（表示真）和 false（表示假）。需要注意的是，在 Java 语言中，0 和 1 不再表示逻辑值，仅表示数值。

Java 语言中的基本类型长度都是固定的，不会随着平台不同而改变。

4.2　引用类型

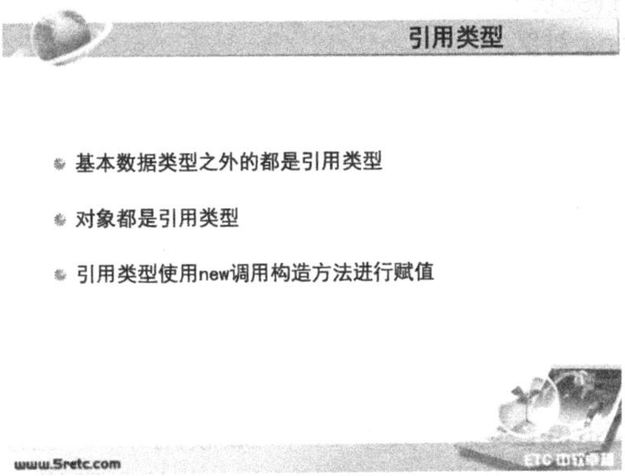
引用类型
基本数据类型之外的都是引用类型
对象都是引用类型
引用类型使用new调用构造方法进行赋值
www.5retc.com

引用类型

Java 中的数据类型有两种，基本数据类型以外的类型，都是引用类型，也叫类类型。简言之，对象都是引用类型。需要注意的是，不仅 API 里的类是引用类型，程序员自己声明的类也是引用类型，如 Employee 就是引用类型，如下代码即声明创建了一个引用类型的变量 e：

```
Employee e=new Employee();
```

其中 e 被称为引用，其类型是 Employee。引用类型都是对象，对象都需要使用 new 关键字调用构造方法创建，而基本数据类型都是使用=直接赋值，如 int i=10。使用 new 创建的对象都存放在堆（heap）内。

4.3　字符串类型

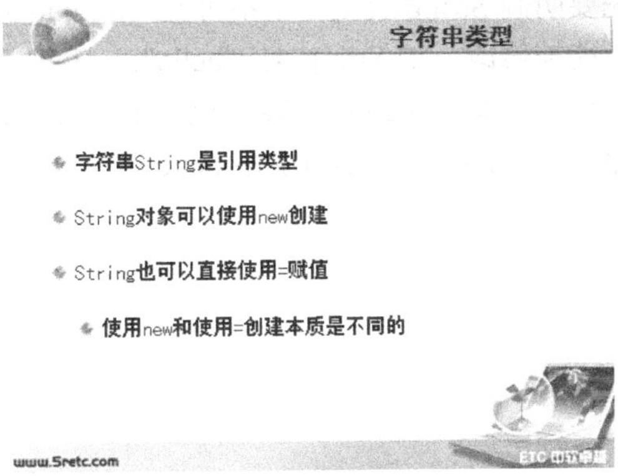
字符串类型
字符串String是引用类型
String对象可以使用new创建
String也可以直接使用=赋值
使用new和使用=创建本质是不同的
www.5retc.com

String 类型

StringBuffer 与 StringBuilder

字符串 String 是常用的数据类型，那么 String 到底是什么类型？首先需要明确的是，String 是引用类型，即 String 类型的变量都是对象，而不是基本数据类型。但是 String 却可以像基本数据类型那样直接使用“=”赋值，如 String s="hello";，很多初学者因此感到迷惑。

String 是 Java API 中的类，属于 java.lang 包，该类提供了多个构造方法，所以 String 对象也可以跟其他类型对象一样，使用 new 关键字调用构造方法来创建，如 String s=new String("hello");。

那么直接赋值的方式，和使用 new 创建的方式有什么区别？请看如下测试代码：

```
public static void main(String[] args) {
        //声明并创建 4 个 String 对象
        String s1="hello";
        String s2="hello";
        String s3=new String("hello");
        String s4=new String("hello");
        //使用==比较字符串对象的引用
        System.out.println(s1==s2);
        System.out.println(s1==s3);
        System.out.println(s3==s4);
}
```

上述代码中声明创建了 4 个 String 对象，其中 s1 和 s2 使用“=”直接赋值，而 s3 和 s4 使用 new 调用构造方法赋值。代码中使用“==”比较两个对象的引用值，如果返回 true，即表示两个对象在物理上是同一个对象；如果返回 false，则表示是两个不同对象。上面程序的输出结果如下：

```
true
false
false
```

运行结果说明使用“=”赋值的 String 对象，只要是字符串的字符序列相同，则两个引用指向一块物理内存，如 s1 与 s2 其实是一个对象，只不过是两个别名而已。使用“=”为字符串赋值时，不会每次都创建新的对象，而是从字符串的实例池中查找字符序列相同的实例赋值给该引用。如果不存在字符序列相同的实例，则初始化新的实例并放入字符串实例池中。而使用 new 创建的字符串对象，每次都新创建一个对象，即使字符序列相同，也会分配不同的空间，初始化不同的对象，如 s3、s4 是两个新的 String 对象。

要真正理解 String 类，首先要明确 String 类是一个不可变（immutable）类，所谓不可变类即实例在初始化赋值后，就不能被修改。如 String s1="hello";，s1 被赋值为 hello，在整个生命周期内该值无法被修改，即使使用 s1="world";，赋值也并不是将 hello 替代为 world，而是将新的实例“world”重新赋值给 s1 引用，s1 不再引用 hello。

4.4　包装器类型

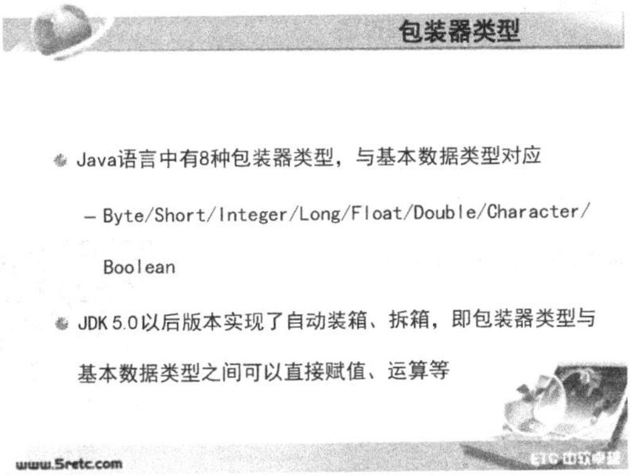
包装器类型
Java语言中有8种包装器类型，与基本数据类型对应
– Byte/Short/Integer/Long/Float/Double/Character/
Boolean
JDK 5.0以后版本实现了自动装箱、拆箱，即包装器类型与
基本数据类型之间可以直接赋值、运算等
www.5retc.com

包装器类型

在 API 的 java.lang 包中有 8 个类，被称为包装器（wrapper）类型，即 Byte、Short、Integer、Long、Float、Double、Character、Boolean。这 8 个类对应 8 个基本数据类型，可以将每种基本数据类型包装成引用类型，称为包装器类型。JDK 5.0 以后版本实现了自动装箱、拆箱，基本数据类型和包装器类型可以直接转换。如下代码所示：

```
package com.etc.chapter04;
public class TestWrapper {
    public static void main(String[] args) {
        int x=1;
        Integer y=x;
        y++;
        int z=y;
        System.out.println("y="+y+"  z="+z);
    }
}
```

输出结果如下：

```
y=2  z=2
```

其中 Integer y=x;将基本数据类型变量 x 转换成引用类型变量 y，称为装箱；int z=y;将引用类型变量 y 转换成基本数据类型变量 x，称为拆箱。

其中 y++是对引用类型 y 进行了数学运算，其实本质上是先对 y 进行拆箱，转换成基本数据类型，然后再进行数学运算。因此，虽然 JDK 5.0 以后版本可以自动装箱、拆箱，但是还是要谨慎使用包装器类型，必须使用的时候再使用。如能够使用基本数据类型完成就使用基本数据类型，因为频繁地进行装/拆箱操作将影响应用的运行效率。

4.5 值传递

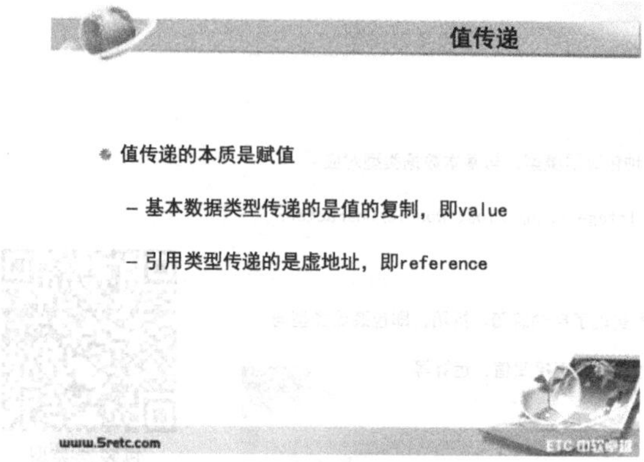

值传递

面向对象的系统依靠对象之间互相协作调用对象的方法来实现业务功能。很多方法都有形式参数，调用时就需要传递实际参数赋值给形式参数，可以理解为值传递的本质就是赋值的过程，是将实际参数赋值给形式参数的过程。由于数据类型分基本数据类型和引用类型，本节将根据数据类型的不同来比较值传递的不同。

1. 基本数据类型：传递的是值的复制

基本数据类型之间进行赋值时，仅仅是对值（value）进行复制。如下代码所示：

```
package com.etc.chapter04;
public class TestPass {
    public void add(int x){
        x++;
        System.out.println("add()方法：x="+x);
    }
    public static void main(String[] args) {
        TestPass pass=new TestPass();
        int x=100;
        pass.add(x);
        System.out.println("main()方法：x="+x);
    }
}
```

上述代码中，add 方法的形式参数 x 的类型是基本数据类型 int，main 方法调用 add 方法时将局部变量 x 传递给形式参数 x，值为 100。因为参数 x 的类型为基本数据类型，所以仅仅是将 100 赋值给形式参数，二者再无相干，所以 add 方法对参数 x 进行了加 1 的操作后，并不会影响 main 方法中的变量 x。该程序运行结果如下：

```
add()方法：x=101
main()方法：x=100
```

可见，add 方法的 x 已经加 1 变成 101，而 main 方法中的 x 依然是 100，可以说明基本数据类型传递的是值的复制。

2. 引用类型：传递的是引用

引用类型变量之间进行赋值时，是对引用（reference）进行赋值。如下代码所示：

```
package com.etc.chapter04;
public class TestPass {
    public void printSalary(Employee e){
        e.setSalary(20000);
        System.out.println("printSalary()方法: e.salary="+e.getSalary());
    }
    public static void main(String[] args) {
        TestPass pass=new TestPass();
        Employee e=new Employee("Alice",5000);
        pass.printSalary(e);
        System.out.println("main()方法: e.salary="+e.getSalary());
    }
}
```

上面的程序中，方法 printSalary 的参数类型是引用类型 Employee，main 方法传递给该方法的实际参数是 e，e 的薪水值为 5000。e 传递给 printSalary 后，将引用赋值给形式参数 e，此时方法的参数 e 和 main 方法中的变量 e 是一个引用，即物理上是一个对象。该程序运行结果如下：

```
printSalary()方法: e.salary=20000.0
main()方法: e.salary=20000.0
```

从运行结果可见，当 printSalary 方法将 e 的薪水值修改为 20000 后，main 方法中 e 的薪水值也随之变为 20000，原因就是引用类型传递的是引用，参数 e 和 main 方法的 e 有相同的引用，物理上就是同一个对象。

4.6 本章小结

本章学习了数据类型的相关知识点。Java 的数据类型包括基本数据类型和引用类型两种。基本数据类型有 4 类 8 种，基本类型之外都是引用类型。API 中有两种引用类型非常常用却又比较特殊，即 String 和包装器类。String 类可以使用“=”直接赋值为字符串常量。包装器类型与基本数据类型之间的装箱、拆箱可以自动进行，简言之，在大多数情况下，可以像使用基本数据类型那样使用包装器类型。大多数方法都有形式参数，所以理解参数传递也非常重要。基本数据类型传递的是值的复制，引用类型传递的是引用。

第 5 章 高级类特性

在第 2 章的类、属性、方法的声明形式中，都有一个可选项【修饰符】，使用修饰符可以实现类的高级特性。Java 语言中常用的修饰符有 static、final、abstract。本章先学习 static、final 修饰符的使用，abstract 修饰符参见后续章节。

5.1 static

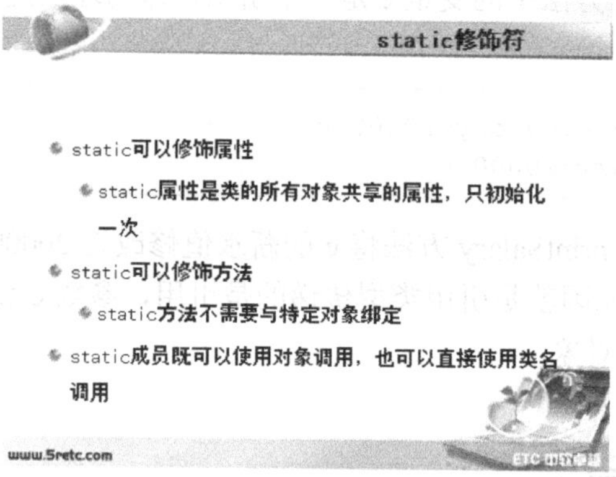

static 属性

static 方法

static 被称为静态，可以用来修饰类的属性或者方法，本节详细学习 static 属性和方法的作用及使用。

static修饰符
static可以修饰属性
static属性是类的所有对象共享的属性，只初始化一次
static可以修饰方法
static方法不需要与特定对象绑定
static成员既可以使用对象调用，也可以直接使用类名调用
www.5retc.com

1. static 属性

如果类的某个属性，不管创建多少个对象，属性的存储空间只有唯一的一个，那么这个属性就应该用 static 修饰，该属性被称为静态属性，或者类属性。static 属性是类的所有对象共享的属性，即不管创建了多少个对象，静态属性在内存中只有一个。static 属性可以使用对象调用，也可以直接用类名调用。Employee 类的 count 属性用来保存 Employee 类的对象的个数，该属性是 Employee 类所有对象共享的属性，所以被声明为 static 属性，在内存中只有一个 count，每次创建对象都对同一个 count 加 1。不使用 static 修饰的属性称为实例属性，每创建一个对象都会为该对象初始化一个实例属性，如 Employee 类的 name、salary 属性都是实例属性。如下代码所示：

```
package com.etc.chapter05;
public class Employee {
    private String name;
    private double salary;
    private static int count;
```

2. static 方法

如果某个方法不需要与某个特定的对象绑定，那么该方法可以使用 static 修饰。static 方法可以使用对象调用，也可以直接用类名调用。如下代码所示：

```
package com.etc.chapter05;
public class Employee {
    private String name;
    private double salary;
    private static int count;
    public static int getCount(){
        return count;
    }
}
```

其中 getCount 方法是静态方法，与某个具体对象无关。可以使用如下代码进行测试：

```
package com.etc.chapter05;
import com.etc.chapter05.Employee;
public class TestEmployee {
    public static void main(String[] args) {
        System.out.println("目前创建了"+Employee.getCount()+"个Employee对象");
        Employee e=new Employee();
        System.out.println("目前创建了"+Employee.getCount()+"个Employee对象");
        e.setName("Gloria");
        e.setSalary(5000);
        System.out.println(e.getName()+" "+e.getSalary());
        Employee e1=new Employee("Alice");
        System.out.println("目前创建了"+Employee.getCount()+"个Employee对象");
        System.out.println(e1.getName()+" "+e1.getSalary());
        Employee e2=new Employee("John",6000);
        System.out.println("目前创建了"+Employee.getCount()+"个Employee对象");
        System.out.println(e2.getName()+" "+e2.getSalary());
    }
}
```

运行结果如下：

```
静态块
目前创建了 0 个 Employee 对象
创建了一个对象
目前创建了 1 个 Employee 对象
Gloria 5000.0
创建了一个对象
目前创建了 2 个 Employee 对象
Alice 0.0
创建了一个对象
目前创建了 3 个 Employee 对象
John 6000.0
```

静态块

可见，getCount 方法可以直接使用类名调用，而不需要与某个具体对象绑定。

另外，假设有一个 EmployeeUtil 类，专门定义工具方法，如计算员工奖金方法。可以编写如下代码：

```
package com.etc.chapter05;
public class EmployeeUtil {
    public static double calBonus(Employee e){
        if(e.getSalary()>10000){
            return e.getSalary()*1.2;
        }else{
            return e.getSalary()*1.1;
        }
    }
}
```

因为方法 calBonus 不需要与 EmployeeUtil 类的对象绑定，仅仅是工具类，所以应该声明为 static，通过 EmployeeUtil.calBonus 调用即可。如下代码所示：

```
package com.etc.chapter05;
public class TestEmployeeUtil {
    public static void main(String[] args) {
        Employee e1=new Employee("John",6000);
        System.out.println("e1 的奖金为："+EmployeeUtil.calBonus(e1));
        Employee e2=new Employee("Alice",12000);
        System.out.println("e2 的奖金为："+EmployeeUtil.calBonus(e2));
    }
}
```

运行结果如下：

```
静态块
创建了一个对象
e1 的奖金为：6600.0
创建了一个对象
e2 的奖金为：14400.0
```

通过上述示例可见，与某个具体对象无关的方法都应该声明为 static 方法，直接使用类名调用即可。

3. 总结

static 可以修饰类的属性和方法，称为静态属性、静态方法，或者称为类属性、类方法。static 属性和方法都不再与某个对象绑定，而是所有对象共享，所以可以使用对象名或者类名调用静态属性和方法。实际开发中，多数情况都直接使用类名调用静态属性和方法。非静态的属性和方法，都必须与某个特定对象绑定，随着对象的创建而被初始化，只能使用某个特定对象调用。

由于非静态属性和方法都是与某个特定对象相关的，所以要保证程序正常运行，就要保证调用的每个非静态的属性和方法都很明确其属于哪个对象。而静态方法不属于任何一个对象，所以静态方法不能直接使用非静态的属性和方法。如下代码所示：

```
package com.etc.chapter05;
public class TestStatic {
    public void f1(){
        f2();
        m2();
    }
    public void f2(){}
    public static void m1(){
        m2();
```

```
        f2();//编译错误！静态方法不能使用非静态成员
    }
    public static void m2(){}
    public static void main(String[] args){
    }
}
```

非静态方法在运行期一定与某个对象绑定，所以在非静态方法中可以直接调用静态或者非静态方法，如 f1 方法可以直接调用 f2、m2 方法。而静态方法由于没有与某个对象绑定，所以调用非静态方法时将无法确定其隶属的对象，将出现编译错误。m1 方法调用 f2 方法时无法确定 f2 的隶属对象，所以将出现编译错误。

5.2　final

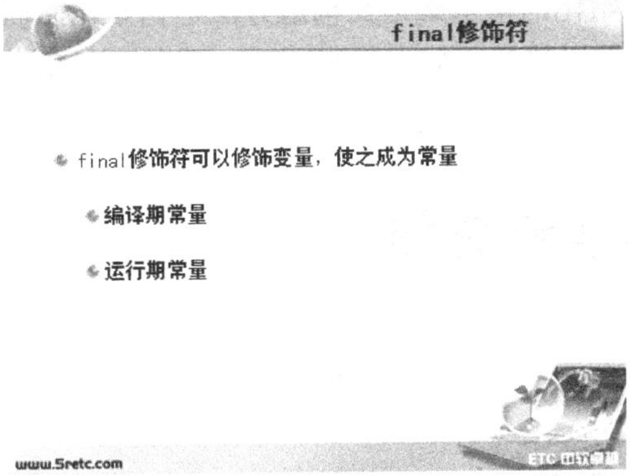

final 属性

final 修饰符的使用范围最广，可以修饰类、属性、方法。其中 final 类和方法均与继承有关，参见后续章节。本节先学习 final 属性。final 修饰属性，属性就由变量成为常量，分为编译期常量和运行期常量两种。

1. 编译期常量

编译期常量在声明的同时必须赋值，赋值后不能改变。如下代码所示：

```
package com.etc.chapter05;
public class TestFinal {
    private final int m=1;
    private static final int LEVEL_NO=2;
}
```

编译期常量也可以同时使用 static 修饰，如 LEVEL_NO，不仅拥有不能改变的值，而且拥有不能改变的存储空间。

static 常量的命名为何有些不同？在 Java 的命名规范中，静态常量的规范是，每个单词的所有字母大写，多个单词之间用下画线连接，如 LEVEL_NO。

2. 运行期常量

运行期常量在声明时不初始化，而在运行期初始化，并且初始化后不能修改。如下代码所示：

```
package com.etc.chapter05;
public class TestFinal {
    private int x;
    private final int m=1;
    private static final int n=2;
    private final int y;
    public TestFinal() {
        y=0;
    }
    public TestFinal(int x) {
        this.x = x;
        y=1;
    }
}
```

其中 y 在声明的时候没有赋初值，是运行期常量，将在运行期初始化，初始化后就不能修改。值得注意的是，运行期初始化的常量必须在构造方法中初始化，而且每个构造方法中都必须为该常量赋值，否则将有编译错误。如上代码所示，两个构造方法中都对 y 进行了赋值，否则将出现编译错误。

5.3 Java 类中的变量总结

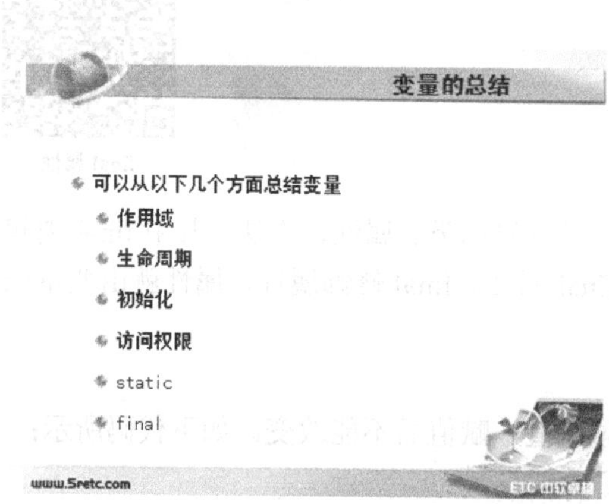

变量及常量总结

在学习了前面章节的内容后，读者已对 Java 类中与变量相关的知识点都有所了解。本节将对 Java 类中变量的相关问题进行总结。根据声明位置不同，Java 类中的变量可分为两种：①在类中声明的变量，称为属性，或者数据成员；②在方法中声明的变量，称为局部变量，或者临时变量。下面从各个方面比较两种变量的不同。

1. 作用域

属性的作用域为整个类；局部变量的作用域为声明该变量的方法或代码块。

2. 生命周期

属性分静态属性和非静态属性两种，非静态属性随着对象创建而被初始化，直到对象被销毁才被回收，静态属性随着类加载就被初始化，类被销毁才被回收；局部变量在调用方法时被临时初始化，方法返回即被回收。

3. 初始化

属性可以在声明的时候不赋初值，创建对象的时候将对属性进行自动初始化，根据数据类型不同赋不同的初始值，其中整型为0，浮点型为0.0，布尔型为false。而局部变量不能自动初始化，必须在声明的时候赋初值才能被使用，否则将发生编译错误。

4. 访问权限

属性可以使用任何一种访问权限修饰符，往往使用private权限；局部变量不能使用访问权限修饰符。

5. static

属性可以使用static修饰成为类属性，类里所有对象共享；局部变量不能使用static修饰。

6. final

属性和局部变量均可以使用final修饰，使得变量成为常量。

如果局部变量与属性同名，如何区分？当发生重名情况时，Java遵守就近原则，即默认情况下使用最近的变量。可以使用“this.属性”的方式区分同名属性和局部变量。

5.4 本章小结

Java语言常使用abstract、static、final等修饰符修饰类、属性、方法等，以实现类的高级特性。本章中学习了static属性、static方法，以及final属性的相关知识点，其他相关知识点将在继承章节学习。static意为静态，static属性和方法不再与某个对象绑定，而是所有对象共享。final意为终极，final修饰变量后将成为常量，赋值后不能再修改。另外，在本章最后对Java中的变量进行了总结，从各个方面比较了类的属性与方法中局部变量的区别。至此，对于与变量相关的知识点，包括数据类型、访问权限、修饰符、初始化值等，读者都可以完全掌握。

第 6 章

操作符、流程控制

方法的声明形式、权限修饰符、部分修饰符（static）、数据类型、值传递等知识点都已经在前面章节学习。本章将学习与方法相关的另外两个知识点：操作符和流程控制。

6.1 操作符

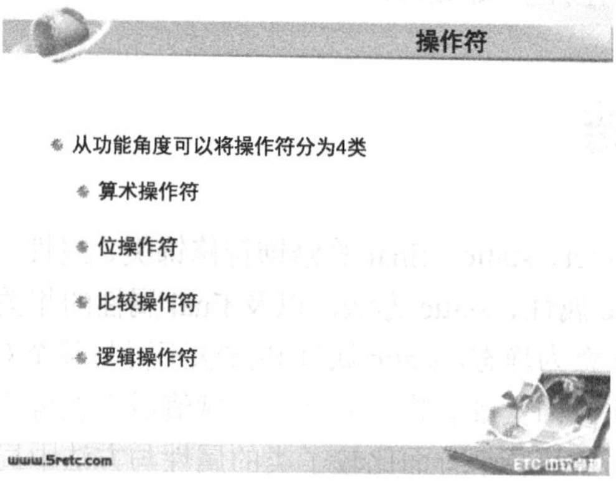

在程序设计过程中，肯定需要在方法中对变量进行不同类型的运算，运算主要通过操作符实现。Java 语言的操作符（Operator）从功能上可以分为 4 类：算术操作符、位操作符、比较操作符和逻辑操作符。学习各种操作符，首先要了解每种操作符运算的数据类型，然后了解操作符的实际作用。大多数操作符都只对基本数据类型进行运算，不过也存在一些例外。

1. 算术操作符

算术操作符可以对基本数据类型进行数学运算，包括加+、减-、乘*、除/、取余%、自加++、自减--。加、减、乘、除、取余都很简单，在此详细讲解自加、自减。++或--可以对变量进行自加 1、自减 1 的运算，如++或--在变量后，则“先取值后运算”；如在变量前，则“先运算后取值”。其中“运算”的意思是对变量加 1 或减 1，取值的意思是将变量当前值赋给表达式。如下代码所示：

算术运算符

```
package com.etc.chapter06;
public class TestOperator1 {
    public static void main(String[] args) {
        int x=1;
        int y=1;
        int m=x++;
        System.out.println("x="+x+"  x++ ="+m);
```

```
        int n=++y;
        System.out.println("y="+y+"  ++y ="+n);
    }
}
```

上述代码中分别对 x 和 y 进行了自加运算，并将表达式赋值给 m 和 n。运行结果如下：

```
x=2  x++ =1
y=2  ++y =2
```

代码中对 x 和 y 分别进行了自加运算，区别在于++在 x 后，在 y 前。运行到 x++时，x 当前的值是 1，所以 m 被赋值为 1，随后 x 进行了加 1 运算，最终 x 的值为 2。而运行++y 时，先对 y 加 1，那么 y 就已经被赋值为 2，所以 n 被赋值为 2。经过分析运行结果，可以得到结论：++和--不管在变量前还是后，对于进行自加或自减运算的变量来说都是进行加 1 或者减 1 运算，并没有区别。如代码中的 x 和 y，都进行了加 1 运算，最终都被赋值为 2。而表达式的返回值存在区别，如 x++为 1，++y 为 2。

+可以对字符串运算吗？算术操作符几乎都是作用于基本数据类型，对基本数据类型进行数学运算。但是+例外，+可以对两个字符串进行连接运算，如“hello”+“world”返回“hello world”。

2. 位操作符

位操作符作用于基本数据类型的二进制位。包括与（AND）&、或（OR）|、异或（XOR）^、取反（NOT）~、移位操作符（<<、>>>、>>）。运算规则如下。

位运算符

（1）&：两个输入位都为 1，输出 1。

（2）|：任何一个输入位为 1，输出 1。

（3）^：两个输入位不同，输出 1。

（4）~：输入位为 1，输出 0；输入位为 0，输出 1。

（5）移位操作符有 3 种，假设有二进制数 1111 1111 1111 1111 1111 1111 1001 1100（十进制的-100），进行如下移位运算。

<<：左移运算（左移 1 位相当于乘以 2）。左移运算将操作数向左移动，空出的低位用 0 补齐。将-100 左移两位后的结果：

11111111111111111111111110011100<<2=11111111111111111111111001110000

>>：有符号右移（右移 1 位相当于除以 2）。有符号右移运算将操作数向右移动，空出的高位是用 0 还是用 1 补齐，要看移位之前最高位是 0 还是 1。如果移位之前最高位是 0，则空出的高位全部补 0；如果移位之前最高位是 1，则空出的高位全部补 1。将-100 有符号右移 2 位后的结果：

11111111111111111111111110011100>>2=11111111111111111111111111100111

>>>：无符号右移。无符号右移运算将操作数向右移动，空出的高位全部用 0 补齐，忽略正负。将-100 无符号右移 2 位后的结果：

11111111111111111111111110011100>>>2=00111111111111111111111111100111

使用如下代码进行测试：

```
package com.etc.chapter06;
public class TestOperator2 {
    public static void main(String[] args) {
        int x=-100;
        System.out.println("x 的二进制："+Integer.toBinaryString(x));
        int m=x<<2;
        System.out.println("m 的二进制："+Integer.toBinaryString(m));
        int n=x>>2;
        System.out.println("n 的二进制："+Integer.toBinaryString(n));
        int z=x>>>2;
        System.out.println("z 的二进制："+Integer.toBinaryString(z));
        System.out.println("m="+m+" n="+n+" z="+z);
    }
}
```

运行结果如下所示，可见左移 2 位相当于乘以 4，右移 2 位相当于除以 4，而无符号右移忽略了正负。

```
x 的二进制：11111111111111111111111110011100
m 的二进制：11111111111111111111111001110000
n 的二进制：11111111111111111111111111100111
z 的二进制：00111111111111111111111111100111
m=-400 n=-25 z=1073741799
```

3. 比较操作符

比较操作符可以对两个操作数进行比较，返回值为布尔值，即true或false。大多数比较操作符只能作用于基本数据类型。比较操作符有>、<、==、!=、>=、<=共 6 种。对基本数据类型进行比较时，即对数值的二进制进行比较。如下代码所示：

比较运算符

```
package com.etc.chapter06;
public class TestOperator3 {
    public static void main(String[] args) {
        System.out.println(0.3f==0.3);
        System.out.println(0.5f==0.5);
    }
}
```

其中 0.3f 和 0.5f 以 float 类型存储，长度为 32 位，而 0.3 和 0.5 以 double 类型存储，长度为 64 位。比较操作符比较的是数值的二进制。根据小数的二进制规则，可以得出，0.3f 和 0.3 的二进制不同，而 0.5f 和 0.5 的二进制相同。所以，运行结果如下所示：

```
false
true
```

使用==比较 0.3f 和 0.3 时返回值为 false，因为二者的二进制数值不同；而使用==比较 0.5f 和 0.5 时，返回值为 true，因为二者的二进制数值相同。

值得注意的是，比较操作符中的==和!=除了可以比较基本数据类型的数值是否相等外，还可以比较引用类型的引用是否相同，而其他的比较操作符均只能比较基本数据类型的二进制，不能比较引用类型。如下代码所示：

```java
package com.etc.chapter06;
public class TestOperator4 {
    public static void main(String[] args) {
        String s1="hello";
        String s2="hello";
        String s3=new String("hello");
        System.out.println(s1==s2);
        System.out.println(s1==s3);
    }
}
```

运行结果如下：

```
true
false
```

s1 和 s2 因为都用=直接赋值，字符序列又相同，所以引用相同，即在物理上是同一个对象，比较之后返回 true。而 s3 虽然和 s1 有相同字符序列，但是由于 s3 是使用 new 调用构造方法创建的，所以重新分配了空间，与 s1 具有不同的引用，所以使用==比较 s1 和 s3 后返回 false。

可以使用>或者<比较字符串的大小吗？在实际应用中，很多时候需要比较两个字符串的字典顺序，称为比较字符串大小。那么可以使用>或者<比较两个字符串吗？答案是否定的。因为比较操作符中，除了==和!=可以用来比较引用类型的引用外，其他的操作符都只能比较基本数据类型。要比较字符串的大小，可以使用 String 类的 compareTo 方法实现。

4. 逻辑操作符

逻辑运算符

Java 语言中的逻辑操作符对 boolean 类型的数据进行运算，有&、|、&&、||共 4 种。其中&和&&的返回值规则相同，两个操作数都是 true 才返回 true；|和||的返回值规则相同，两个操作数只要有一个是 true 就返回 true；&和&&，|和||虽然返回值的运算规则相同，但是运算过程却有所区别。

假设有 T1&T2 以及 T1&&T2 两个表达式，其中 T1 值为 false，T2 值为 true。那么 T1&T2 以及 T1&&T2 返回值均为 false。对于 T1&T2 来说，虽然判断出 T1 为 false 后，已经能确定表达式的返回值，但是却仍会判断 T2 的值。而对于 T1&&T2 来说，判断出 T1 为 false，确定了表达式的返回值为 false 后，就不再判断 T2 的值而直接返回，被称为“短路”。

||也存在“短路”问题。表达式 T1||T2 中，如果 T1 为 true，那么将发生“短路”现象，直接返回 true，而不再计算 T2。

实际应用中常使用&&和||。如下代码所示：

```java
package com.etc.chapter06;
public class TestOperator5 {
    public static void main(String[] args) {
        String pwd=null;
        if(pwd!=null&&pwd.length()==6){
            System.out.println("校验密码...");
        }
```

```
        if(pwd!=null&pwd.length()==6){
            System.out.println("校验密码...");
        }
    }
}
```

运行结果如下：

```
Exception in thread "main" java.lang.NullPointerException
at com.etc.chapter06.TestOperator5.main(TestOperator5.java:22)
```

在 if(pwd!=null&pwd.length()==6)处发生异常（异常的相关知识将在第三部分学习）。原因是字符串 pwd 的值为 null，即空指针，值为 null 的引用调用属性或方法将发生空指针异常，程序不正常地中断。而使用&&将发生“短路”现象，pwd!=null 返回 false，将发生“短路”而不再运行 pwd.length()==6 表达式，因此可以避免发生空指针异常。

6.2 流程控制

6.2.1 流程控制概述

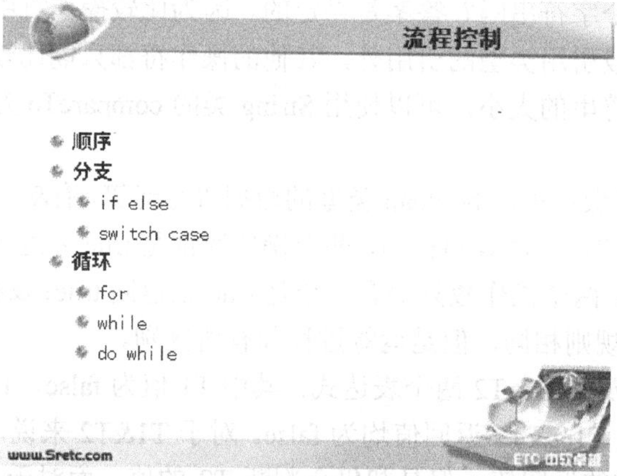

6.1 节学习了方法体中常用的操作符，除此之外，流程控制也是程序设计的必要基础。Java 的流程控制和其他语言差别不大，共 3 种。

1. 顺序流程

顺序流程自上而下，依照代码先后顺序执行。

2. 分支流程

分支流程是最为常见的流程，可以用两种方式实现：if else 语句、switch case 语句。

（1）if else 语句

如果采用 if else 作为分支流程控制，if 语句是必须使用的，可以有多个 if 语句，else 是可有可无的。也可以根据情况，让 if 跟一个 else 搭配使用，else 表示除了满足 if 条件以外的其他所有条件。另外，if 还可以跟一个或多个 else if 搭配使用。值得注意的是，if()中的表达式，以及 else if()中的表达式，必须

分支语句 if else

是返回值为 boolean 类型的表达式。因为 Java 语言中 0 和 1 不表示布尔值，所以返回 0 或者 1 的表达式不允许在此使用，将发生编译错误。

if else 语句的语法结构如下：

```
if(表达式){
}else if(表达式){
}else if(表达式){
}
…
else{
}
```

请看下面的演示代码：

```
package com.etc.chapter06;
public class TestIf {
    public static void main(String[] args) {
        String pwd="hello";
        if(pwd!=null&&pwd.length()!=6){
            System.out.println("密码长度不对，请输入 6 位密码");
        }else{
            System.out.println("开始校验密码...");
        }
    }
}
```

上述代码中使用 if else 语句实现了分支逻辑，当 pwd 不为空且长度不为 6 时执行 if 分支，除此之外的情况执行 else 分支。

（2）switch case 语句

switch case 语句也可以进行分支流程控制，switch case 可以被 if else 替代。

分支语句 switch case

switch case 语句的语法结构如下：

```
switch(变量){
    case 开关值 1:该开关下执行的语句
    case 开关值 2:该开关下执行的语句
    …
    default:变量值与开关值都不符合的情况下执行
}
```

其中 switch 语句的变量可以是 byte、short、int、char、enum 这 5 种类型中的某一种，使用其他类型将出现编译错误，在 JDK 高版本中，也开始支持 String 类型。当变量值等于某一开关值时，将从该开关处开始运行，直至遇到 break 语句跳出 switch 流程，或者直至运行到最后一个开关后跳出 switch 流程。

请看如下演示代码：

```
package com.etc.chapter06;
public class TestSwitch {
    public static void main(String[] args) {
        int x=10;
        switch(x){
            case 1:System.out.println("x=1");
            case 2:System.out.println("x=2");break;
```

```
            default:System.out.println("x="+x);
        }
    }
}
```

运行结果如下：

```
x=10
```

switch 的运行过程：将 x 的值与 case 的开关值比较，如果与某个开关值相等，则运行该 case 语句后的代码；如果 x 的值和所有的 case 值都不同，则运行 default 分支。由于 x=10 不与任何一个开关值相同，所以运行了 default 分支，输出 x=10。

如果将上面代码中的 x=10 改为 x=2，那么 x 的值与第二个开关值相同。从第二个开关处开始运行，遇到 break 语句后跳出 switch 流程，所以输出结果为 x=2。

如改为 x=1，则 x 的值与第一个开关值相同。从第一个开关处开始运行，直到遇到 break 语句后才跳出，则输出结果为 x=1　x=2。

可见，x 的值与某个 case 值相等，只决定了从该 case 语句开始执行，但是何时退出 switch 流程，取决于何时遇到 break 语句。如果没有 break 语句，则继续执行下面的 case 语句，直到遇到第一个 break 语句才退出，否则一直运行到 switch 流程结束。所以当 x=2 时，只输出 x=2，因为 case 2 分支中有 break 语句。而 x=1 时，输出 x=1　x=2，因为 case 1 语句后没有 break 语句，所以将继续执行后面的其他分支。

3. 循环流程

循环流程也是程序设计中另外一种较常用的流程，共有 3 种方式实现：for 循环、while 循环和 do while 循环。请看如下演示代码展示各种循环的语法：

```
package com.etc.chapter06;
public class TestLoop1 {
    public static void main(String[] args) {
        //for 循环
        for(int i=0;i<3;i++){
            System.out.println("i="+i);
        }
        System.out.println("================================");
        int x=3;
        //while 循环
        while(x>1){
            System.out.println("x="+x);
            x--;
        }
        System.out.println("================================");
        int y=3;
        //do while 循环
        do{
            System.out.println("x="+x);
        }while(y>3);
    }
}
```

循环语句

上述代码中实现了 3 种循环，与其他编程语言中的循环几乎没有区别。其中 for 循环中有 3 个表达式：第一个表达式用来进行必要的初始化，第二个表达式是循环条件，该表达式返回 true 则执行一次循环体，然后执行第三个表达式，直到第二个表达式返回 false 则循环结束。while 循环有一个表达式，该表达式返回 true 则执行一次循环体，返回 false 则循环结束。do while 循环和 while 循环类似，区别是先执行一次循环体，再检查 while 的表达式返回值。上述代码的运行结果如下：

```
i=0
i=1
i=2
===============================
x=3
x=2
===============================
x=1
```

可见，while 和 do while 的区别在于 while 可能循环 0 次，而 do while 至少循环一次。因为 do while 先执行一次循环，再判断循环条件。

什么是增强 for 循环？在 JDK 5.0 版本中增加了增强 for 循环的概念。增强 for 循环仅仅是对于数组以及集合的迭代而言的，并没有完全替代传统的 for 循环。相关概念将在数组章节学习。

6.2.2 使用 break/continue 语句控制循环

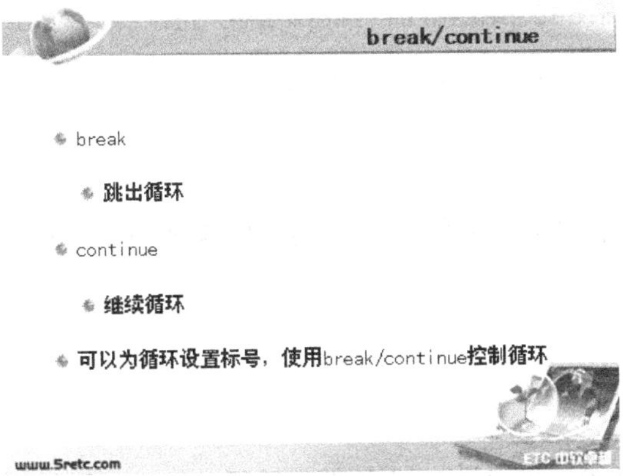

在循环流程中，可以使用 break/continue 语句控制循环。break 用来中止循环，即结束当前循环。continue 用来继续循环，即不再运行 continue 语句后面的语句，而是继续下一次循环。如果是多重循环，可以在循环前加标记，通过标记来指定需要中止或继续的特定循环。请看如下演示代码，展示 break 的使用：

```
package com.etc.chapter06;
public class TestLoop2 {
   public static void main(String[] args){
       loop1:for(int i=0;i<3;i++){
          loop2:for(int j=0;j<3;j++){
             if(i==j){
```

```
                    break loop1;
                }
            }
            System.out.println("loop2 结束");
        }
        System.out.println("loop1 结束");
    }
}
```

运行结果如下：

```
loop1 结束
```

在上面代码中有两层循环，在 for 循环前使用 loop1 和 loop2 对第一层和第二层循环进行了标记。break loop1 的含义是中止第一层循环，所以循环直接跳出，打印输出“loop1 结束”。

请看如下演示代码，展示 continue 语句的使用：

```
package com.etc.chapter06;
public class TestLoop2 {
    public static void main(String[] args){
        loop1:for(int i=0;i<3;i++){
            loop2:for(int j=0;j<3;j++){
                if(i==j){
                    continue loop1;
                }
                System.out.println("i="+i+" j="+j);
            }
            System.out.println("loop2 结束");
        }
        System.out.println("loop1 结束");
    }
}
```

continue loop1 的含义是继续循环 loop1。运行结果如下所示：

```
i=1 j=0
i=2 j=0
i=2 j=1
loop1 结束
```

第一次循环时 i=0，j=0，即满足 i==j 条件，运行 continue loop1 语句，不运行当前循环体中 continue 后面的语句，所以并没有打印输出 i=0，j=0，而是继续 loop1 的下一次循环。

break 和 continue 可以用在其他流程中吗？Java 语言中的 break 可以在 switch case 和循环流程中使用，continue 只能控制循环流程。标记也只有写在循环语句前才有意义。

6.2.3 “中断”语句比较

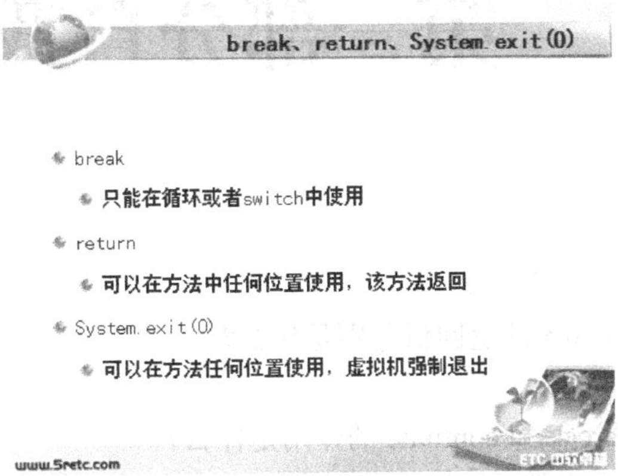

break、return、System.exit(0)
break
只能在循环或者switch中使用
return
可以在方法中任何位置使用，该方法返回
System.exit(0)
可以在方法任何位置使用，虚拟机强制退出
www.5retc.com

Java 程序中的 break、return、System.exit(0)这 3 个语句都跟程序“中断”有关系，非常容易混淆，在此进行比较总结。

1. break 语句

break 语句只能用在循环语句或 switch 流程的 case 语句中，用来中断循环或者 switch 流程。

2. return 语句

return 语句可以在方法中任何位置使用。如果该方法有返回值类型，则 return 必须带值返回；如果该方法返回值类型为 void，则不需带值返回，只写 return;即可。return 的含义是方法返回，即运行 return 语句后该方法运行结束，程序跳出方法体。

3. System.exit(0)语句

System 是 API 中 java.lang 包的一个类，exit 是该类的静态方法，形式参数为 int 类型。因此可以使用类名 System 直接调用静态方法 exit，参数值为 0 表示强制退出。该方法的含义是强制 JVM 退出，即 main 方法结束，整个程序退出。

6.3 本章小结

本章学习了 Java 语言的操作符和流程控制。操作符共分为 4 类，关键在于熟悉每类操作符操作的数据类型及其作用。流程控制中，常用的是分支和循环流程。分支中的 switch case 较 if else 用得少，重点理解其运行过程以及 switch 变量的类型要求。循环流程共 3 种，与其他语言没有太多区别，需要注意的是 break、continue 在循环流程中的使用。另外，本章还总结了容易混淆的 3 种“中断”语句：break、return、System.exit(0)。

第 7 章

第一部分自我测试

1．Java 语言有哪些主要特点？

2．0.3f==0.3 和 0.5f==0.5 的返回值分别是什么？

3．|与||有什么区别？

4．在循环流程中，break 和 continue 的作用是什么？

5．基本数据类型和引用类型的值传递有什么区别？

6．列出 Java API 中至少 3 个常用的包。

7．构造方法可以使用 static、final 修饰吗？

8．用高效的方法计算 5×16。

9．静态方法能直接调用非静态方法吗？如果不能，该如何调用？

10．方法中的局部变量是否可以使用权限修饰符？

11．如果方法的局部变量和类的实例变量重名，如何区分？

12．请说明 Java 的包、类、属性、方法的命名规范。

13．构造方法可以重载吗？

14．final 修饰符可以修饰属性吗？修饰属性后，该属性有什么特点？

15．while 循环和 do while 循环有什么区别？

16．switch 的变量类型有哪些？

17．String 类型是基本数据类型吗？

18．什么是 Java 类中的块？有什么作用？

19．for(;;){}语句语法正确吗？如果错，错在哪里？如果正确，表示什么含义？

20．float f=1.0;正确吗？如果错误，如何改正？

21．静态块和实例块有什么区别？

第二部分

类之间的关系

第一部分学习了 Java 类的相关知识，包括类的组成元素、各种元素的声明形式、数据类型、高级类特性、流程控制等。然而，一个 Java 应用中不可能只有一个类，都由若干个 Java 类组成，通过类之间的协作来实现应用的业务逻辑。因此，正确设计并处理类之间的关系是进行面向对象程序设计的必要前提。本部分将主要学习 Java 类的几种常见关系，包括关联、依赖、继承、实现。通过总结每种关系的本质以及使用场合，帮助读者在掌握 Java 语言语法的基础上，对 Java 程序设计的理解更上一层楼，逐步建立面向对象的思想。

第 8 章

关联关系

关联关系可以理解为“HAS-A”关系，即“有”的关系。在现实世界中，关联关系比比皆是。例如，学校有学院、班级有学生、公司有部门……由于面向对象的应用就是现实世界的映射，所以关联关系是Java应用中类之间最常见的关系。本章主要学习关联关系的特点、实现等知识点。

8.1 关联关系的表示

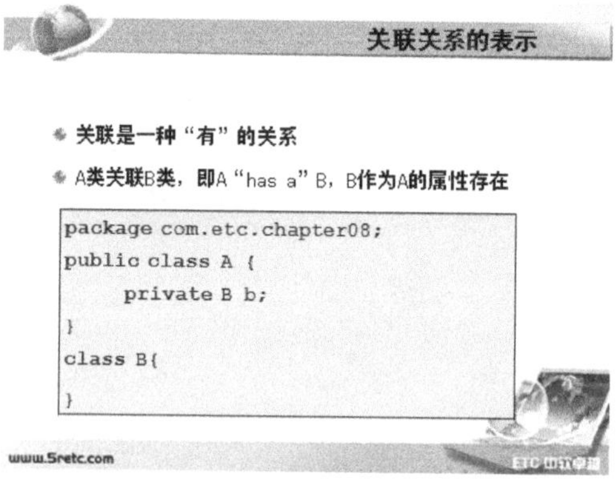

关联关系

关联是一种“有”的关系，也就是说，如果A类的一个属性是B类类型，那么就可以说A类对象“有”一个B类对象，即A类关联B类。Java语言中，如果A类关联B类，那么表现形式如下：

```
package com.etc.chapter08;
public class A {
    private B b;
}
class B{
}
```

简言之，A类关联B类，即B类对象作为A类的属性存在。如果实例化A类的对象，那么就会为之实例化一个B类的对象。所以说关联关系是“有”的关系，即每个A类对象都拥有一个B类对象作为其属性存在。

假设之前章节一直使用的员工（Employee）例子有了新的扩展：员工可以在公司内部调换部门，而每个部门都有部门名称、部门级别。那么首先需要声明Department类，封装部门对象的属性和方法。如下代码所示：

```
package com.etc.chapter08;
public class Department {
    private String depName;
    private int level;
    public Department() {
    }
    public Department(String depName, int level) {
        this.depName = depName;
        this.level = level;
    }
    public String getDepName() {
        return depName;
    }
    public void setDepName(String depName) {
        this.depName = depName;
    }
    public int getLevel() {
        return level;
    }
    public void setLevel(int level) {
        this.level = level;
    }
}
```

上述代码声明了部门类 Department，封装了部门的名称、级别属性，并声明了相关方法。员工类在前面章节已经声明过，接下来需要思考的是员工类和部门类是什么关系。通过分析需求描述可得到“员工有部门”的结论，就是说每个员工对象都有一个部门对象作为其属性，二者是一种“有”的关系，即关联关系。那么表现形式就是 Department 类型作为 Employee 类的属性存在。如下代码所示：

```
package com.etc.chapter08;
public class Employee {
    private String name;
    private double salary;
    private static int count;
    private Department dept;
    …
    public Department getDept() {
        return dept;
    }
    public void setDept(Department dept) {
        this.dept = dept;
    }
}
```

上述代码中，类 Employee 中新增了属性 dept，类型为 Department。当实例化一个 Employee 对象时，总会为其实例化一个 Department 对象作为属性存在。可以说“Employee has a Department”，类 Employee 和类 Department 是关联关系。

8.2 关联关系的方向

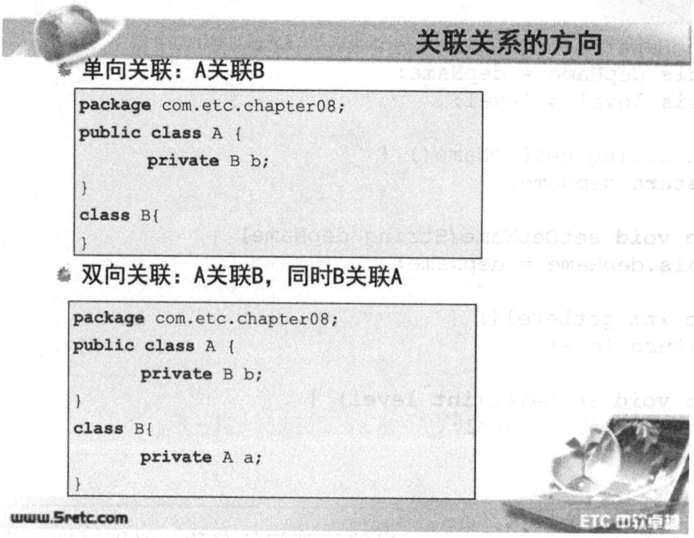

关联关系可以分“单向关联”和“双向关联”两种，如果有 A 类和 B 类，所谓“单向关联”即 B 类作为 A 类的属性存在，而 A 类却并不是 B 类的属性。演示代码如下：

```
package com.etc.chapter08;
public class A {
    private B b;
}
class B{
}
```

如果不仅 A 类关联 B 类，同时 B 类也关联 A 类，那么就是“双向关联”。代码如下：

```
package com.etc.chapter08;
public class A {
    private B b;
}
class B{
    private A a;
}
```

实际应用中，要根据具体需求来决定到底是单向关联还是双向关联。例如，类 Employee 和类 Department，如果业务系统中只要求员工对象能操作其对应的部门，而不要求部门能操作其中的员工对象，那么只要使用 Employee 单向关联 Department 即可；而如果不仅要求员工对象能操作其对应的部门，同时又要求部门能操作其中的员工对象，就需要使用双向关联，即两个类互为对方的属性存在。

8.3　关联关系的多重性

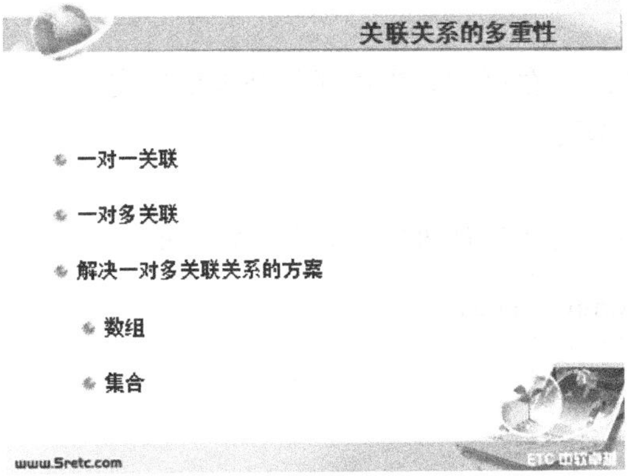

除了从方向上考虑外，还可以从多重性方面考虑关联关系。关联关系常见的有一对一关联和一对多关联。例如，如果一个员工对象只能在一个部门中，那么员工和部门之间就是一对一的关联关系；如果一个员工同时可以挂职在多个部门中，那么员工和部门之间就是一对多的关联关系。前面演示的关联关系都是一对一的。现实中，一对多的关联关系远多于一对一的关联关系，例如，一个系有多个专业，一个专业有多个班，一个班有多个学生，一个学生选多门课程等。显而易见，如果 A 类和 B 类是一对多的关系，那么就需要在 A 类中引用多个 B 类的对象，如何将多个 B 类的对象进行管理，是必须解决的问题。

解决一对多的关联关系，“多”的这方对象一定需要用另外一个对象进行“持有”，或者称为“容纳”，否则无法进行管理。Java 语言中能承担“数据容器”的对象有两种：数组和集合。8.4 节将学习数组的相关知识，集合的相关知识参见本书第四部分。

8.4　数组

8.4.1　数组的基本概念

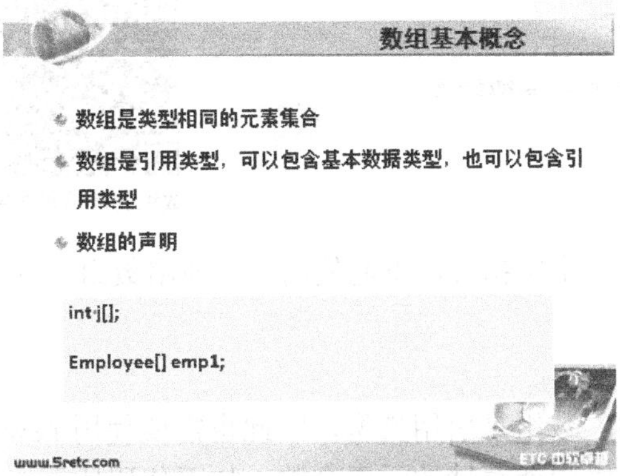

数组的概念和作用

本节先从数组定义、数组的类型和数组声明等方面了解数组的基本概念。

1. 数组的定义

数组是类型相同的元素的集合，可以存储任何数据类型，但是只有相同类型的元素才可存到一个数组中。

2. 数组的类型

数组是引用类型。数组中存储的元素可能是基本数据类型，也可能是引用类型，但是数组对象本身是引用类型，即对象。

3. 数组的声明

Java 语言中，数组的声明方式有两种，如下代码所示：

```
package com.etc.chapter08;
public class TestArray {
    public static void main(String[] args) {
        int[] i;
        int j[];
        Employee[] emp1;
        Employee emp2[];
    }
}
```

第一种声明方式，是将[]放到数组元素的类型后，如 int[] i; Employee[] emp1;。第二种声明方式，将[]放到数组的引用后，如 int j[];Employee emp2[];。两种方式都可以使用，无任何差别。笔者建议使用第一种方式声明，即将[]放到数组元素的类型后。这种方式比起第二种方式可读性强，int[]、Employee[]是数组对象的类型，即 int 型数组、Employee 型数组，而 i 与 emp1 是数组的引用名。

8.4.2 数组的创建及长度

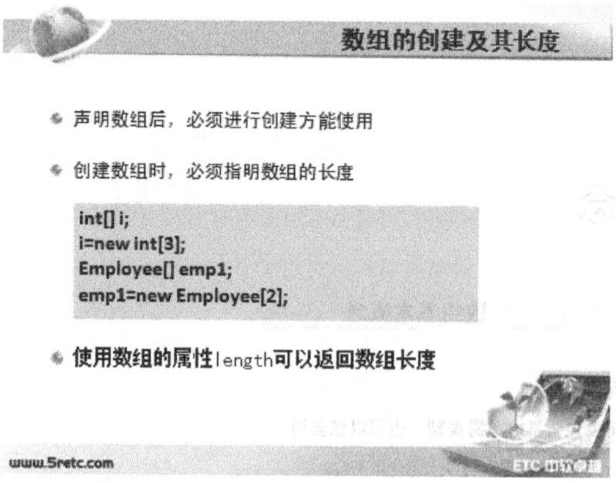

数组的声明和创建

声明数组后，数组对象还只是一个空指针，不能使用。要使用数组，首先必须创建数组，本节将主要学习数组的创建方法。

1. 数组的创建

数组声明后需要创建方能使用。数组是引用类型，因此也需要使用 new 进行创建，创建时必须指定数组的长度，长度是数组中能存储的元素个数。如下代码所示：

```
int[] i;
i=new int[3];
Employee[] emp1;
emp1=new Employee[2];
```

上述代码中数组 i 被创建为一个长度为 3 的 int 型数组对象，emp1 被创建为长度为 2 的 Employee 数组对象。数组创建后，即为数组的元素分配了内存空间，并为每个元素进行了初始化，初始值为元素相应的数据类型的默认值。例如，数组 i 中的 3 个元素均被初始化为 0，数组 emp1 中的两个元素均被初始化为 null。

2. 数组的长度

创建数组时必须指定数组的长度，而且长度值会直接初始化到内存中。例如：c=new char[5];虽然创建的数组 c 长度为 5，但是分配的内存空间却是 6 块，其中除了 5 个数组元素外，另外一个空间存储了数组的长度，如图 8-1 所示。

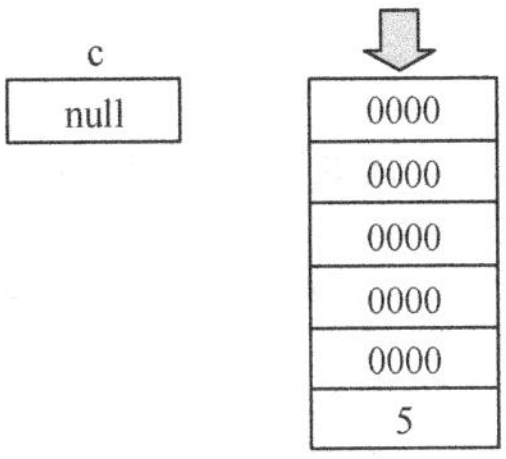

图 8-1　数组的长度

访问数组的长度不需要调用方法，使用数组的 length 属性即可。如 c.length 则直接返回数组 c 的长度，值为 5。

length()和 length 有什么区别？length()是方法名字，如 String 类就有一个 length()方法，返回字符串的长度，而 length 是数组的属性，不带()。

8.4.3 数组元素的访问

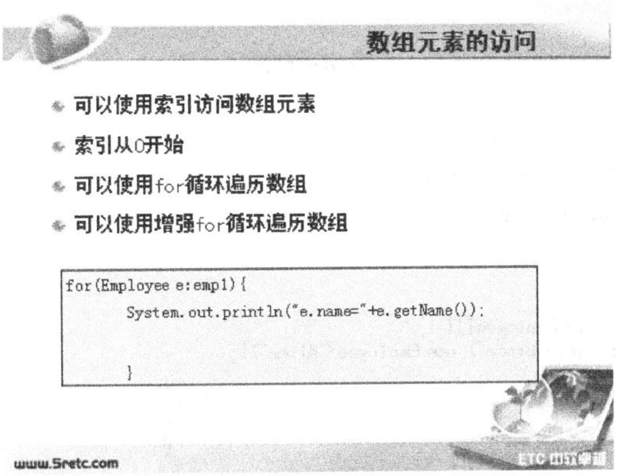

数组的访问和迭代

数组是用来持有其他变量的对象，所以在实际应用中，不可避免地需要访问数组中的元素。往往可以使用索引访问数组中的元素，数组的索引从 0 开始。如下代码所示：

```
int[] a;
a=new int[3];
a[0]=1;
a[1]=100;
a[2]=1000;
```

上述代码中的数组 a 的长度为 3，所以可以使用索引 0、1、2 访问数组的第一个到第三个元素，进行赋值等操作。

除了对数组中的元素进行赋值外，还常常需要遍历数组中的元素。遍历数组中元素有两种方式：一种是传统 for 循环，另一种是增强 for 循环。如下代码所示：

```
//传统 for 循环
 for(int i=0;i<a.length;i++){
     System.out.println("a["+i+"]: "+a[i]);
 }
//增强 for 循环
 for(int x:a){
     System.out.println("x="+x);
 }
```

JDK 5.0 版本增加了增强 for 循环的概念，可以更简单地遍历数组，语法如下：

```
for(数组元素类型 临时变量名字:数组名字){
}
```

演示代码如下：

```
for(int x:a){
     System.out.println("x="+x);
}
```

其中 x 是遍历过程中的临时变量，int 是数组中的元素类型，冒号后的 a 是要遍历的数组对象。使用增强 for 循环遍历数组比传统 for 循环更为简洁方便。

8.4.4 数组的赋值

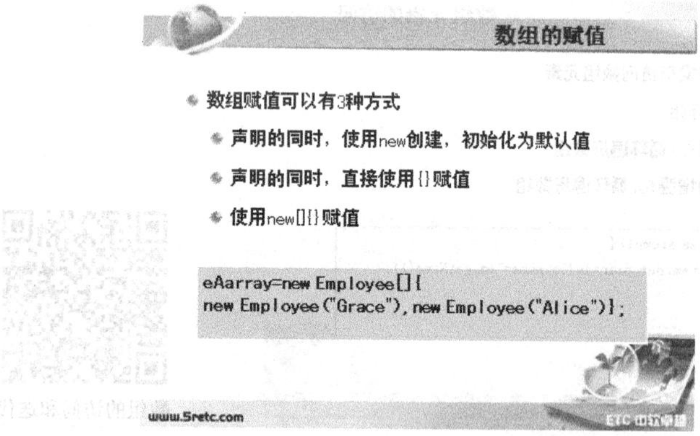

数组声明后必须进行赋值才能使用，本节将总结数组赋值的 3 种方式。

1. 声明的同时，使用 new 创建

```
Employee[] eArray1=new Employee[2];
```

使用 new 创建数组时，将为数组元素赋值为默认值。如数组 eArray1 的长度为 2，其中的两个元素是 Employee 类型，元素被赋值为引用类型的默认值 null。

2. 声明的同时，直接使用{}赋值

```
Employee[] eArray2={new Employee("Grace"),new Employee("Alice")};
```

也可以在声明数组的同时，使用{}对数组中的元素直接赋值。如 eArray2 的两个元素被赋值为 new Employee("Grace")和 new Employee("Alice")对象。

3. 使用 new[]{}直接赋值

```
Employee[] eArray3=new Employee[]{new Employee("Grace"),new Employee("Alice")};
Employee[] eArray4;
eArray4=new Employee[]{new Employee("Grace"),new Employee("Alice")};
```

除了使用{}可以直接对数组元素赋值外，还可以使用 new[]{}的形式为数组元素赋值。区别在于，{}必须在声明数组的同时赋值，而 new[]{}不仅可以在声明数组的同时赋值，还可以在数组声明后，在其他语句行中为数组赋值。

Employee[] eArray5; eArray5={new Employee("Grace"),new Employee("Alice")};可以编译通过吗？答案是否定的。使用{}直接赋值的方式，只能在声明数组的同时使用，否则将出现编译错误。

8.4.5 多维数组

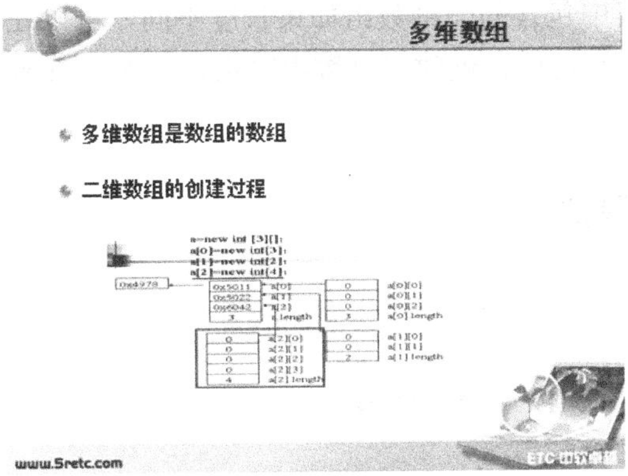

前面章节介绍的都是一维数组，数组还可以是多维的。多维数组即数组的数组，即数组中的元素也是数组。本节以常用的二维数组为例，学习多维数组的声明和创建过程。

声明一个二维 int 型数组，可以有 3 种方式。如下代码所示：

```
int[][] a;
int b[][];
int[] c[];
```

建议使用第一种方式 int[][] a;进行声明，具有较好的可读性。图 8-2 表示一个二维数组的创建过程。

步骤一：使用代码 a=new int[3][]创建一个二维 int 型数组 a，一维长度为 3，二维长度待定。

步骤二：对二维数组的第一个元素 a[0]赋值，a[0]是一个长度为 3 的一维数组。

步骤三：对二维数组的第二个元素 a[1]赋值，a[1]是一个长度为 2 的一维数组。

步骤四：对二维数组的第三个元素 a[2]赋值，a[2]是一个长度为 4 的一维数组。

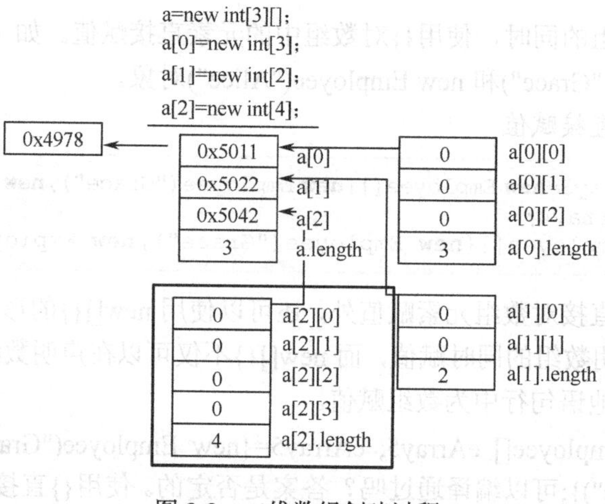

图 8-2　二维数组创建过程

最终，返回引用 a、a[0]、a[1]、a[2]的值，创建过程结束，a 为一个长度为 3 的二维数组，其中的 3 个元素是 3 个长度分别为 3、2、4 的一维数组。可见二维数组就是一维数组的数组，即二维数组的元素都是一维数组。在创建二维数组的时候，必须指定一维的长度，即指明包含多少个一维数组。而其中包含的一维数组如果长度不同，可以在具体创建时指定。如果每个一维数组的长度相同，则可以在创建二维数组时指定，如 a=new int[3][4];数组 a 中包含 3 个长度都为 4 的一维数组。

8.4.6 数组的复制

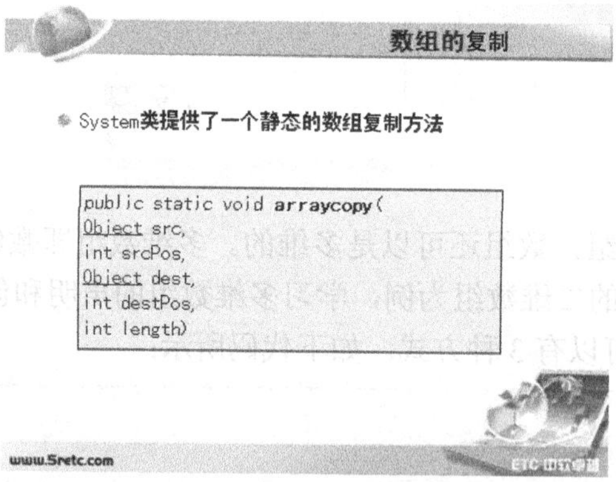

数组的复制

在 JDK API 的 System 类中，提供了一个数组复制的静态方法。如下代码所示：

```
public static void arraycopy(Object src,
                             int srcPos,
                             Object dest,
                             int destPos,
                             int length)
```

该方法可以从一个源数组的特定位置，复制指定个数的元素到目标数组的指定位置。如下代码所示：

```
package com.etc.chapter08;
public class TestArray3 {
    public static void main(String[] args) {
        int[] a={10,100,1000};
        int[] b={20,200,2000,20000};
        System.arraycopy(a, 1, b, 2, 2);
        for(int x:b){
            System.out.println(x);
        }
    }
}
```

上述代码从数组 a 的第二个元素开始，复制两个元素，从数组 b 的第三个元素开始覆盖数组 b。运行结果如下：

```
20
200
100
1000
```

可见复制后，数组 b 的第三个与第四个元素被数组 a 的第二个和第三个元素覆盖了。

8.4.7　Arrays 类

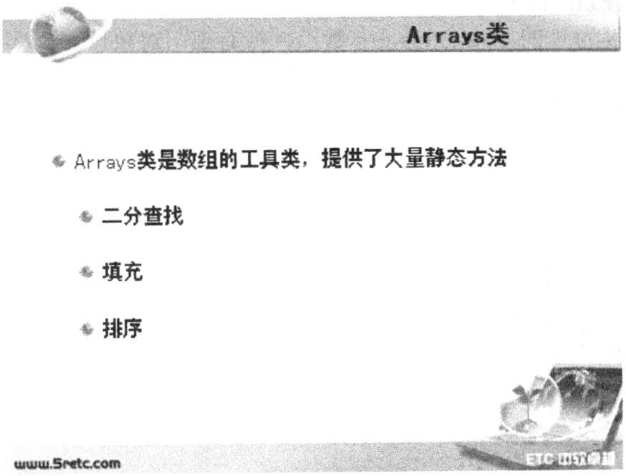

在 Java API 的 java.util 包中，提供了数组的工具类 Arrays。该类中所有方法都是静态方法，可以对数组进行操作，主要有以下几种方法。

1. 二分查找（binarySearch）

本类中提供了大量的二分查找方法，可以在数组中查找指定值的元素，返回该元素的索引值，如：

```
public static int binarySearch(int[] a, int key)
```

其中 key 是要查找的值，a 是被查找的数组对象，返回 key 的索引值。

2. 填充（fill）

本类中提供了大量的填充方法，可以对数组中指定范围的元素，使用指定的值填充，如：

```
public static void fill(int[] a, int fromIndex, int toIndex,int val)
```

3. 排序（sort）

本类中提供了大量的排序方法，可以对数组中的元素进行排序，如：

```
public static void sort(int[] a, int fromIndex, int toIndex)
```

至此，已经对数组相关的知识点进行了比较详细的介绍，下面总结数组的主要特点。数组用来持有其他数据，作为数据容器使用。数组是引用类型，数组的元素可以使用索引直接操作。比起集合，使用数组会得到较好的性能。然而，数组的长度一旦指定，将无法改变，这给使用数组带来很多麻烦。例如，学生类和课程类之间是一对多的关联关系，而学生选修多少门课程是不确定的。可能最少 5 门，最多 10 门，也可能随着制度的改变，课程的门数也会随之调整。那么，如果用数组来容纳课程对象，对于课程数组的长度设定就颇费脑筋。如果元素的个数不定，变化范围较大，用集合来容纳数据是常用的选择。

下面通过实际代码展示如何使用数组解决一对多的关联关系。假设一个员工可以最多挂职于 3 个部门，那么 Employee 和 Department 之间就是一对多的关联关系。如下代码所示：

```
package com.etc.chapter08;
public class Employee {
    private String name;
    private double salary;
    private static int count;
    //声明创建长度为 3 的 Department 数组，持有部门对象
    private Department[] depts=new Department[3];
    private int index;
    //省略部分代码
    public Department[] getDepts() {
        return depts;
    }
    public void setDepartment(Department dept){
        if(index<3){
            depts[index]=dept;
            index++;
        }
    }
}
```

上述代码中使用 Department 类型的数组来容纳 Department 对象，由于一个员工最多挂职在 3 个部门，所以数组长度为 3。可见使用数组可以很方便地管理多个相同类型的元素，表示类之间一对多的关联关系。

8.5 本章小结

本章学习了类之间的一种常见关系——关联关系。关联是一种“有”的关系，Java 类中，如果 B 类对象作为 A 类的属性存在，称为 A 类关联 B 类。关联关系中有两个问题需要注意，即关联的方向及关联的多重性。关联的方向分单向关联和双向关联，多重性常见一对一关联

和一对多关联关系。其中，一对多关联关系最为常见。为了能够实现一对多关联关系，就需要使用数据容器来持有数据，数组是一种常见的数据容器。本章重点学习了 Java 语言中的数组，包括数组的声明、创建、初始化等基本知识，还探讨了数组的特点，同时熟悉了与数组有关的 API，如数组的复制方法、数组工具类 Arrays 等。

第 9 章 依赖关系

依赖关系是类与类之间另外一种常见的关系。这种关系可以理解为“USE-A”关系，即“使用”关系。本章将学习 Java 语言中依赖关系的使用及其与关联关系的区别等。

9.1 Java 语言中依赖关系的表示

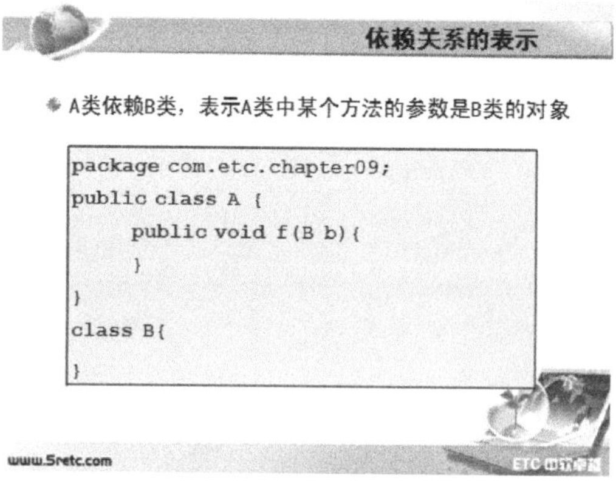

依赖关系的表示
A类依赖B类，表示A类中某个方法的参数是B类的对象
package com.etc.chapter09;
public class A {
public void f(B b){
}
}
class B{
}
www.5retc.com

依赖关系

依赖关系是一种“使用”关系，如果 A 类的某个方法的参数是 B 类对象，那么就可以说 A 类依赖 B 类。如下代码所示：

```
package com.etc.chapter09;
public class A {
    public void f(B b){
    }
}
class B{
}
```

上述代码中，A 类方法 f 的形式参数类型是 B 类类型，也就是说 A 类对象如果要使用方法 f，那么必须需要一个 B 类的对象作为参数方可实现，这种情形被称为 A 依赖 B。

9.2 依赖与关联的区别

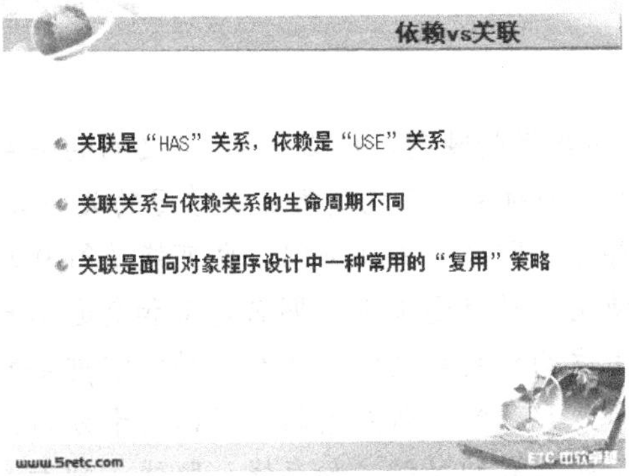

依赖vs关联
关联是“HAS”关系，依赖是“USE”关系
关联关系与依赖关系的生命周期不同
关联是面向对象程序设计中一种常用的“复用”策略
www.5retc.com

关联关系是面向对象程序设计中常用的“复用”策略，依赖关系相对于关联关系是一种“简单”的关系，本节将比较两种关系的不同。

1. 关联是“HAS”关系，依赖是“USE”关系

A类关联B类，指的是B类对象作为A类的属性存在，称为“HAS”关系。A类依赖B类，指的是B类对象作为A类的方法参数存在，称为“USE”关系。

2. 生命周期不同

如果A类关联B类，那么创建A类的对象时就会实例化B类的对象，直到A类对象被销毁，所关联的B类对象才被销毁。即只要A类对象存在，B类对象就存在。而如果A类依赖B类，那么只有当A类对象调用到相应方法时，B类对象才被临时创建，方法执行结束，B类对象即被回收，A类和B类之间的依赖关系是一种瞬时关系。

9.3 本章小结

本章主要学习了Java类之间的另外一种关系——依赖关系。依赖关系是一种“使用”的关系，相对关联关系来说，依赖关系是一种简单的关系。本章使用简单代码展示了Java语言中依赖关系的表示，同时也比较了依赖与关联的区别。

第 10 章 继承关系

既然 Java 应用是现实世界的映射，那么 Java 类之间的关系就是现实世界中对象之间的关系。现实世界中的两个对象，可能是第 8 章学习的关联关系，比如公司设有部门，部门可作为公司的属性存在，即公司关联部门；也可能是第 9 章学习的依赖关系，比如员工到外地出差，必须使用一种交通工具，那么员工和交通工具之间就是使用关系，即员工依赖交通工具；除了这两种关系之外，还有一种非常重要的关系，即本章要学习的继承关系。例如，银行卡是大多数人所熟悉的，而银行卡分为借记卡、信用卡等。借记卡、信用卡都具有银行卡所具有的功能，如存钱、取钱、刷卡消费等，但是又有区别，如信用卡可以透支，借记卡不可以，如借记卡取现金不需要交利息，而信用卡取现金需要交利息等。可以说，借记卡和信用卡都是银行卡，借记卡和信用卡与银行卡之间是一种“是”的关系。“借记卡是一种银行卡”，“信用卡是一种银行卡”的表述是正确、合理的，这种关系通常称为“IS-A”关系，即“继承”关系。本章将详细学习与继承相关的知识点。

10.1 Java 语言的继承

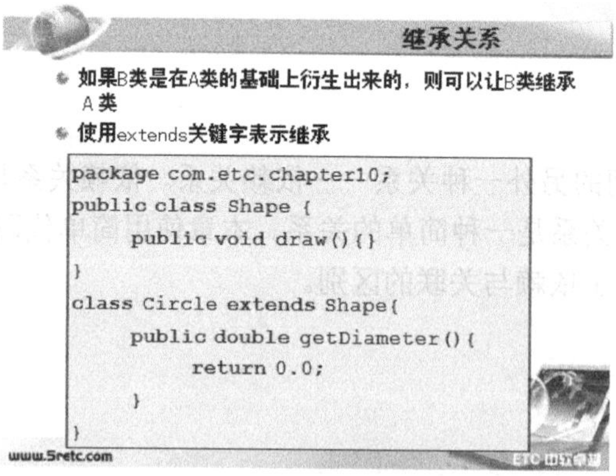

继承的概念

在 Java 语言中，如果 B 类是在 A 类的基础上衍生出来的，即 B 类不仅拥有 A 类的所有属性和方法，还扩展了新的属性或方法，那么就可以让 B 类继承 A 类，以达到重复使用 A 类的目的。可以说，继承是除了关联之外，另外一种面向对象的复用策略。

Java 语言中，类与类之间使用关键字 extends 来表示继承关系。如下代码所示：

```
package com.etc.chapter10;
public class Shape {
```

```
    public void draw(){}
}
class Circle extends Shape{
    public double getDiameter(){
        return 0.0;
    }
}
class Triangle extends Shape{
    public double getArea(){
        return 0.0;
    }
}
```

由于圆形和三角形都是一种图形，都具有图形的属性和方法，所以圆形和三角形可以作为图形的子类存在。上述代码中，形状 Shape 类是父类，定义了方法 draw。而圆形 Circle 和三角形 Triangle 是 Shape 类的子类，使用 extends 关键字继承了父类 Shape。如此一来，Circle 和 Triangle 也具有方法 draw，而且 Circle 和 Triangle 又分别扩展了新方法，用来获取直径和面积。

值得注意的是，Java 语言中类与类之间的继承是单继承，即一个类最多只能继承一个父类，而一个父类可以同时有多个子类，单继承可以避免调用混乱。

10.2 继承中构造方法的调用

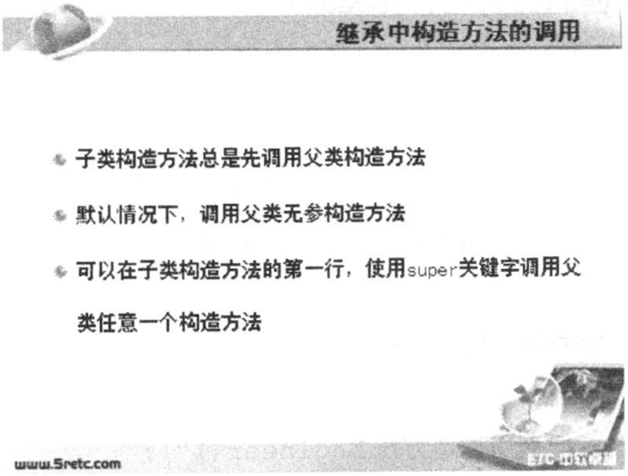
继承中构造方法的调用
子类构造方法总是先调用父类构造方法
默认情况下，调用父类无参构造方法
可以在子类构造方法的第一行，使用super关键字调用父类任意一个构造方法
www.5retc.com

构造方法与继承

面向对象的语言中，一切都以对象为基础，类的使用都是从创建对象开始的，而创建对象都离不开调用构造方法。在继承关系中，创建子类对象时构造方法的调用顺序遵守一定的规范，本节将介绍创建子类对象时构造方法的调用顺序。

假设上面章节一直使用的 Employee 类是员工管理系统中的一个父类，员工分为销售人员和工程师两种。管理系统不仅要管理所有员工的姓名和薪资，也要对销售人员管理其考核任务量，对工程师管理其岗位的技术方向。Employee 衍生出两个子类：销售类 Sales 和工程师类 Engineer。父类 Employee.java 的代码如下所示：

```
package com.etc.chapter10;
public class Employee {
    private String name;
    private double salary;
```

```
    public Employee() {
        System.out.println("调用构造方法 Employee()");
    }
    public Employee(String name) {
        this.name = name;
        System.out.println("调用构造方法 Employee(String name)");
    }
    public Employee(String name, double salary) {
        this.name = name;
        this.salary = salary;
        System.out.println("调用构造方法 Employee(String name,double salary)");
    }
    public String getName() {
        return name;
    }
    public void setName(String name) {
        this.name = name;
    }
    public double getSalary() {
        return salary;
    }
    public void setSalary(double salary) {
        this.salary = salary;
    }
    public void setSalary(int level){
        switch(level){
            case 1:salary=salary*1.1;break;
            case 2:salary=salary*1.2;break;
            case 3:salary=salary*1.3;break;
        }
    }
}
```

子类 Engineer 继承了父类 Employee，扩展了新的属性 tech，表示技术方向，同时为属性 tech 声明了 getTech 和 setTech 方法。子类 Engineer 的代码如下所示：

```
package com.etc.chapter10;
public class Engineer extends Employee {
    private String tech;
    public Engineer() {
        System.out.println("调用构造方法 Engineer()");
    }
    public String getTech() {
        return tech;
    }
    public void setTech(String tech) {
        this.tech = tech;
    }
}
```

子类 Sales 继承了父类 Employee，扩展了新的属性 task，并为该属性提供 getTask、setTask 方法。子类 Sales 的代码如下所示：

```
package com.etc.chapter10;
public class Sales extends Employee {
```

```
    private double task;
    public Sales() {
        System.out.println("调用构造方法 Sales()");
    }
    public double getTask() {
        return task;
    }
    public void setTask(double task) {
        this.task = task;
    }
}
```

接下来使用下面的代码，创建子类 Engineer 和 Sales 的对象。

```
Sales sales=new Sales();
Engineer engineer=new Engineer();
```

代码中仅调用了子类 Sales 和 Engineer 的无参构造方法。运行结果如下：

```
调用构造方法 Employee()
调用构造方法 Sales()
调用构造方法 Employee()
调用构造方法 Engineer()
```

可见，创建子类 Sales 和 Engineer 对象时，总是先调用父类 Employee 的构造方法。子类继承父类后，即拥有父类的属性和方法，所以创建子类对象时，应该先初始化父类的属性和方法，因此总是先调用父类的构造方法。继承关系中构造方法调用的相关规则总结如下。

1. 子类构造方法总是先调用父类的某一个构造方法

子类任何一个构造方法总是会先调用父类的某一个构造方法，如果父类同时继承了其他类，就沿着继承链向上调用，直到顶级的父类为止。

2. 默认情况下，子类构造方法调用父类的无参构造方法

如果子类构造方法没有显式调用父类中某个构造方法，那么就默认调用父类的无参构造方法。需要注意的是，要保证父类中存在无参构造方法，否则有编译错误。例如，上述代码中的 Sales 和 Engineer 类的构造方法中，没有使用代码显式调用 Employee 类的某一个构造方法，所以就默认调用父类 Employee 的无参构造方法。

3. 可以在子类构造方法的第一条语句中，使用 super 语句调用父类中某个指定的构造方法

如果需要调用父类中某个特定的构造方法，那么就需要在子类构造方法的第一条语句中使用 super（参数）语句，传递相应参数，调用父类中参数匹配的构造方法。例如，如果构造方法中没有使用 super 语句，相当于默认存在 super()语句，调用了父类无参的构造方法。使用 super 调用父类构造方法的代码如下所示：

```
public Engineer(String name, double salary,String tech) {
    super(name, salary);
    this.tech=tech;
    System.out.println("调用构造方法 Engineer(String name, double salary,
    String tech)");
}
```

上述代码中的 super(name,salary);语句将调用父类 Employee 中参数匹配的构造方法：

Employee(String name, double salary)，而不再调用父类的无参构造方法。使用如下代码测试：

```
Engineer engineer2=new Engineer("John",5000,"software");
```

运行结果如下：

```
调用构造方法 Employee(String name,double salary)
调用构造方法 Engineer(String name,double salary,String tech)
```

可见，当子类构造方法第一行语句使用 super 语句调用父类中某一个特定构造方法后，将不再调用父类无参的构造方法。

10.3 方法覆盖

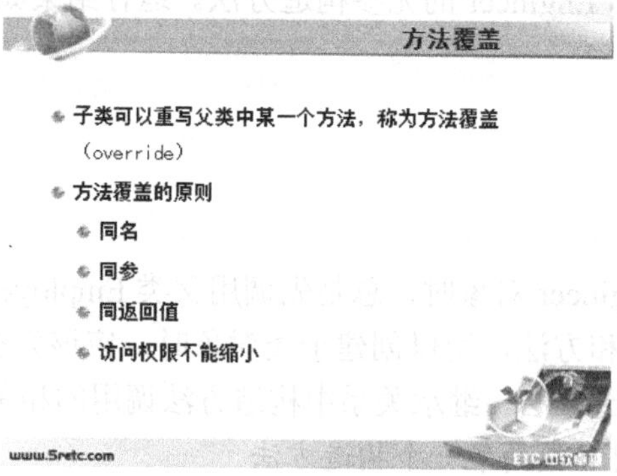

方法覆盖

方法覆盖（override）也称方法重写，是继承中非常重要的知识点。如果子类需要修改从父类继承到的方法的方法体，就可以使用方法覆盖。方法覆盖允许子类对父类中的方法进行重写，子类对象能够自动调用子类重写的方法。接下来，通过 Employee 的例子学习方法覆盖。

子类继承父类后，即拥有父类的属性和方法。子类对象可以直接调用父类中权限允许的属性和方法，如下代码中，子类对象可以直接调用父类中的 setSalary(char)方法：

```
Sales sales=new Sales("Grace",5000,100000);
Engineer engineer=new Engineer("John",5000,"software");
sales.setSalary('a');
engineer.setSalary('a');
System.out.println("sales 调整前的薪水 5000，级别为 a，调整后的薪水："+sales.
getSalary());
System.out.println("engineer 调整前的薪水 5000，级别为 a，调整后的薪水："+engineer.
getSalary());
```

运行结果如下：

```
sales 调整前的薪水 5000，级别为 a，调整后的薪水：5500.0
engineer 调整前的薪水 5000，级别为 a，调整后的薪水：5500.0
```

上述代码中 Sales 和 Engineer 对象都直接使用了父类 Employee 中的 setSalary(char)方法，按照 salary*1.1 的算法计算得出调整后的薪水。

假设销售人员按级别调整薪资的方案有了变化：级别不是3种，而是a～d共4种；级别为a时，算法不是salary*1.1，而是salary*1.2。工程师方案不变。那么可以在Sales类中声明一个新的方法，实现新的算法：

```
public void setSalesSalary(char level){
    switch(level){
        case 'a':setSalary(getSalary()*1.2);break;
        case 'b':setSalary(getSalary()*1.3);break;
        case 'c':setSalary(getSalary()*1.4);break;
        case 'd':setSalary(getSalary()*1.5);break;
    }
}
```

注意，该方法名字为setSalesSalary。那么可以使用如下代码调用：

```
sales.setSalesSalary('a');
engineer.setSalary('a');
System.out.println("sales 调整前的薪水 5000，级别为 a，调整后的薪水："+sales.
getSalary());
System.out.println("engineer 调整前的薪水 5000,级别为 a,调整后的薪水:"+engineer.
getSalary());
```

上述代码中的engineer对象依然使用父类的setSalary方法，而sales对象使用自定义的新方法setSalesSalary，输出结果如下：

```
sales 调整前的薪水 5000，级别为 a，调整后的薪水：6000.0
engineer 调整前的薪水 5000，级别为 a，调整后的薪水：5500.0
```

显然，sales的薪水按照新的算法计算，返回值为6000。然而，目前的Sales类中，依然拥有从父类Employee继承到的setSalary(char)方法，也就是说，如下代码依然可以正常执行：

```
sales.setSalary('a');
System.out.println("sales 调整前的薪水 5000，级别为 a，调整后的薪水："+sales.
getSalary());
```

简言之，Sales类中拥有一个Sales对象不应该调用的方法setSalary(char)，这违反了面向对象的封装性特征。对象封装了属性和方法，对象的属性和方法都是该对象可以使用的。因此，上面的方法虽然实现了新算法，却存在严重漏洞，破坏了对象的封装性。

如果子类需要修改自父类继承到的新方法，可以使用“方法覆盖”来完成。在子类中，声明一个与父类同名、同参、同返回值类型、访问权限不缩小的方法，就可以将父类中的方法覆盖。子类对象调用该方法，将自动绑定到子类覆盖后的新方法，修改Sales类的setSalesSalary方法如下：

```
public void setSalary(char level){
    switch(level){
        case 'a':setSalary(getSalary()*1.2);break;
        case 'b':setSalary(getSalary()*1.3);break;
        case 'c':setSalary(getSalary()*1.4);break;
        case 'd':setSalary(getSalary()*1.5);break;
    }
}
```

再次使用如下代码测试：

```
sales.setSalary('a');
engineer.setSalary('a');
System.out.println("sales 调整前的薪水 5000，级别为 a，调整后的薪水："+sales.
getSalary());
System.out.println("engineer 调整前的薪水 5000,级别为 a,调整后的薪水:"+engineer.
getSalary());
```

上述代码中的 Sales 和 Engineer 对象都调用了 setSalary 方法，其中 Sales 类因为覆盖了父类 Employee 中的 setSalary 方法，所以 Sales 对象将调用子类中的 setSalary 方法。而 Engineer 类由于没有覆盖父类的 setSalary 方法，所以依然调用父类中的 setSalary 方法。运行结果如下：

```
sales 调整前的薪水 5000，级别为 a，调整后的薪水：6000.0
engineer 调整前的薪水 5000，级别为 a，调整后的薪水：5500.0
```

子类覆盖父类的方法，必须遵守一定的规则：子类中的方法必须与父类中的方法同名、同参数、同返回值类型，而且访问权限不能缩小。

10.4 抽象类

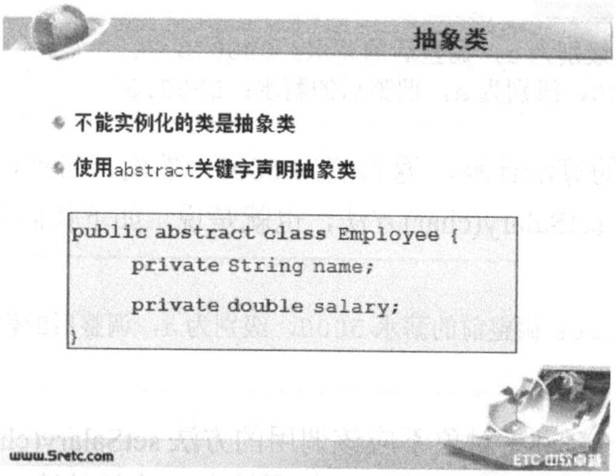

抽象类

继续 10.3 节的例子。例子中共有 3 个类：父类 Employee、子类 Sales 和 Engineer。默认情况下，类都可以进行实例化，所以可以有下面的代码：

```
Employee e=new Employee("Alice",5000);
System.out.println(e.getName()+"  "+e.getSalary());
```

上述代码中的对象 e 是 Employee 类的实例，那么它只拥有 Employee 类声明的成员，可以说 e 既不是工程师（Engineer），也不是销售人员（Sales）。而在描述员工管理系统时，有如下描述："员工只有两种，销售人员和工程师"。e 这样的对象在现实中是不存在的，现实的管理系统中只有销售人员和工程师两种真实存在的员工。现实中不存在的对象，计算机系统中就不应该存在。那么，Employee 类应该不允许被实例化。

不能够实例化的类，称为抽象类，使用 abstract 修饰符修饰即可。如下代码所示：

```
public abstract class Employee {
    private String name;
    private double salary;
}
```

上述代码中使用 abstract 修饰了 Employee 类，该类成为抽象类，不能被实例化。当 Employee 类被声明为抽象类后，下面的代码将出现编译错误：

```
Employee e=new Employee("Alice",5000);
```

接下来，从不同角度总结有关抽象类的知识点。

1. 抽象类往往用来做父类

抽象类不能被实例化，往往用来做父类使用，定义子类中公有的方法和属性。子类继承抽象类后，可以复用其中的属性和方法。

2. 抽象类不能被实例化，但是可以作为数据类型使用

抽象类不能创建对象，但是抽象类可以作为一种引用类型使用。如下代码所示：

```
package com.etc.chapter10;
public abstract class EmployeeUtil {
    public static double calBonus(Employee e){
        if(e.getSalary()>10000){
            return e.getSalary()*1.2;
        }else{
            return e.getSalary()*1.1;
        }
    }
}
```

上述代码中的 calBonus 方法参数是 Employee 类型，Employee 是抽象类，但是依然可以作为参数类型使用。具体调用 calBonus 方法时，可以将 Employee 类的子类对象作为具体参数传递给该方法。

3. 抽象类可以使用类名直接调用其静态成员

如果抽象类中存在静态成员，依然可以使用抽象类的类名直接调用。如下代码所示：

```
EmployeeUtil.calBonus(e);
```

上述代码中的 calBonus 方法是 EmployeeUtil 类的静态方法，可以直接用类名访问。

4. 抽象类的构造方法

抽象类虽然不能够实例化，但是依然需要有构造方法。因为抽象类往往作为父类使用，而子类的构造方法总要调用父类构造方法。如果没有为抽象类显式声明构造方法，抽象类也存在默认无参的构造方法。

10.5 抽象方法

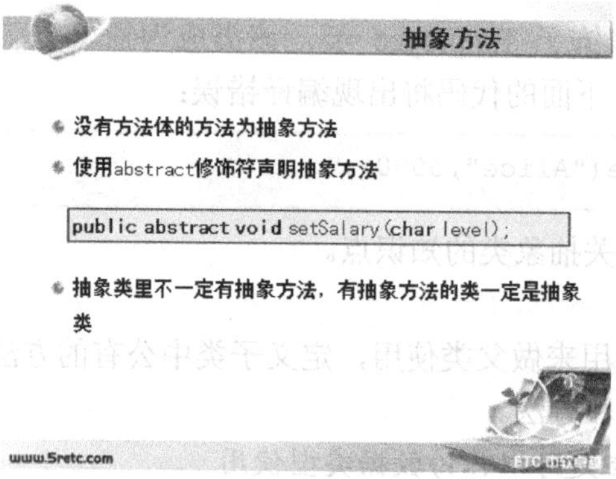
抽象方法
没有方法体的方法为抽象方法
使用abstract修饰符声明抽象方法
public abstract void setSalary(char level);
抽象类里不一定有抽象方法，有抽象方法的类一定是抽象类
www.5retc.com

抽象方法

抽象类里常常会声明抽象方法，本节将通过实例学习抽象方法的概念和使用。前面章节中子类 Sales 覆盖了父类 Employee 中的 setSalary 方法，假设 Engineer 类也需要覆盖 Employee 类中的 setSalary(char)方法。如下代码所示：

```
public void setSalary(char level){
     switch(level){
         case 'a':setSalary(getSalary()*1.15);break;
         case 'b':setSalary(getSalary()*1.25);break;
         case 'c':setSalary(getSalary()*1.35);break;
         case 'd':setSalary(getSalary()*1.45);break;
         case 'e':setSalary(getSalary()*1.55);break;
     }
}
```

接下来，创建子类 Sales 和 Engineer 对象，分别调用 setSalary 方法，将自动绑定到各自覆盖后的 setSalary 方法。如下代码所示：

```
Sales sales=new Sales("Grace",5000,100000);
Engineer engineer=new Engineer("John",5000,"software");
sales.setSalary('a');
engineer.setSalary('a');
System.out.println("sales 调整前的薪水 5000，级别为 a，调整后的薪水："+sales.
getSalary());
System.out.println("engineer 调整前的薪水 5000,级别为 a,调整后的薪水:"+engineer.
getSalary());
```

运行结果如下：

```
sales 调整前的薪水 5000，级别为 a，调整后的薪水：6000.0
engineer 调整前的薪水 5000，级别为 a，调整后的薪水：5750.0
```

根据运行结果可见，Sales 和 Engineer 的对象都自动调用各自覆盖后的 setSalary 方法。至此，Employee 两个子类都将父类的 setSalary 方法进行了覆盖，也就是说子类都将使用自己重写后的 setSalary 方法，而不会再调用父类中的 setSalary 方法。那么，该如何处理父类 Employee 中的 setSalary(char)方法呢？Employee 中的 setSalary(char)方法，目前已经被所有子类覆盖，是不是就毫无作用，可以被删除呢？父类是子类共同特征的抽象，虽然 Sales 和 Engineer 的 setSalary(char)算法各不相同，但是子类都拥有一个 setSalary(char)方法，所以父类中应该体现出这一共同特征。setSalary 方法虽然被所有子类覆盖，却不应该删除。然而，由于所有子类的算法都不相同，都进行了各自的实现，所以父类中的 setSalary(char)方法就没有必要有方法体。在 Java 语言中，没有方法体的方法被称为抽象方法，使用 abstract 修饰。Employee 类中的 setSalary 方法修改如下：

```
public abstract void setSalary(char level);
```

抽象方法可以理解为定义了“what to do”，即只声明要做的事情，而并不关心“how to do”，每个方法具体实现在子类中完成。与抽象方法相关的知识点总结如下。

1. 抽象方法与抽象类之间的关系

“有抽象方法的类一定是抽象类，抽象类中却不一定有抽象方法”。抽象方法是没有方法体的方法，那么抽象方法所在的类就无法实例化，所以包含抽象方法的类必须是抽象类。只要一个类不应该被实例化，就可以声明为抽象类，与是否有抽象方法无关，所以抽象类中不一定有抽象方法。

2. 抽象方法往往被子类实现

抽象方法可以理解为“what to do”，而“how to do”往往在子类中被实现。如果子类忽略父类中的抽象方法，不去加以实现，根据“有抽象方法的类一定是抽象类”的原则，子类就必须声明为抽象类，否则将发生编译错误。

10.6　多态性

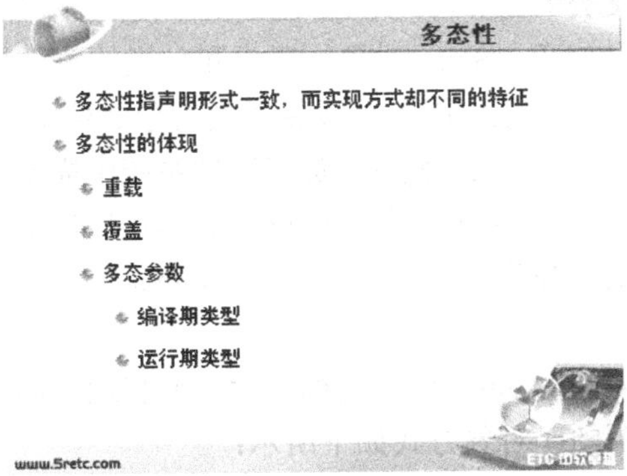

多态性

封装、继承、多态是面向对象语言的三大特征。封装将“属性和行为”结合在一起，定义为一种类型，通过使用 private 将信息隐藏。继承通过子类继承父类来达到复用父类的目的，从而实现“IS-A”关系。多态指声明形式一致，而实现方式却不同。Java 语言中的多态性有以下 3 种体现。

1. 方法重载

在第 2 章中学习了方法重载（overload）的概念。方法重载指一个类中有多个同名但是不同参数的方法。例如，Employee 中的两个 setSalary 方法，名字完全相同，区别在于参数不同。调用重载方法时，虚拟机将根据参数自动绑定到对应的方法。

2. 方法覆盖

在前面章节，学习了方法覆盖（override）的概念。方法覆盖是在继承关系中的概念，子类可以重写父类中的方法，子类中的方法必须与父类中的方法名字相同、参数相同、返回值类型相同，且子类中方法访问权限不能比父类方法小，可以等同或扩大。使用子类对象调用被子类覆盖的方法时，将自动绑定到对应子类中的方法，如果调用没有被子类覆盖的方法，则调用父类中的方法。

3. 多态参数

多态参数是多态性的另一种体现，也是使用较多的一种方式。多态参数，即方法的形式参数类型是父类类型，而传递的实际参数可以是任意子类的对象。如下代码所示：

多态参数

```
public static double calBonus(Employee e){
    if(e.getSalary()>10000){
        return e.getSalary()*1.2;
    }else{
        return e.getSalary()*1.1;
    }
}
```

上述代码中的方法 calBonus 是一个定义了多态参数的方法。calBonus 方法的参数类型是父类 Employee，使用时可以传递 Employee 类的子类对象。使用如下代码调用 calBonus 方法：

```
Sales sale=new Sales("John",5000,100000);
Engineer engineer=new Engineer("Alice",15000,"Software");
System.out.println("销售人员 sales 的奖金："+EmployeeUtil.calBonus(sales));
System.out.println(" 工 程 师  engineer  的 奖 金 ： "+EmployeeUtil.calBonus
(engineer));
```

calBonus 方法的形式参数是父类 Employee 类型，但是实际使用时，却可以传递 Employee 任何一个子类的对象，如 Engineer 对象、Sales 对象。子类和父类的关系是“IS-A”关系，可以理解为子类对象是一个父类类型的对象，因此可以将子类对象赋值给父类的引用。多态参数的使用，对于设计可扩展的程序非常重要。例如，员工管理系统中需要增加新的员工类型，只要创建新的子类，继承父类 Employee，而不需要修改 calBonus 方法，就可以对新的子类对象进行计算，因为 calBonus 方法可以接受 Employee 类任何子类的实例。

要深入理解多态参数，需要先学习 Java 语言的编译期类型和运行期类型概念。如果存在类 A，常见的声明创建对象方式如下所示：

运行期类型与编译期类型

```
A a=new A();
```

其中前面的 A 表示对象的类型，被称为编译期类型。在编译期，虚拟机认为 a 的类型是 A，对于 a 所使用的属性和方法的有效性将到类 A 中去验证。而构造方法 A()中的 A 是运行期类型，运行期将执行运行期类型中的方法。在 A a =new A();表达式中，编译期类型和运行期类型相同。然而，在继承关系中，就可能存在编译期类型与运行期类型不同的情况。假设 B 类是 A 类的子类，可以使用如下方式创建对象：

```
A ab=new B();
```

根据上面的介绍，对象 ab 的编译期类型为父类 A 类，运行期类型为子类 B 类。如果一个引用的编译期类型和运行期类型不同，那么一定是编译期类型与运行期类型有父类子类关系。那么 ab 对象使用的属性和方法，在编译期到类 A 中去校验，而运行期则执行 B 类的方法。如下代码所示：

```
Employee e=new Sales("Grace",5000,100000);
e.setSalary('a');
System.out.println("sales 调整前的薪水 5000,级别为 a,调整后的薪水:"+e.getSalary());
```

对象 e 的编译期类型是 Employee。在编译期间，对于 e 调用的 setSalary 以及 getSalary 方法，编译器都将到 Employee 类中校验，如果 Employee 不存在对应的方法，则发生编译错误。而运行期将根据 e 的运行期类型 Sales 自动绑定到 Sales 类的 setSalary 方法，使用 Sales 类覆盖后的 setSalary 方法。运行结果如下：

```
sales 调整前的薪水 5000，级别为 a，调整后的薪水：6000.0
```

如果 e 调用 Sales 类中扩展的新方法，将出现编译错误，如下所示：

```
e.setTask(150000);      //发生编译错误！
```

因为 e 的编译期类型是 Employee，而 Employee 类中没有 setTask 方法，所以发生编译错误。

如果一个对象的编译期类型是父类，运行期类型是子类，可以对该对象进行强制类型转换，将其编译器类型转换为与运行期类型相同的类型。如下代码所示：

```
Employee e=new Sales("Grace",5000,100000);
Sales sale=(Sales)e;
sale.setTask(150000);
```

强制转换后，e 的编译期类型变为 Sales 类型，就可以调用 Sales 类中的所有方法。了解编译期类型与运行期类型后，可见多态参数都使用父类类型作为编译期类型，而具体参数的运行期类型都是父类的某个具体子类类型。

10.7　this 和 super 关键字

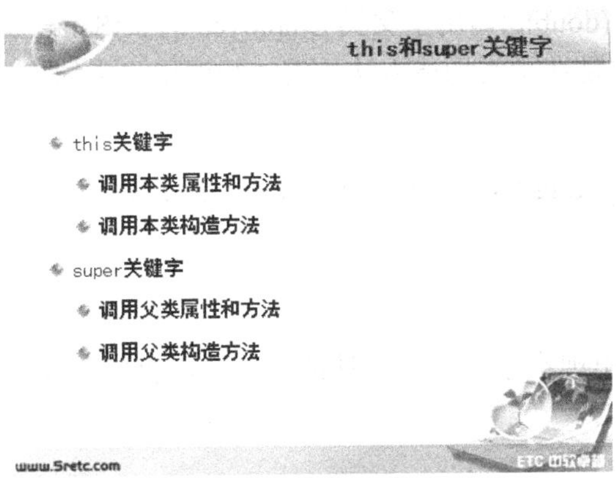

父类引用指向子类对象

this 和 super 是 Java 语言中的两个关键字，其中 super 关键字是在继承关系中使用的关键字，在此节对两个关键字进行总结。

1. this 关键字

this 关键字有两种使用方式。第一种方式是作为本类当前的引用使用，用来调用本类的属性和方法。常见的使用方式是用来区分同名的方法参数和属性。如下代码所示：

this 关键字

```
public void setName(String name) {
      this.name = name;
}
```

上述代码中的 this.name 中的 name 是类的属性，=后的 name 是方法的参数。

this 的另外一种使用方式是在构造方法的第一条语句中，调用本类的其他构造方法。如下代码所示：

```
public Employee(String name) {
      this(name,0.0);
      System.out.println("调用构造方法 Employee(String name)");
}
```

上述代码中的 this(name,0.0);语句调用了 Employee 类的 Employee(String,double)构造方法。

2. super 关键字

super 关键字都在子类中使用，有两种使用方式。第一种方式是作为父类的引用使用，用来调用父类中的属性或方法。如 Sales 类需要覆盖了父类 Employee 中的 setSalary(double)方法，然而薪资调整方式不变，仅增加记录日志功能。也就是说子类 Sales 的 setSalary(double)方法，首先调用父类中的 setSalary(double)方法，然后增加日志功能即可。这种时候，就可以使用 super 关键字来调用父类中的方法。如下代码所示：

super 关键字

```
public void setSalary(double salary) {
      super.setSalary(salary);
      System.out.println("销售人员薪资已经修改，写入日志文件...");
}
```

上述代码中使用 super.setSalary(double)调用了父类 Employee 的 setSalary 方法。

super 关键字的第二种使用方法是在子类构造方法的第一行调用父类的构造方法。如下代码所示：

```
public Sales(String name, double salary,double task) {
     super(name, salary);
     this.task=task;
}
```

值得注意的是，这种用法只能出现在子类构造方法的第一行，否则将发生编译错误。

10.8　final 在继承中的使用

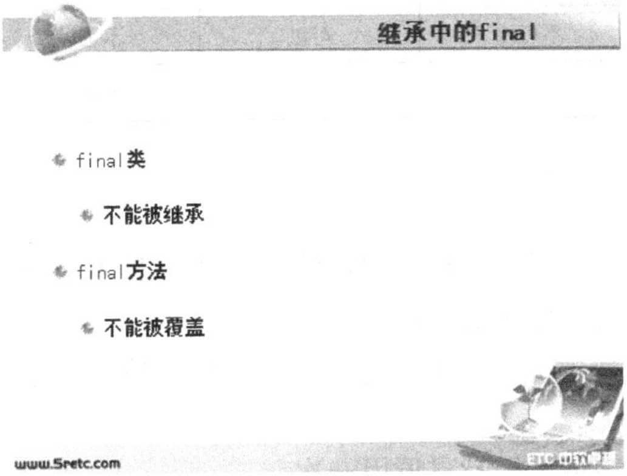

final 修饰符

在第一部分中学习了修饰符 final 修饰变量的相关知识。final 修饰变量后，变量成为常量赋值后不能被修改。另外，final 还可以修饰类和方法。

如果一个类被 final 修饰，则称为终极类，该类不允许被继承。API 中有大量 final 类，如 String 类。如果一个方法被 final 修饰，则称为终极方法，该方法不能被子类覆盖。

如果一个类中所有方法都是 final 方法，那么等同于类声明为 final 类吗？答案是否定的。即使一个类中所有方法都是 final 方法，该类还是可以作为父类被继承，final 方法也可以被子类对象使用，只不过不能覆盖。而类声明为 final 后，就不能做父类了，也不能被继承。

10.9　static/abstract/final 总结

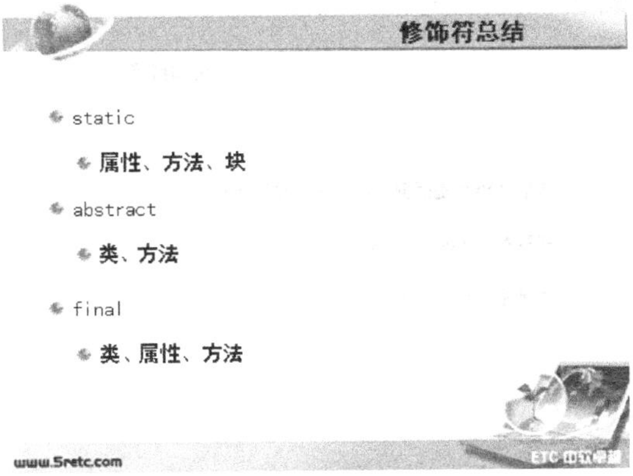

至此，对 static、abstract、final 这 3 个关键字的相关知识基本已经介绍过了，本节将对这 3 个常用的修饰符进行总结，相关作用如表 10-1 所示。

表 10-1　修饰符作用总结

修饰符/类元素	类	属　性	方　法	块	内 部 类
static	不可以	可以	可以	可以	可以
abstract	可以	不可以	可以	不可以	可以
final	可以	可以	可以	不可以	可以

接下来对每种修饰符分别进行总结。

1. static

静态属性：如果属性使用 static 修饰，则为静态属性。静态属性不绑定到某个对象，属于整个类，且存储空间不变，可以直接使用类名调用。

静态方法：静态方法与静态属性类似，不绑定到某个对象，是所有对象共享的方法，可以直接使用类名调用。

静态块：静态块在类加载时被调用，且只调用一次。

2. abstract

抽象类：抽象类是不能被实例化的类，往往用来做父类。

抽象方法：没有方法体的方法是抽象方法，往往在子类里进行实现。有抽象方法的类一定是抽象类。

3. final

final 类：final 类不能被继承。

final 属性：final 属性为常量，赋值后不能被修改。赋值方式有两种，一种是声明时赋值，另一种是在构造方法中赋值。

final 方法：final 方法不能被子类覆盖。

10.10　关联和继承

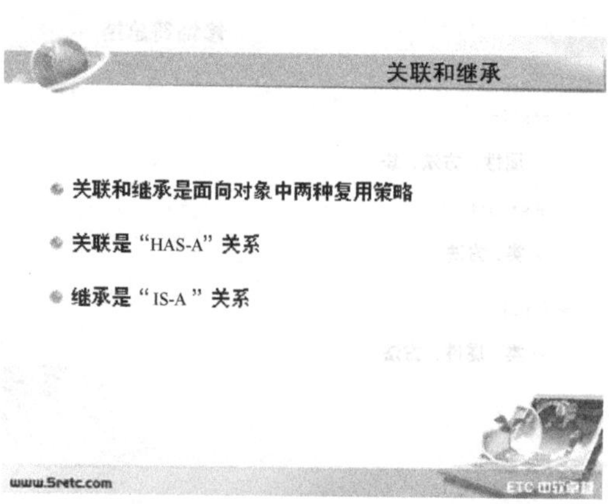

关联和继承都可以在某类中使用另外一个已存在的类的功能，是两种常用的实现复用的策略。那么二者到底有什么区别？应该如何选择呢？本节将比较关联与继承的区别与联系。

如果 A 类的某些方法需要“借助”B 类的方法实现，那么就将 B 类对象作为 A 类的属性即可，即关联关系。关联关系通过把已存在的类作为属性的方式，达到重复使用的目的。如下代码所示：

```
package com.etc.chapter10;
public class A {
    private B b;
    public void af(){
        b.bf();
    }
}
class B{
    public void bf(){}
}
```

上述代码中，B 类作为 A 类的属性存在，那么在 A 类所有方法中都可以调用 B 类的方法，从而达到复用 B 类的目的。

如果需要对某个类创建一个特殊化的版本，即某个类是一个通用性的类，而需要开发的类在具备通用性功能的基础上，还需要一些特殊化处理，这种时候就需要使用继承。如本章中使用的例子：Employee 类、Sales 类、Engineer 类。其中 Employee 是一个通用性的类，而 Sales 和 Engineer 是对 Employee 的特殊化处理。

在实际应用中，关联关系比继承关系使用得更为广泛，而很多初学者却很容易将关联关系错误地用成继承关系。在选择使用关联还是继承时，关键要思考两个类到底是“HAS-A”还是“IS-A”关系，切忌盲目地使用继承。

10.11　Object 类

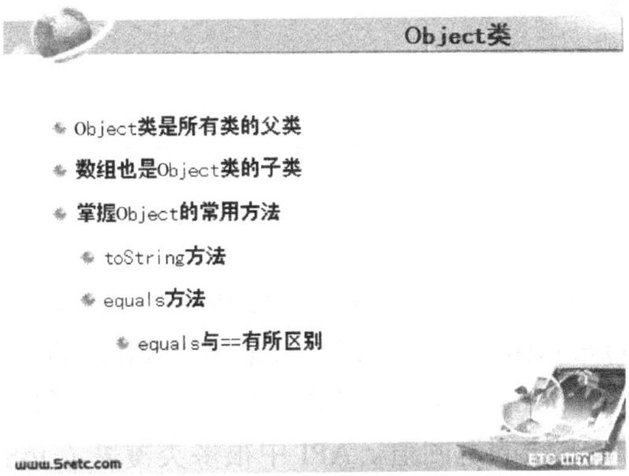

Object 类的作用和地位

Java API 中的 java.lang 包中有一个 Object 类，该类是所有类的根，是一个顶级类。也就是说，Java 中的任何类都不可能没有父类，一个类可以使用 extends 关键字显式继承某个父类；如果一个类没有使用 extends 继承某个父类，那么这个类就默认继承了 Object 类。以此类推，Object 类将被任何类直接或间接地继承，任何类中都拥有 Object 类中的方法。可以说，任何类的对象，都可以调用 Object 类中的方法，包括数组对象。如果某类需要修改 Object 类的方法，直接进行方法覆盖即可。

假设某方法声明形式如下所示：

```
public void f(Object o){}
```

上述代码中方法 f 的参数是 Object 类型，调用该方法时，可以传递给 f 方法任何类型的对象，包括数组对象，因为 Object 是所有引用类型的父类。由于数组对象是引用类型，不论数组中的元素是什么类型，数组本身都是 Object 类型。如下代码所示：

```
int[] a=new int[3];
Sales[] s=new Sales[2];
…
f(a);
f(s);
```

上述代码中声明创建了两个数组 a 和 s，分别是 int[]类型和 Sales[]类型，都可以作为实际参数传递给 f 方法，因为数组都是引用类型，都是 Object 类型。

如果某方法声明形式如下所示：

```
public void f(Object[] o){}
```

Object[]意思是对象型数组，就是数组元素都是引用类型的数组，int[]类型数组不是对象型的数组，而 Sales[]类型数组是对象型的数组。调用该方法，实际参数只能是数组，且该数组的元素类型必须是引用类型。如下代码能够编译成功：

```
Sales[] s=new Sales[2];
…
f(s);
```

而下面的代码将编译出错，因为数组 a 中的元素的类型是 int，不是 Object。

```
int[] a=new int[3];
…
f(a);
```

Object 类中定义了一些常用的方法，任何子类都可以直接使用或者进行方法覆盖。下面总结 Object 类中的两个主要方法。

Object 类中的方法

1. *toString 方法*

toString 方法可以将任何一个对象转换成字符串返回，返回值的生成算法为 getClass().getName() + '@' + Integer.toHexString(hashCode())。toString 方法被很多方法自动调用，如 System.out.println 方法，打印一个引用类型对象时，将默认调用该对象的 toString 方法，打印 toString 方法的返回值。API 中很多类覆盖了 toString 方法，实现了新的算法。如 String 类的 toString 方法，返回的就是字符串的字符序列。如下代码所示：

```
package com.etc.chapter10;
public class TestToString {
    public static void main(String[] args) {
        Sales sale=new Sales();
        String s="hello";
        System.out.println("打印 sale.toString: "+sale.toString());
        System.out.println("直接打印 sale: "+sale);
```

```
        System.out.println("打印s.toString "+s.toString());
        System.out.println("直接打印s: "+s);
    }
}
```

运行结果如下：

```
打印sale.toString: com.etc.chapter10.Sales@5224ee
直接打印sale: com.etc.chapter10.Sales@5224ee
打印s.toString hello
直接打印s: hello
```

可见打印输出一个引用类型数据 sale 时，调用 toString 方法和不调用 toString 方法的结果相同，说明 println 方法将自动调用对象的 toString 方法，并打印输出其返回值。其中 sale 对象的 toString 方法返回值的形式与 Object 类中定义的相同，是"类名@哈希码"的格式，而 String 类型对象 s 的 toString 方法返回值即字符序列，与 Object 类中的算法不同。这是因为 Sales 类没有覆盖 toString 方法，所以直接使用父类 Object 类的 toString 方法，而 String 类已经覆盖了 toString 方法，返回值为字符序列，所以不再使用 Object 类中的算法。

2. equals *方法*

Object 类中的 equals 方法，用来比较两个引用的虚地址。当且仅当两个引用在物理上是同一个对象时，返回值为 true，否则将返回 false。如下代码所示：

```
package com.etc.chapter10;
public class TestEqual {
    public static void main(String[] args) {
        Sales s1=new Sales();
        Sales s2=new Sales();
        Sales s3=s2;
        System.out.println("s1.equals(s2): "+s1.equals(s2));
        System.out.println("s2.equals(s3): "+s2.equals(s3));
    }
}
```

运行结果如下：

```
s1.equals(s2): false
s2.equals(s3): true
```

上述代码中，由于 s1 和 s2 分别使用 new 进行创建，物理上是两个对象，所以比较结果为 false，而 s2 的引用直接赋值给 s3，所以二者具有相同的引用，比较结果为 true。如果类覆盖了 equals 方法，那么就将调用覆盖后的 equals 方法。例如，String 类已经覆盖了 equals 方法，算法为比较两个字符串的字符序列，如果字符序列相同，返回 true，字符序列不同，返回 false。如下代码所示：

```
String ss1="hello";
String ss2=new String("hello");
String ss3=new String("hello");
System.out.println("ss1.equals(ss2): "+ss1.equals(ss2));
System.out.println("ss1.equals(ss3): "+ss1.equals(ss3));
```

运行结果如下：

```
ss1.equals(ss2): true
ss1.equals(ss3): true
```

上述代码中，ss1、ss2、ss3 是 3 个引用，但是字符序列均相同，所以 equals 比较结果为 true。可见，String 类的 equals 方法已经被覆盖，与 Object 类中的 equals 方法的算法不同。

equals 方法与==有什么区别？==是比较操作符，可以用来比较基本数据类型的二进制值。而 equals 是 Object 类的方法，不能被基本数据类型调用，只能使用对象调用。==用来比较引用类型时，比较的是虚地址。而 equals 方法在 Object 中的定义与==比较引用类型相同，也比较引用的虚地址。然而，equals 方法可以被覆盖，重写成子类需要的比较逻辑。而==不可以重写，永远都比较对象的虚地址。

10.12 本章小结

本章学习了 Java 类与类之间的第三种常见关系：继承。继承是一种“IS-A”关系，即子类对象是父类类型的一个对象。通过继承，子类可以重复使用父类的属性和方法。本章将继承的相关知识点进行了总结，包括继承时构造方法的调用顺序、方法覆盖与方法重载、抽象方法与抽象类、this 与 super 关键字、static/abstract/final 修饰符、关联与继承两种关系的区别和联系等。学习完本章后，读者应该对面向对象的三大特征：封装、继承和多态，有了更为深入的理解。

第 11 章 实现关系

严格来说，实现关系并不是类与类的关系，而是类与接口的关系。Java 语言中定义了“接口”的概念。而接口的本质是一个特殊的抽象类，因此，实现关系也可以理解为一种类与类的关系。实现关系的本质与继承关系类似，也是“IS-A”关系。本章将学习接口的相关知识，以及类与接口之间的实现关系。

11.1 接口定义

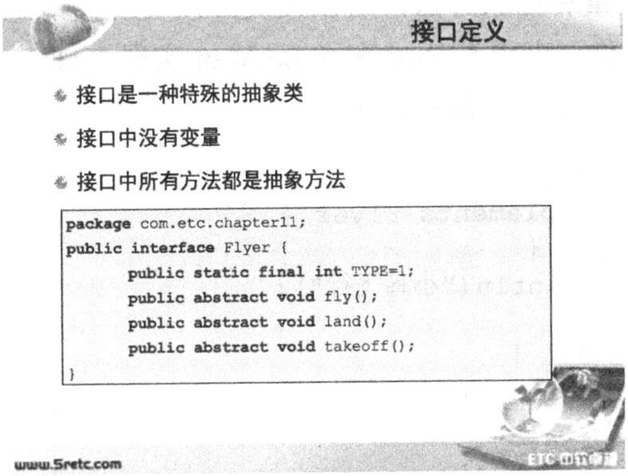

Java 语言中，可以使用 interface 关键字来声明接口。接口的特点是，没有变量，所有方法都是抽象方法。接口可以看做一个特殊的抽象类，特殊在于接口中任何方法都必须是抽象的，而且不能声明变量。接口编译后，也生成.class 文件。如下代码演示接口的声明形式：

```
package com.etc.chapter11;
public interface Flyer {
   public static final int TYPE=1;
   public abstract void fly();
   public abstract void land();
   public abstract void takeoff();
}
```

上述代码中声明了接口 Flyer，该接口中声明了一个静态常量 TYPE，没有任何变量；同时声明了 3 个抽象方法，没有任何具体方法。

11.2 类与接口的关系：实现

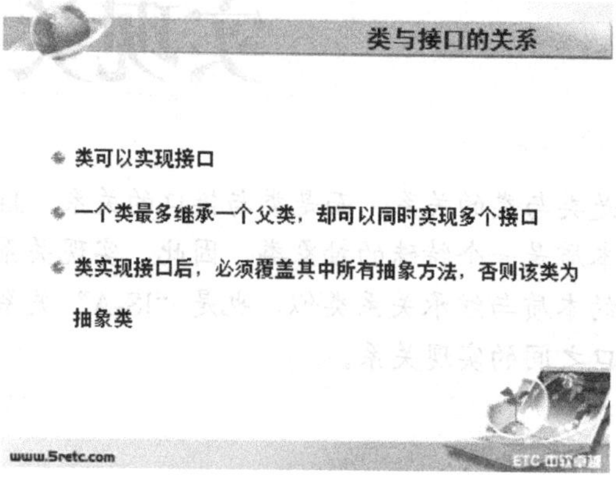

类与接口的关系
类可以实现接口
一个类最多继承一个父类，却可以同时实现多个接口
类实现接口后，必须覆盖其中所有抽象方法，否则该类为抽象类
www.5retc.com
ETC 中软国际

类实现接口

接口是抽象的，其中没有任何具体方法和变量，所以接口不能进行实例化。接口定义的是多个类都要实现的操作，即“what to do”。类可以实现接口，从而覆盖接口中的方法，实现“how to do”。类实现接口使用关键字 implements 完成，本质上与类继承类相似。类实现接口后，就拥有了接口中的常量和抽象方法，所以该类必须实现接口定义的抽象方法，否则类将是抽象类，无法进行实例化。声明类 Bird 和 SuperMan 实现 11.1 节中的接口 Flyer，类实现接口中所有抽象方法，同时可以扩展新的方法。

```
package com.etc.chapter11;
public class Bird implements Flyer {
   public void fly() {
        System.out.println("小鸟飞行");
   }
   public void land() {
        System.out.println("小鸟着陆");
   }
   public void takeoff() {
        System.out.println("小鸟起飞");
   }
   public void layEgg(){
        System.out.println("小鸟下蛋");
   }
}
package com.etc.chapter11;
public class SuperMan implements Flyer {
   public void fly() {
        System.out.println("超人飞行");
   }
   public void land() {
        System.out.println("超人着陆");
   }
   public void takeoff() {
        System.out.println("超人起飞");
   }
   public void work(){
        System.out.println("超人工作");
   }
}
```

上述代码中，类 Bird 和 Superman 都实现了接口 Flyer，实现了 Flyer 接口中的抽象方法，同时扩展了自己的新方法。类实现接口，本质上与类继承类相似，区别在于“类最多只能继承一个类，即单继承，而一个类却可以同时实现多个接口”，多个接口用逗号隔开即可。实现类需要覆盖所有接口中的所有抽象方法，否则该类也必须声明为抽象类。如下代码所示：

```
package com.etc.chapter11;
public class Bird implements Flyer,Animal {
    //覆盖 Flyer 接口的方法
    public void fly() {
        System.out.println("小鸟飞行");
    }
    public void land() {
        System.out.println("小鸟着陆");
    }
    public void takeoff() {
        System.out.println("小鸟起飞");
    }
    //覆盖 Animal 接口的方法
    public void eat() {
        System.out.println("小鸟吃食");
    }
    //扩展的新方法
    public void layEgg(){
        System.out.println("小鸟下蛋");
    }
}
```

上述代码中的 Bird 类同时实现了 Flyer 和 Animal 两个接口，对两个接口中的方法分别进行了实现，同时也可以扩展自己的新方法。此时，Bird 同时拥有两种父类型，即 Flyer 和 Animal，可以说 Bird 既是一种 Flyer，也是一种 Animal。

11.3 接口的作用

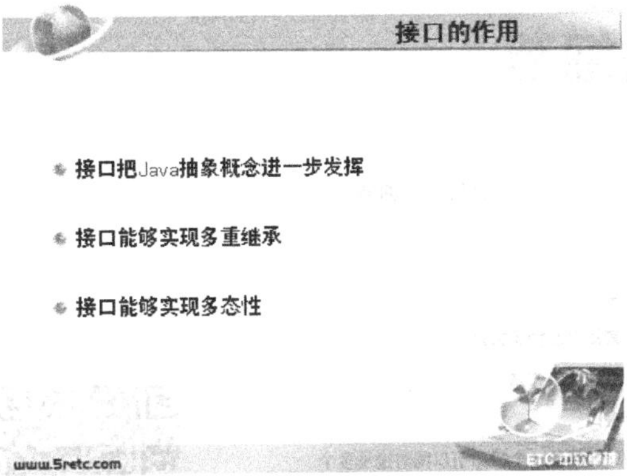
接口的作用
接口把Java抽象概念进一步发挥
接口能够实现多重继承
接口能够实现多态性
www.5retc.com

接口的作用

接口的本质是一个“纯粹”的抽象类，即所有方法都是抽象的。接口将 Java 中抽象的概念进一步发挥。接口中只定义“what to do”，将多个类型都需要实现的功能进行统一规范。而“how to do”都由各实现类完成，实现可扩展的效果。接口的作用总结如下。

1. 实现多重继承

由于 Java 类要求单继承，如果没有接口的概念，子类一旦继承那些“纯粹”的抽象类，将不能继承其他类。所以 Java 语言将“纯粹”的抽象类定义为一种新的类型，即接口。类可以同时继承父类以及实现接口，也就是说 extends 和 implements 关键字可以同时使用。而且一个类可以同时实现多个接口，从而实现对于“纯粹”的抽象类的多重继承，解决了类与类单继承的局限性。

2. 实现多态性

接口不能创建对象，但是可以作为类型存在，因此可以实现多态参数。如下代码所示：

```
Flyer bird=new Bird();
bird.fly();
```

其中 Bird 类实现了 Flyer 接口，Flyer 是对象 bird 的编译期类型，Bird 是对象 bird 的运行期类型，本质与使用抽象类完全相同。因此，可以作为多态参数使用。如下代码所示：

```
package com.etc.chapter11;
public class TestFlyer {
    public static void test(Flyer flyer){
        flyer.takeoff();
        flyer.fly();
        flyer.takeoff();
    }
    public static void main(String[] args) {
        Flyer bird=new Bird();
        test(bird);
        Flyer superman=new SuperMan();
        test(superman);
    }
}
```

上述代码中，test 方法的参数是接口 Flyer 类型。使用 test 方法时可以动态传递 Flyer 任何实现类的对象，test 方法体中将动态调用具体实现类中的方法。如果 Flyer 接口有新的实现类，只要声明新类，实现 Flyer 接口即可，test(Flyer)方法不需要改变，实现了一定程度的可扩展性。

11.4 接口的语法细节

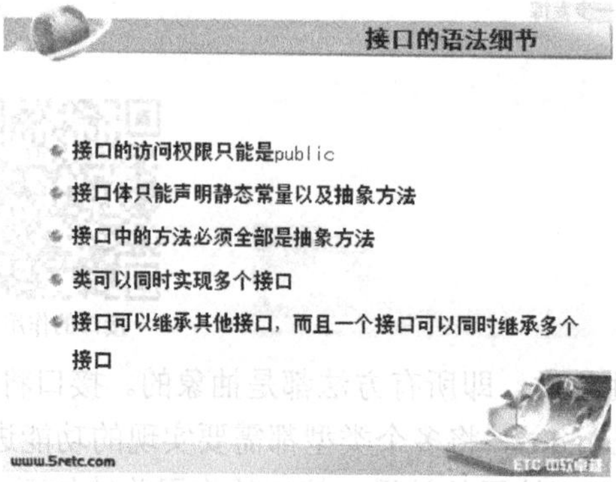

接口的语法细节
接口的访问权限只能是public
接口体只能声明静态常量以及抽象方法
接口中的方法必须全部是抽象方法
类可以同时实现多个接口
接口可以继承其他接口，而且一个接口可以同时继承多个接口
www.5retc.com

接口的基本语法

接口的本质是抽象类，所以接口具备类的特征。但是接口也有其特殊性，本节将从各个方面介绍接口的一些细节特征。

1. 接口的访问权限

类（特指外部类）的访问权限有两种：public权限和同包权限。类如果不显式声明public权限，则默认为同包权限。然而，接口的访问权限只能是public，即使不显式声明public权限，也默认为public权限。如下代码所示：

```
package com.etc.chapter11;
interface Account {
}
```

Account接口没有显式声明访问权限，默认的访问权限是public。

2. 接口体

接口体中只能声明静态常量、抽象方法。除此之外，接口体中不能有其他元素。

3. 接口的常量

接口中不能有变量，只能声明常量，而且常量必须是静态的、公共的，即public、static、final的常量，常量必须赋初值。值得注意的是，接口中常量的3个修饰符是默认存在的，不管写几个，甚至不写，默认也都同时存在public、static、final 这3个修饰符。可以使用接口名调用常量，如下代码所示：

```
package com.etc.chapter11;
interface Account {
   int TYPE=1;
}
```

虽然TYPE前没有声明任何修饰符，但是TYPE前默认存在3个修饰符：public、static、final。

4. 接口中的方法

接口中的方法必须是抽象方法，且访问权限只能是 public。和类中的方法权限不同，接口中的方法即使不显式声明权限修饰符，默认也是public权限。如下代码所示：

```
package com.etc.chapter11;
interface Account {
   int TYPE=1;
   void deposit();
}
```

方法deposit虽然没有声明权限修饰符，但是其默认的权限是public。按照方法覆盖的原则，子类覆盖父类方法时权限不能缩小，所以类实现接口后，覆盖接口中的抽象方法，权限必须是public。

5. 类与接口的关系

类与接口的关系称为实现，使用implements关键字表示，是一对多的关系。一个类可以同时实现多个接口，多个接口名称使用逗号隔开即可。

6. 接口与接口的关系

接口也可以继承其他接口，达到复用效果，和类的继承关系一样，也使用关键字 extends 表示，区别在于接口可以同时继承多个接口，而类只能同时继承一个类。如下代码所示：

```
public interface A {
   public void af();
}
public interface B {
   public void bf();
}
public interface C extends A,B {
   public void cf();
}
```

接口 C 同时继承了接口 A 和接口 B，拥有了 A 和 B 的方法，所以 C 中有 3 个抽象方法：af、bf、cf。

11.5 Comparable 接口

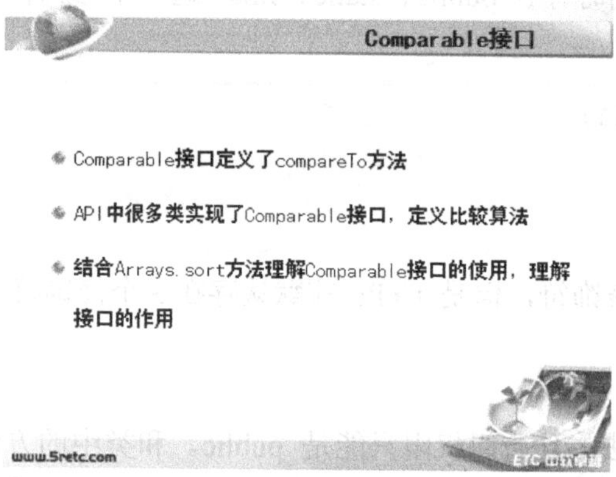
Comparable接口
Comparable接口定义了compareTo方法
API中很多类实现了Comparable接口，定义比较算法
结合Arrays.sort方法理解Comparable接口的使用，理解接口的作用
www.5retc.com
ETC 中软卓越

Comparable 接口

Java API 中定义了大量的接口，本节结合 Arrays 类的排序方法，熟悉 Comparable 接口的使用，进一步加深对接口的理解。

java.util.Arrays 类中定义了一个静态方法，能够对数组进行排序。如下代码所示：

```
public static void sort(Object[] a)
```

可见该方法能够对元素是任何引用类型的数组进行排序。如下代码所示：

```
Sales[] salesArray=new Sales[3];
salesArray[0]=new Sales("Alice",3900,130000);
salesArray[1]=new Sales("John",5000,150000);
salesArray[2]=new Sales("Gloria",4000,120000);
Arrays.sort(salesArray);//发生异常 ClassCastExcetpion
```

上述代码中声明了 Sales[]类型数组 salesArray，并对数组进行了初始化。然后调用 Arrays 方法的 sort 方法进行排序。因为 sort 方法可以对任何 Object[]类型的数组排序，所以对 Sales[] 数组也可排序，代码编译成功。然而，运行该代码时，出现如下异常：

```
Exception in thread "main" java.lang.ClassCastException: com.etc.chapter11.Sales
    at java.util.Arrays.mergeSort(Unknown Source)
    at java.util.Arrays.sort(Unknown Source)
```

异常处理将在第三部分学习。其中 ClassCastException 异常是类型转换时发生的异常。如下面的类型转换就会发生该异常：

```
Sales s=new Sales();
Engineer e=(Engineer)s;
```

上述代码中对象 s 的运行期类型是 Sales，不允许转换成 Engineer 类型。只有两种情况下，允许对对象进行类型转换。第一种情况是将一个对象的编译期类型转换成该类的父类或接口的类型，可以直接转换。如下代码所示：

```
Bird bird=new Bird();
Flyer flyer=bird;
Sales sale=new Sales();
Employee e=sale;
```

上述代码中的 Bird 类实现了接口 Flyer，Sales 类继承了父类 Employee，所以可以直接进行转换。

第二种情况是一个对象的编译期类型是其父类或接口类型，可以使用()强制将其编译期类型转换成运行期类型。如下代码所示：

```
Flyer man=new SuperMan();
SuperMan mflyer=(SuperMan)man;
Employee e=new Sales();
Sales sale=(Sales)e;
```

除了上面两种情况可以转换成功，其他的转换都会发生 ClassCastException 异常。总的来说，如果一个对象的类型可以转换成另外一种类型，仅限于与其父类或接口之间转换。

根据上面的分析，代码 Arrays.sort(salesArray)发生 ClassCastException 异常的原因应该是执行 sort 方法时，对某些对象进行了类型转换，因为类型不匹配而导致失败。阅读 Arrays.sort 方法的详细描述，可见这样的要求：“All elements in the array must implement the Comparable interface”。意即数组中所有的元素必须实现 Comparable 接口。那么要想避免代码中的异常，必须让 Sales 类实现 Comparable 接口，该接口中有一个方法。如下代码所示：

```
int compareTo(Object o):  Compares this object with the specified object for
order.
```

JDK 5.0 以后版本中 Comparable 接口是一个泛型接口，由于泛型在后面章节学习，所以此处忽略泛型。一个类实现接口，必须覆盖接口中的方法。阅读 compareTo 方法的细节，可见返回值有 3 种情况，正值表示大于指定的参数，负值表示小于指定的参数，0 表示等于指定的参数。Sales 类修改如下，实现 Comparable 接口，覆盖 compareTo 方法：

```
package com.etc.chapter11;
public class Sales extends Employee implements Comparable{
//省略其他代码
```

```
        public int compareTo(Object arg0) {
            Sales sale=(Sales)arg0;
            if(this.getSalary()>sale.getSalary()){
                return 1;
            }else if(this.getSalary()<sale.getSalary()){
                return -1;
            }else{
                return 0;
            }
        }
    }
```

上述代码中，Sales 类实现了 Comparable 接口，覆盖了其中的 compareTo 方法，实现了根据 salary 属性进行比较的逻辑。运行如下代码测试排序：

```
Sales[] salesArray=new Sales[3];
salesArray[0]=new Sales("Alice",3900,130000);
salesArray[1]=new Sales("John",5000,150000);
salesArray[2]=new Sales("Gloria",4000,120000);
System.out.println("按自然顺序打印：");
System.out.println("姓名\t\t"+"薪水\t\t"+"任务\t\t");
for(Sales s:salesArray){
System.out.println(s.getName()+"\t\t"+s.getSalary()+"\t\t"+s.getTask());
}
//对数组 salesArray 进行排序
Arrays.sort(salesArray);
System.out.println("排序后打印：");
System.out.println("姓名\t\t"+"薪水\t\t"+"任务\t\t");
for(Sales s:salesArray){
System.out.println(s.getName()+"\t\t"+s.getSalary()+"\t\t"+s.getTask());
}
```

运行结果如下：

```
按自然顺序打印：
姓名        薪水        任务
Alice       3900.0      130000.0
John        5000.0      150000.0
Gloria      4000.0      120000.0
排序后打印：
姓名        薪水        任务
Alice       3900.0      130000.0
Gloria      4000.0      120000.0
John        5000.0      150000.0
```

到目前为止，salesArray 数组已经成功使用了 Arrays.sort 方法按照薪水值进行排序。下面对使用 Arrays.sort 方法的过程进行总结。

1. *数组元素的类实现 Comparable 接口*

如果要使用 Arrays.sort(Object[])方法对某数组排序，那么该数组元素的类，一定要实现 Comparable 接口。例如，要对 Sales[]数组排序，则 Sales 类必须实现 Comparable 接口。

2. *覆盖 Comparable 接口中的 compareTo 方法*

compareTo 方法实现了数组的某个元素与其他任意一个元素的比较算法。通过返回值来表示大于、小于、等于。示例中按照薪水进行比较，则 sort 方法就按照薪水排序。如果需要按照名字排序，则 compareTo 方法就应该按照名字比较。

3. *调用 Arrays.sort 方法*

当第 1、2 步骤完成后，就可以创建数组对象，传递给 sort 方法，使用类名 Arrays 调用 sort 方法即可进行排序。

通过该例子可以进一步加深对接口的理解。接口 Comparable 中定义了需要排序的数组元素的“What to do”逻辑，即需要排序的数组元素都实现 compareTo 方法。而究竟如何实现 compareTo 方法，由实现类根据具体需要进行实现。Arrays 类的 sort 方法将需要排序的数组元素转换成 Comparable 类型，调用元素对象的 compareTo 方法比较大小，然后使用排序算法进行排序。如果数组元素没有实现该接口，就会发生 ClassCastException。

总的来说，接口的作用在于将“What”和“How”进行分离，对多个类的可变部分进行抽象，从而对类进行了规范。

为什么 String[]可以直接使用 Arrays.sort 进行排序，而不会发生 ClassCastException？String 类作为 API 中的类，已经实现了 Comparable 接口，覆盖了其中的 compareTo 方法。String 类的 compareTo 方法，根据字符串字符序列的字典顺序进行比较。使用 Arrays.sort 方法对 String[]排序时，也是根据字符序列的字典顺序进行排序的。另外，值得注意的是，字符串的字典顺序不能使用比较操作符进行比较，只能使用 compareTo 方法进行比较。

11.6　本章小结

本章的学习重点是接口。接口的本质是一个纯粹的抽象类，当某个抽象类中没有任何变量，且所有方法都是抽象方法时，即可以声明为接口。接口实现了纯抽象类的多重继承。类与接口的关系称为实现，本质上与继承类似。区别在于类与接口之间可以实现一对多关系，而类与类的继承必须是单继承。

至此，对于 Java 语言中类与类的关系已经学习结束。类与类之间的关系有 4 种：关联、依赖、继承和实现。其中实现关系也可以理解为继承关系，所以，类和类的关系可以总结为 3 种：关联（HAS-A）、依赖（USE-A）和继承（IS-A）。如果继承的不是类，而是接口，被称为实现。3 种关系中，关联和继承是两种常用的复用策略，都是通过使用已存在的类实现复用。

第 12 章 第二部分自我测试

1．抽象类和接口有什么区别？

2．列出 Object 类中至少 5 个方法。

3．如果 B 类是 A 类的子类，A a=new B();合法吗？a 的运行期类型和编译期类型分别是什么？

4．接口中可以声明变量吗？接口中能包含哪些元素？

5．子类构造方法有哪几种方式可以调用父类构造方法？

6．类与类的继承是单继承还是多继承？接口可以继承其他接口吗？如果可以，是单继承还是多继承？

7．int[] a=new int[3];中，变量 a 是引用类型还是基本类型？为什么？

8．什么是多态性？Java 语言中的多态性有哪些体现？

9．abstract 和 final 可以同时修饰一个 Java 类吗？为什么？

10．是否可以继承 String 类，为什么？

11．两个对象的值相同（x.equals(y) == true），但是其 hash code 却不同，这句话对不对？为什么？

12．Object 类是数组的父类吗？

13．如果一个类用 final 修饰，该类有什么特征？

14．抽象类不能创建对象，抽象类中需要声明构造方法吗？为什么？

15．“IS-A”表示什么关系？请用简单代码说明其含义。

16．override 是什么意思？与 overload 有什么区别？

17．什么是抽象方法？抽象方法有什么作用？

18．接口中的方法有什么特征？

19．“HAS-A”表示什么关系？请用简单代码说明其含义。

20．什么是抽象类？抽象类有什么作用？

第三部分

异常处理

学习完第一部分和第二部分后，读者已经对 Java 语言的基本语法、面向对象特征、类与类之间的关系等知识点有了深入理解。然而，任何应用中都会有一些不正常的事件流，如取款时可能余额不足、打开文件时可能文件不存在等。如何处理这些不正常的事件流？早期编程语言中，往往采用不同事件流返回不同返回值的方式来处理。如取款方法，取款成功返回 true，余额不足返回 false。但是，往往返回值会被忽略，例如使用取款方法时可能忽略了处理返回值为 false 的情况。Java 语言中使用异常处理机制来解决这个问题，以提高程序的鲁棒性。本部分将学习异常处理的相关知识点。

第 13 章 Java应用异常处理

异常处理机制能够让程序的错误处理变得更加井然有序，不用在许多点都逐一检查某个特定错误，也不用在调用方法时进行检查。程序中如果抛出了异常，异常处理机制就能保证该异常被处理。

13.1 什么是异常

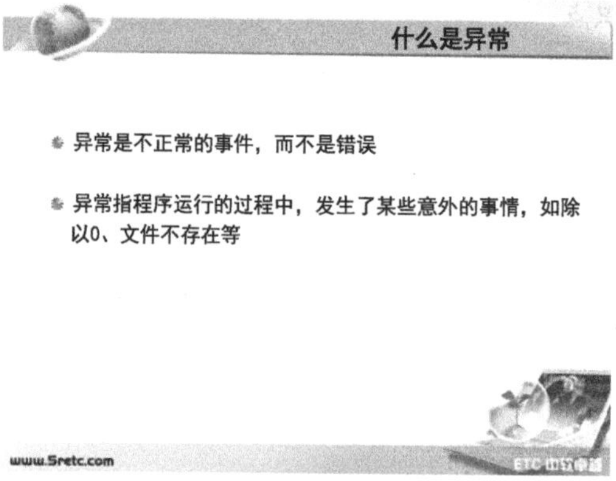

什么是异常
异常是不正常的事件，而不是错误
异常指程序运行的过程中，发生了某些意外的事情，如除以0、文件不存在等
www.5retc.com

异常的概念

异常是不正常的事件，而不是错误。异常指程序运行的过程中，发生了某些意外的事情，如除以 0、文件不存在等。如下代码所示：

```
package com.etc.chapter13;
public class Calculator {
   public static int div(int x,int y){
       return x/y;
   }
}
public class TestException {
   public static void main(String[] args) {
   System.out.println(Calculator.div(100,Integer.parseInt(args[0])));
   }
}
```

如果传递运行期参数为 0，那么 div 方法就进行了除以 0 的操作，是不正常的事件，将发生异常。异常并不是错误，只是一些不正常的事件，错误往往与源代码的 Bug 或者内部环境有关，如内存泄露等。

13.2　Java 标准异常类型

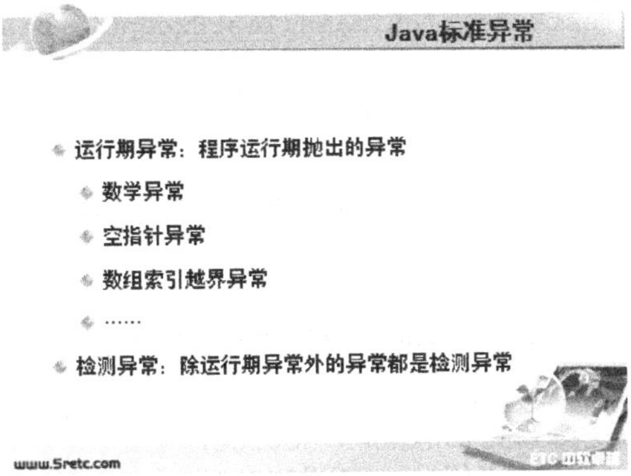

API 中的异常

Java API 中提供了很多异常类及错误类，所有的异常类和错误类都继承于 java.lang.Throwable 类，该类的所有子类对象都可以“被当做异常抛出”。Throwable 类有两个直接子类：Error 类和 Exception 类。Error 表示错误，可能是编译期错误或者系统错误，往往程序中并不处理。Exception 表示异常，是所有异常类的父类，是程序员所关心的。Exception 有很多子类，这些子类可以分为两种类型。

1. 运行期异常

Exception 类有一个子类 java.lang.RuntimeException，称为运行期异常。RuntimeException 及其所有子类，都被称为运行期异常类。顾名思义，运行期异常是程序运行期抛出的异常，这些异常都由 Java 虚拟机自动抛出。如除数为 0 时，在程序运行期虚拟机会抛出数学异常（Arithmetic Exception），数组索引越界时会抛出索引越界异常（ArrayIndexOutOfBoundsException），数字格式转换出错时会抛出数字格式异常（NumberFormatException）等。如下代码所示：

```
package com.etc.chapter13;
public class Calculator {
    public static int div(int x,int y){
        return x/y;
    }
}
public class TestException {
    public static void main(String[] args) {
    System.out.println(Calculator.div(100, Integer.parseInt(args[0])));
    }
}
```

上述代码的 main 方法调用 Calculator 类的 div 方法，100 作为被除数，args[0]作为除数，输出相除结果。当 args[0]赋值为 0 时，即除数为 0，发生数学异常，结果如下：

```
Exception in thread "main" java.lang.ArithmeticException: / by zero
    at com.etc.chapter13.Calculator.div(Calculator.java:5)
    at com.etc.chapter13.TestException.main(TestException.java:9)
```

ArithmeticException 类表示数学异常，当除数为 0 时会抛出。

当不为 args[0]赋值时，即 main 方法的数组参数长度为 0，使用 args[0]将索引越界，发生数组索引越界异常，结果如下：

```
Exception in thread "main" java.lang.ArrayIndexOutOfBoundsException: 0
   at com.etc.chapter13.TestException.main(TestException.java:9)
```

ArrayIndexOutOfBoundsException 类表示数组索引越界异常，当访问数组元素超出数组长度时会抛出。

当 args[0]的值不是数字时，将发生数字格式异常，例如，将 args[0]赋值为“abc”，运行结果如下：

```
Exception in thread "main" java.lang.NumberFormatException: For input string:
"abc"
   at java.lang.NumberFormatException.forInputString(Unknown Source)
   at java.lang.Integer.parseInt(Unknown Source)
   at java.lang.Integer.parseInt(Unknown Source)
   at com.etc.chapter13.TestException.main(TestException.java:9)
```

可见，运行期异常都是运行时 Java 虚拟机自动抛出，编译期并不检测运行期异常，在代码中不必写抛出异常的语句（抛出异常的方式参考后续章节）。运行期异常往往是由某些编程错误引起的，可能是无法捕捉的错误，如上述程序接收到客户端传来的“abc”字符串，而不是数学运算所需要的数字格式的字符串；也可能是程序员应该在自己程序中检查的错误，如程序员应该先检查 args 数组的长度是否为 0。运行期异常都直接或间接继承于 RuntimeException 类，除了本节介绍的以外，还有很多常见的运行期异常，如空指针异常 NullPointerException、类型转换异常 ClassCastException 等。

2. 检测异常

除了 RuntimeException 及其子类外，其他的异常类型都可以称为检测异常（Checked Exception）。检测异常都是在程序中使用 throw（相关内容参考后续章节）关键字抛出的异常，编译器将强制处理这些异常。API 中定义了大量的检测异常，如 IOException 异常、SQLException 异常等，java.io 包中很多类的方法都抛出了 IOException 异常或者其子类异常，标记不同的异常事件。

总的来说，Java 的标准异常类型有两种：运行期异常和检测异常。运行期异常都是运行时 JVM 自动抛出的，编译器不会强制处理运行期异常。运行期异常往往是因为程序中的错误引起的。除了运行期异常之外的异常，都是检测异常。检测异常是程序在某些条件下抛出的异常。编译器会检测到抛出异常的代码，并强制处理。所有的异常类都有同一个父类，即 Exception 类。

13.3　如何处理异常

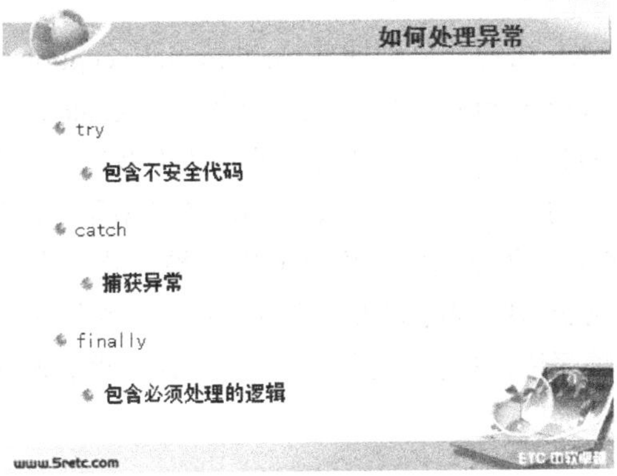

try、catch、finally

异常的作用是标记不正常的事件，如果抛出了异常却不被处理，程序将中断，不正常地退出。所以异常发生后，必须处理异常，保证程序按照不同的流程正常运行下去。Java 中使用 try/catch/finally 语句处理异常。本节将详细学习异常处理语句的使用。

1. try

try 块用来包含不正常的代码，即可能会发生异常的代码块。语法如下：

```
try{
        可能会发生异常的代码
}
```

try 块中任何一条语句发生了异常，之后的代码将不会被执行，程序将跳转到异常处理代码块中，即 catch 块。因此，不要随意将不相关的代码放到 try 块中，因为随时可能会中断执行。

2. catch

catch 语句必须紧跟在 try 语句之后，称为捕获异常，也就是异常处理函数。语法如下：

```
catch(异常类型 引用名){
        异常处理代码
}
```

其中异常类型可以是 Throwable 类以及任何子类，但是往往不会捕获 Error，常见的是 Exception 类及其子类。catch 块可以有多个，分别捕获不同的异常类型。当 try 块中的代码发生异常后，Java 异常处理机制自动将异常对象传递给 try 后的 catch 块中，将异常类型与 catch 块声明的异常类型进行匹配，只要类型匹配（类型相同，或者抛出异常是 catch 语句异常的子类），则运行 catch 块代码，称为异常被捕获，程序将正常运行。如果没有找到与抛出的异常类型相匹配的 catch 语句，异常就没有被捕获，程序将中断，不正常退出。如下代码所示：

```
try{
   //...
}catch(ArithmeticException e){
   //...
```

```
    }catch(IOException e){
        //...
    }catch(Exception e){
        //...
    }
```

上述代码中，try 后声明了 3 个 catch 语句，分别捕获 ArithmeticException、IOException、Exception。如果 try 块发生了 ArithmeticException 异常，则运行第一个 catch 块语句；如果发生了 IOException 异常，则运行第二个 catch 块语句；如果发生了其他类型异常，则运行最后一个 catch 代码块。值得注意的是，如果发生了 ArithmeticException，该类型不仅与第一个 catch 块的类型匹配，也与最后一个 catch 块的异常类型匹配，但是异常只被捕获一次，在第一个 catch 块中被捕获后，不会再运行 catch(Exception)块。因此如果一个 try 块后有多个 catch 块，那么 catch 的异常类型必须按照从子类到父类的顺序依次捕获，否则将发生编译错误。测试代码如下：

```
package com.etc.chapter13;
public class TestException2 {
    public static void main(String[] args) {
        try{
            System.out.println(100/Integer.parseInt(args[0]));
        }catch(ArithmeticException e ){
            System.out.println("被除数为 0");
        }catch(ArrayIndexOutOfBoundsException e ){
            System.out.println("没有指定被除数");
        }catch(NumberFormatException e ){
            System.out.println("被除数不是数字");
        }catch(Exception e ){
            System.out.println("发生异常");
        }
        System.out.println("main 方法正常退出");
    }
}
```

上述代码中 try 后声明了 4 个 catch 语句，分别是 ArithmeticException、ArrayIndexOutOfBoundsException、NumberFormatException 以及 Exception。将父类 Exception 放在最后一个 catch 语句，这样能保证如果发生的异常没有被前面的 catch 语句捕获，都可以在最后一个 catch 语句中被捕获。

运行上述代码，当传入参数 args[0]为 0 时，将发生数学异常，异常被捕获，运行第一个 catch 语句，输出结果如下：

```
被除数为 0
main 方法正常退出
```

当没有传入参数 args[0]时，将发生数组索引越界异常，异常被捕获，运行第二个 catch 语句，输出结果如下：

```
没有指定被除数
main 方法正常退出
```

当传入参数 args[0]为“abc”时，将发生数字格式异常，异常被捕获，运行第三个 catch 语句，运行输出结果如下：

```
被除数不是数字
main 方法正常退出
```

可见，将可能发生异常的代码放到了 try 块中后，只要发生异常，异常对象将被传递到与之类型匹配的 catch 块中，称为异常被捕获。异常只能被捕获一次，所以最后一个 catch 块的参数类型虽然是父类 Exception 类型，但是从来没有被执行。异常被捕获后，程序正常运行，直到正常退出。假设程序员怀疑 try 块中代码会发生 NullPointerException 异常，那么就可以增加一个 catch 块：

```
package com.etc.chapter13;
public class TestException2 {
   public static void main(String[] args) {
       try{
           System.out.println(100/Integer.parseInt(args[0]));
       }catch(ArithmeticException e ){
           System.out.println("被除数为 0");
       }catch(ArrayIndexOutOfBoundsException e ){
           System.out.println("没有指定被除数");
       }catch(NumberFormatException e ){
           System.out.println("被除数不是数字");
       }catch(NullPointerException e){
           System.out.println("发生空指针异常");
       }catch(Exception e ){
           System.out.println("发生异常");
       }
       System.out.println("main 方法正常退出");
   }
}
```

那么，如果怀疑会发生 IOException，是否可以增加 catch 块捕获 IOException 呢？使用下面的代码进行测试：

```
public static void main(String[] args) {
   try{
       System.out.println(100/Integer.parseInt(args[0]));
   }catch(ArithmeticException e ){
       System.out.println("被除数为 0");
   }catch(ArrayIndexOutOfBoundsException e ){
       System.out.println("没有指定被除数");
   }catch(NumberFormatException e ){
       System.out.println("被除数不是数字");
   }catch(NullPointerException e){
       System.out.println("发生空指针异常");
   }catch(IOException e){//编译错误！！！！
       System.out.println("发生 IO 异常");
   }catch(Exception e ){
       System.out.println("发生异常");
   }
   System.out.println("main 方法正常退出");
}
```

在捕获IOException的catch语句处会有编译错误，提醒try块中没有抛出IOException。因为NullPointerException是运行期异常，在运行期Java虚拟机会自动抛出，编译器在编译期不会检测该异常是否抛出，所以即使try块中没有抛出NullPointerException异常，依然可以使用catch语句进行捕获。而IOException是检测异常，编译器会在编译期检测try块中是否抛出该异常，如果没有抛出，不允许写无效的catch语句。13.4节将学习如何抛出异常。

3. finally

finally是异常处理中用来强制执行某些代码的语句。如下代码所示：

```
try{
   System.out.println(100/Integer.parseInt(args[0]));
}catch(ArithmeticException e ){
   System.out.println("被除数为0");
   return;
}catch(ArrayIndexOutOfBoundsException e ){
   System.out.println("没有指定被除数");
   System.exit(0);
}
//必须执行的重要功能
System.out.println("回收重要资源...");
System.out.println("main方法正常退出");
```

上述代码中的try块可能发生数学异常、越界异常、数字格式异常这3种异常，然而只使用catch捕获了两种异常。捕获ArithmeticException后，即使用return语句使main方法返回；捕获ArrayIndexOutOfBoundsException后，使用System.exit(0)使虚拟机退出；对NumberFormatException异常没有使用catch语句进行捕获。假设“回收重要资源”代码是一些很重要的代码，比如回收数据库连接、网络连接等资源，如果由于发生了异常，程序不正常退出，那么资源就没有被回收，将导致严重后果。

如何能强制“回收重要资源”代码必须运行？使用finally语句即可完成。如下代码所示：

```
try{
   System.out.println(100/Integer.parseInt(args[0]));
}catch(ArithmeticException e ){
   System.out.println("被除数为0");
   return;
}catch(ArrayIndexOutOfBoundsException e ){
   System.out.println("没有指定被除数");
   System.exit(0);
}
finally{
   System.out.println("回收重要资源...");
}
System.out.println("main方法正常退出");
```

上述代码中将“回收重要资源”代码写在finally语句中，这样就可以保证这些重要代码一定能够被强制执行。

参数为0时，发生了数学异常，被第一个catch语句捕获，程序返回前，强制运行finally语句，运行结果如下：

```
被除数为 0
回收重要资源...
```

参数为“abc”时，发生了数字格式异常，异常没有被捕获，程序退出前强制运行 finally 语句，运行结果如下：

```
回收重要资源...
Exception in thread "main" java.lang.NumberFormatException: For input string:
"abc"
    at java.lang.NumberFormatException.forInputString(Unknown Source)
    at java.lang.Integer.parseInt(Unknown Source)
    at java.lang.Integer.parseInt(Unknown Source)
    at com.etc.chapter13.TestException2.main(TestException2.java:29)
```

没有输入参数时，发生了索引越界异常，被第二个 catch 语句捕获，因为该 catch 语句中强制虚拟机退出，所以 finally 语句不会被强制运行，运行结果如下：

```
没有指定被除数
```

可见，只有在 finally 前运行了 System.exit(0)代码后，finally 块才不被执行。其他情况下，finally 代码块都被强制执行。finally 块往往包含重要的、在任何情况下都必须运行的代码。

Java 语言中常用 try/catch/finally 3 个关键字来处理异常，try 语句后可以同时有多个 catch 语句，但是最多只能有一个 finally 语句。try 后可以只有 catch，也可以只有 finally。如果只有 finally 语句，异常一定没有被捕获，程序会中断，但是 finally 块的代码将在程序中断前被强制执行。如下代码所示：

```
try{
    System.out.println(100/Integer.parseInt (args[0]));
}
finally{
    System.out.println("回收重要资源...");
}
System.out.println("main 方法正常退出");
```

上述代码中的 try 语句后只有 finally 而没有 catch 语句，如果没有传递参数，发生数组越界异常，程序将不正常退出，退出前将强制运行 finally 语句，运行结果如下：

```
回收重要资源...
Exception in thread "main" java.lang.ArrayIndexOutOfBoundsException: 0
    at com.etc.chapter13.TestException2.main(TestException2.java:29)
```

虽然异常没有被捕获，程序发生异常并中断，然而，程序中断前依然强制执行 finally 代码块。这种用法的具体作用，将在后面章节学习。

13.4 如何抛出异常

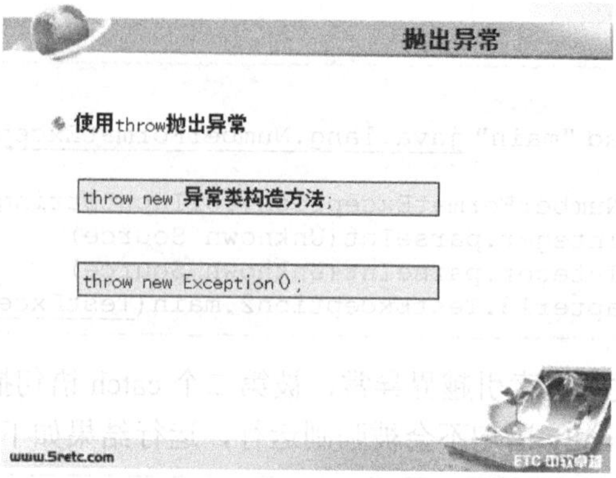

通过前面章节的介绍，可以了解到异常主要分运行期异常和检测异常两种。运行期异常在运行时 JVM 自动抛出，检测异常都必须在编译期抛出，前面章节中演示使用的异常都是运行期异常，本节将学习如何抛出检测异常。Java 语言使用 throw 关键字抛出异常，语法如下：

```
throw new 异常类构造方法;
```

只要是 Throwable 及其子类对象，都可以使用 throw 关键字抛出。而实际应用中，往往抛出的是 Exception 及其子类对象，而不会抛出 Error。运行 throw 语句后，即抛出异常。如下代码所示：

```
throw new Exception();
```

上述代码抛出了 Exception 类型的异常。抛出异常后如果不加以处理，程序将中断。13.5 节将学习为何在程序中使用 throw 抛出异常。

13.5 为何要抛出异常

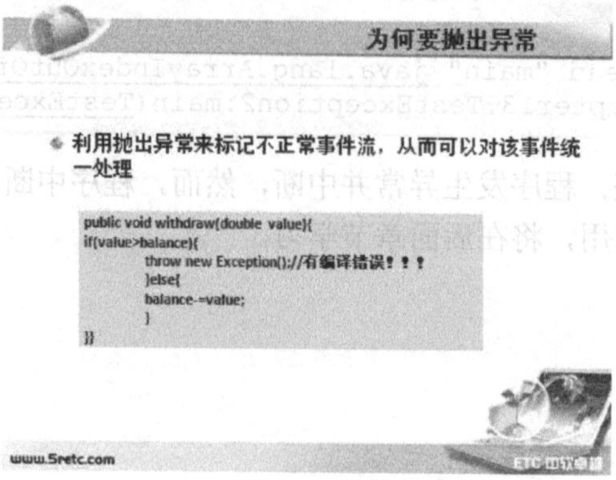

在程序中抛出异常，往往是因为业务逻辑中存在一些不正常事件流，而利用抛出异常来标记该事件流，可以对该事件流进行统一处理。如下代码所示：

```
package com.etc.chapter13;
public class Account {
    private String id;
    private double balance;
    public Account(String id, double balance) {
        super();
        this.id = id;
        this.balance = balance;
    }
    public void withdraw(double value){
        if(value>balance){
            throw new Exception();//有编译错误！！！
        }else{
            balance-=value;
        }
    }
}
```

上述代码中 Account 类的取款（withdraw）方法，可能存在余额不足而无法取款的不正常事件流，那么就可以使用抛出异常的方式来标记“余额不足”这个事件流。如果余额不足，使用 throw 语句抛出 Exception 类型异常。而在 throw 语句处，将发生编译错误。编译器提醒，抛出异常后必须处理异常，这就是抛出异常的作用：能够强制该异常被处理，因此异常所标记的事件流一定会被处理。如果不使用抛出异常的方式，而为 withdraw 方法提供不同返回值来标记不同事件流，那么程序员调用该方法时，可能会忽略“余额不足”的事件流。而使用抛出异常来标记“余额不足”后，编译器将强制处理该异常，以保证该事件流不会被忽略。

值得注意的是，如果 throw new Exception()改为 throw new RuntimeException()，将不会有编译错误。因为运行期异常不是检测异常，而是在运行时抛出的异常，所以在编译期不强制进行处理。13.6 节将学习抛出异常后如何进行处理。

13.6　抛出异常后如何处理

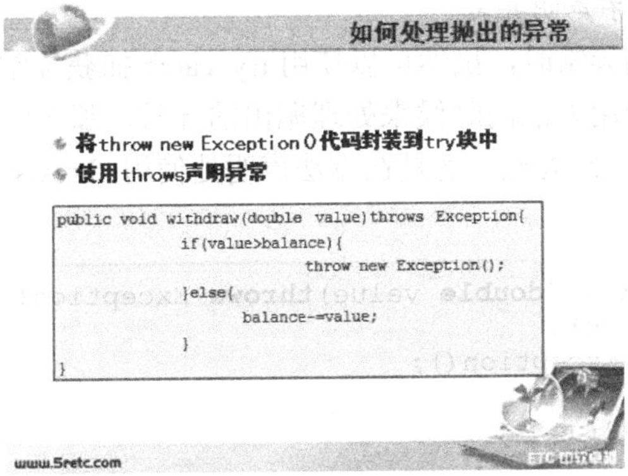

13.5 节中的 withdraw 方法抛出异常后，发生了编译错误，本节将学习如何解决这个编译错误。该编译错误提示 throw new Exception()处发生了异常，必须对该异常进行处理。如果程序中使用 throw 抛出了异常，那么有两种处理方式。

1. 将抛出异常的代码封装到 try 块中

既然要处理异常，首先想到的当然是 try catch。要解决该编译错误，第一种方式就是把 throw 语句放到 try 块中。如下代码所示：

```
try {
    throw new Exception();
} catch (Exception e) {
    System.out.println("withdraw 方法发生了异常。");
}
```

使用 try catch 进行处理后，编译错误将消失。使用如下代码进行测试：

```
package com.etc.chapter13;
public class TestAccount {
   public static void main(String[] args) {
        Account a=new Account("9555***",3000);
        a.withdraw(4000);
        System.out.println("取款后，账户余额："+a.getBalance());
   }
}
```

上述代码中的账户余额为 3000 元，如果要支取 4000 元，将发生异常，运行结果如下：

```
withdraw 方法发生了异常。
取款后，账户余额：3000.0
```

可见，如果在 throw 抛出异常后直接使用 try catch 把异常捕获，因为异常只能被捕获一次，那么调用 withraw 方法时将不能再次捕获异常。虽然例子中看起来异常已经捕获，且运行结果正常。然而，这种方式却毫无意义。取款方法可能在很多地方调用，比如在网页中调用取款方法，发生异常后需要跳转到另外的页面；在桌面程序中调用取款方法，发生异常后需要跳转到其他窗口。然而，当前的处理方式将无法在调用 withraw 方法时根据需要来处理异常，而是在 deposit 方法中已经捕获了异常。可见，如果能在调用 withraw 方法时，根据实际需要来处理异常，将更为实用。要达到这个目的，就可以使用第二种方式进行处理，使用 throws 关键字声明异常。

2. 使用 throws 关键字声明异常

当某方法抛出了检测异常时，虽然可以使用 try catch 捕获异常来避免编译错误，却意义不大。更多时候希望在调用方法的时候来处理抛出的异常，那么就可以使用第二种方式：抛出异常后，不使用 try catch 处理，而是在方法声明处使用 throws 语句声明异常。如下代码所示：

```
public void withraw (double value)throws Exception{
   if(value>balance){
       throw new Exception();
   }else{
       balance-=value;
   }
}
```

上述代码中不再使用 try catch 捕获抛出的异常，而是在方法 withraw 声明处使用 throws 声明异常，表示 withraw 方法可能会抛出 Exception 类型异常。当一个方法使用了 throws 关键字声明异常类型后，那么调用方法时必须处理声明的异常。处理的方式依然有两种：使用 try catch 处理，或者继续使用 throws 进行声明。如下代码所示：

```
package com.etc.chapter13;
public class TestAccount {
   public static void main(String[] args) {
        Account a=new Account("9555***",3000);
        try {
           a.withraw (4000);
        } catch (Exception e) {
           System.out.println("余额不足，退出卡片...");
        }
        System.out.println("取款后，账户余额："+a.getBalance());
   }
}
```

上述代码中，调用 withraw 方法时，如果不去处理该方法声明过的 Exception 类型异常，将出现编译错误，提醒该方法声明了异常，必须被捕获。代码中使用了 try catch 语句对 withraw 方法进行异常处理，避免了编译错误。如果不使用 try catch 捕获异常，那么就需要在 main 方法声明处使用 throws 继续声明异常，也可以避免编译错误。然而，由于 main 方法是程序的入口，如果 main 方法抛出了异常，程序一定会不正常退出。

13.7 自定义异常类

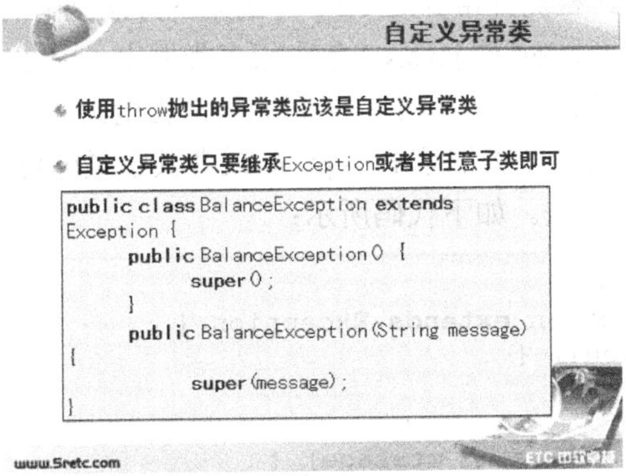

自定义异常类

在前面章节的例子中，已经学习了如何抛出异常、为什么抛出异常，以及抛出异常后如何进行处理。只要使用 throw 语句，就可以抛出任何类型的异常。抛出异常主要为了能标记不正常的事件流，以达到统一处理异常的目标。抛出异常后可以使用两种方式进行处理，即使用 try catch 捕获异常以及使用 throws 声明抛出异常。实际应用中，抛出异常后往往使用 throws 声明异常，而不会直接捕获。本节要学习的是应该抛出什么类型的异常。

从语法上来说，只要是 Throwable 以及 Throwable 子类的对象均可抛出。然而，如果盲目地抛出 API 中的异常类型，会使程序混乱。如下代码所示：

```
package com.etc.chapter13;
public class TestAccount {
    public static void main(String[] args) {
        Account a=new Account("9555***",3000);
        try {
            int x=100/0;
            a.deposit(1000);
        } catch (Exception e) {
            System.out.println("余额不足，退出卡片...");
        }
        System.out.println("取款后，账户余额: "+a.getBalance());
    }
}
```

上述代码中调用 withraw 方法，由于该方法使用 throws 声明抛出了 Exception 类型异常，所以必须捕获该异常，使用 try catch 语句捕获了 Exception 异常。代码中试图从账户中取出 1000 元，账户余额为 3000 元，不会发生余额不足的情况，不会发生异常。然而，由于在 try 块中多了一条会发生数学异常的代码 int x=100/0;，所以，运行结果如下：

```
余额不足，退出卡片...
取款后，账户余额：3000.0
```

结果将导致虽然钱没有被取出，却一直给用户返回“余额不足”的错误提示。原因是取款方法中，抛出的异常是 Exception 类型，Exception 是数学异常（ArithmeticException）的父类，所以当发生了数学异常后，异常处理机制就把数学异常传递给了 catch 语句进行处理。导致这种情况的根本原因是将业务逻辑异常和 Java API 中的标准异常混淆了。那么，是不是换成其他类型即可？答案是否定的。不管换成哪个标准类型异常，都可能发生这样的情况。因为 API 中的运行期异常是运行时自动抛出的，检测异常都是 API 中的某些方法抛出的，如 IOException 被 java.io 包中很多类抛出，SQLException 被 java.sql 包中很多类抛出。因此，业务逻辑异常如果想不与 Java API 中的标准异常混淆，就必须自定义全新的异常类型。

自定义异常类非常简单，只要写一个类继承 Exception 或者其子类即可。异常类往往不声明属性和方法，只声明相应的构造方法。如下代码所示：

```
package com.etc.chapter13;
public class BalanceException extends Exception {
    public BalanceException() {
        super();
    }
    public BalanceException(String message) {
        super(message);
    }
}
```

BalanceException 类继承了 Exception 类，并声明了构造方法，那么 BalanceException 就可以作为一种异常类型使用。在 deposit 方法中抛出 BalanceException 来标记“余额不足”事件流。

```
public void deposit (double value)throws BalanceException {
    if(value>balance){
        throw new BalanceException ();
    }else{
        balance-=value;
    }
}
```

上述代码中使用 throw 抛出了 BalanceException 异常，并使用 throws 声明了该异常。那么调用 deposit 方法时，则必须处理该异常。如下代码所示：

```
public static void main(String[] args) {
    Account a=new Account("9555***",3000);
    try {
        int x=100/0;
        a.withraw (1000);
    }catch(BalanceException e){
        System.out.println("余额不足，退出卡片...");
    }catch (Exception e) {
        System.out.println("发生其他异常...");
    }
    System.out.println("取款后，账户余额："+a.getBalance());
}
```

上述代码中，使用 BalanceException 标记余额不足异常，使用 Exception 标记其他类型异常。如此一来，就将业务逻辑异常与 Java 标准异常完全分开了，不会产生混淆的情况。可以说，如果应用中要使用 throw 抛出异常，就一定要抛出自定义的异常类，而不要抛出 Java API 中的标准异常。

13.8 throw 与 throws 总结

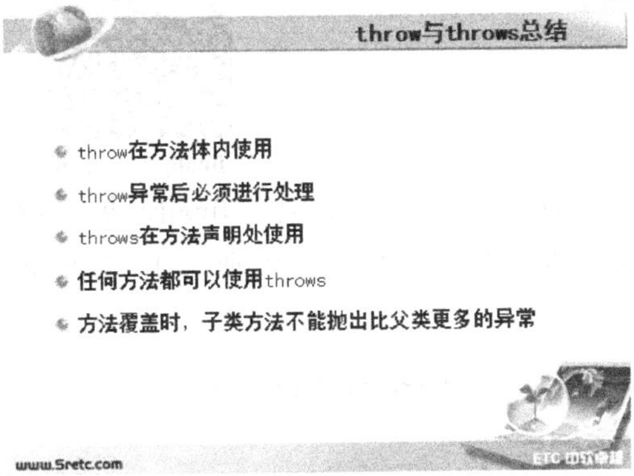

throw 与 throws

throw 和 throws 是 Java 异常处理中两个非常重要的关键字。虽然写法类似，有着一定的联系，但是作用及含义完全不同。本节将对两个关键字进行比较及总结。

1. throw 关键字在方法体中使用

throw 关键字是在方法体中使用的，用来抛出异常对象。

2. throw 抛出异常后的处理

一个方法中若使用 throw 抛出了某类异常，如果异常是运行期异常，那么可以不加任何处理。如果是检测异常，那么有两种选择：使用 try catch 捕获异常或者使用 throws 声明抛出异常。一般多选用 throws 声明抛出异常的方式处理。

3. throws 关键字在方法声明处使用

throws 用在方法声明处，声明该方法可能抛出某些异常。throws 关键字后面声明的是异常类型。

4. throws 后可声明多种异常

throws 关键字后可以声明多种异常类型，用逗号隔开即可。

5. throws 声明异常后如何处理

如果一个方法使用了 throws 声明抛出异常，那么调用该方法时必须处理声明的所有异常。可以使用 try catch 逐一进行捕获，或者继续使用 throws 进行声明。

6. 任何方法都可使用 throws

任何方法都可以无条件地使用 throws 声明抛出任意类型的异常，抽象方法也可以。可以说，方法使用 throws 声明异常，在语法上没有任何要求。

7. 方法覆盖时对 throws 的要求

如果子类覆盖父类的方法，子类的方法不能声明抛出比父类方法更多的异常类型。

13.9 try finally 的作用

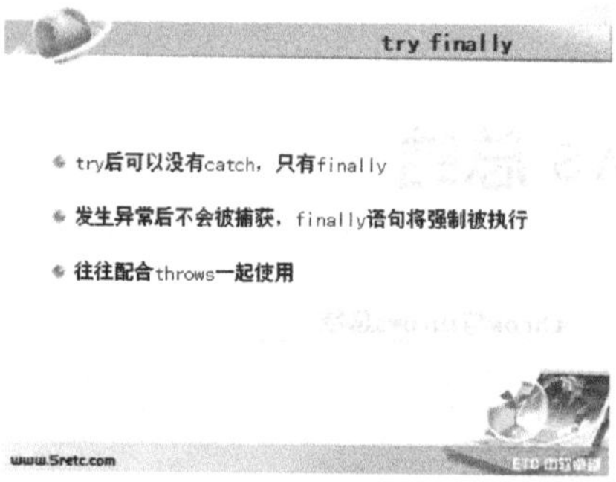

finally 与 return

在前面章节中，曾提到 try 块后可以没有 catch 块，只有 finally 块。这种方式一定不能捕获抛出的异常，程序会中断，但是程序退出前 finally 会被强制执行。往往 try finally 的用法会在如下场合使用：

```
public void deposit (double value)throws Exception{
    try{
        if(value>balance){
            throw new BalanceException();
        }else{
            balance-=value;
        }
    }finally{
        System.out.println("取款成功或者失败，都要做的处理...");
    }
}
```

上述代码中，try 块中使用 throw 抛出异常后，并没有马上进行捕获，而是使用 throws 进行声明，同时在 try 后声明了 finally 语句。不管余额足够还是不足，finally 语句总是会被执行。总的来说，try finally 可以结合 throws 一起使用，用来强制执行那些不管是否发生异常，都要执行的处理。

13.10 再次抛出异常

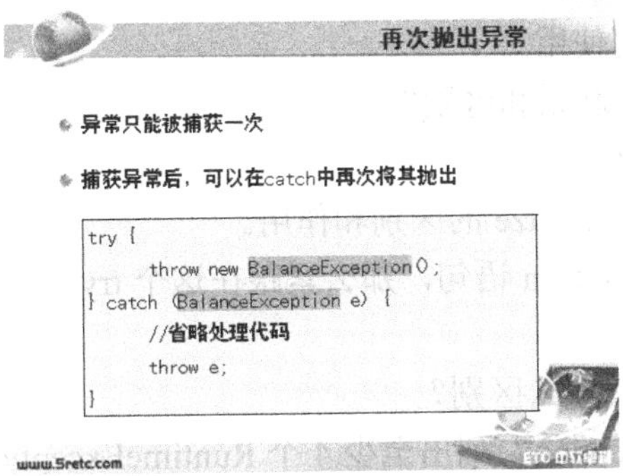

在很多实际应用代码中，可以看到一些代码在 catch 中捕获了异常后，再次将异常使用 throw 进行抛出。如下代码所示：

```
public void deposit(double value)throws BalanceException {
    if(value>balance){
        try {
            throw new BalanceException ();
        } catch (BalanceException e) {
            System.out.println("在异常最初发生处，进行核心处理...");
            throw e;
        }
    }else{
        balance-=value;
    }
}
```

上述代码的 try 块中抛出异常后，使用 catch 进行了捕获，捕获异常后进行了一些必要处理，然后再次使用 throw 关键字把捕获的异常抛出，同时使用 throws 关键字声明异常。这种用法往往也是结合 throws 一起使用。在异常发生的第一时间，先进行核心的统一处理，然后重新将异常抛出，使得在调用该方法时可以根据实际需要再次捕获异常、处理异常。

13.11 本章小结

本章介绍了 Java 语言中的异常处理机制。Java 语言的异常处理机制是从 C++语言的异常处理机制的基础上发展而来的。本章主要从什么是异常，为什么要处理异常入手，让读者明白异常处理的作用和用法。Java 语言异常处理主要围绕 try/catch/finally 以及 throw/throws 展开。其中 try/catch/finally 用来捕获异常，而 throw/throws 用来抛出和声明异常。同时，通过实例展示了自定义异常的作用和必要性。

第 14 章

第三部分自我测试

1．try/catch/finally 如何使用？

2．throw/throws 有什么联系和区别？

3．如何自定义异常类？

4．谈谈 final、finally、finalize 的区别和作用。

5．如果 try{}里有一个 return 语句，那么紧跟在这个 try 后的 finally{}里的代码会不会被执行？

6．Error 和 Exception 有什么区别？

7．什么是 RuntimeException？列出至少 4 个 RuntimeException 的子类。

第四部分

核心 API 的使用

学习完前三部分后，读者已经对 Java 语言的基础语法、Java 类之间的关系处理、面向对象程序设计思想，以及 Java 语言异常处理等知识点有了深入理解。本部分将学习 JDK 中一些常用 API 的用法，包括集合框架的使用、IO 处理、GUI 编程、多线程编程等。通过本部分的学习，读者将能够在深入理解面向对象的基础上，进一步熟练使用 Java 语言进行程序设计。

第 15 章

集合框架

集合对象可以用来持有其他对象，作为数据容器使用，与数组的功能类似。Java API 中的集合框架都位于 java.util 包中，实现了很多常见的数据结构，如链表、队列、哈希表等。本章将学习 Java 语言的集合框架。

15.1 泛型快速入门

泛型概念

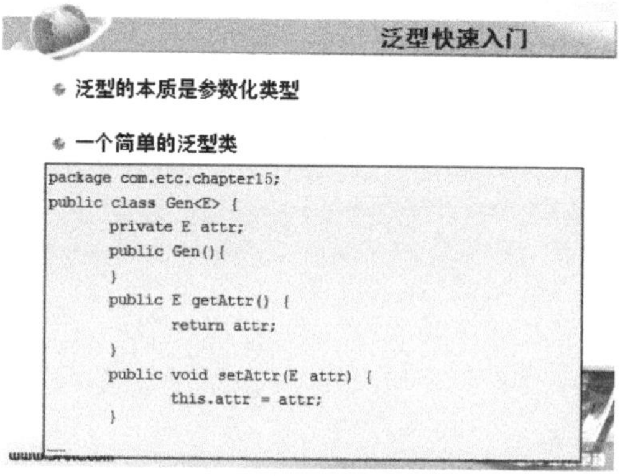

泛型类

泛型（Generic Type）是 JDK 5.0 版本中增加的特性。泛型对于学习 Java 集合是非常重要的知识点，本节先介绍泛型的基本概念和使用方法，以帮助读者理解 Java 集合框架。泛型的详细内容可参见第五部分。

Java 类的属性、方法参数以及方法返回值都需要指定数据类型。泛型的本质是参数化类型，也就是将数据类型也作为一个参数来处理。具体来说，泛型的意思是 Java 类中需要指定数据类型的地方，不指定具体的类型，而是用一个参数替代，具体使用时再指定其具体类型。首先看一个没有使用泛型的类，如下代码所示：

```
package com.etc.chapter15;
public class NoGen {
   private String attr;
   public String getAttr() {
       return attr;
   }
   public void setAttr(String attr) {
       this.attr = attr;
   }
```

```
    public static void main(String[] args) {
        NoGen ng=new NoGen();
        ng.setAttr("hello");
        System.out.println(ng.getAttr());
    }
}
```

上述代码声明了 NoGen 类，该类中只有一个属性 attr，类型为 String。那么使用属性 attr 时，只能将其赋值为 String 类型，否则将出现编译错误。如下代码将发生编译错误：

```
ng.setAttr(new Integer(100));
```

如果希望属性 attr 的类型不被指定，而是在使用时为其动态赋予不同类型的值，那么可以声明一个泛型类。如下代码所示：

```
package com.etc.chapter15;
public class Gen<E> {
    private E attr;
    public Gen(){
    }
    public E getAttr() {
        return attr;
    }
    public void setAttr(E attr) {
        this.attr = attr;
    }
    public static void main(String[] args) {
        Gen<String> gen=new Gen<String>();
        gen.setAttr("Hello");
        System.out.println(gen.getAttr());
        Gen<Integer> gen2=new Gen<Integer>();
        gen2.setAttr(new Integer(100));
        System.out.println(gen2.getAttr());
    }
}
```

上述代码声明的类 Gen<E>是一个泛型类，E 表示泛型。建议使用大写的单个字母代表泛型。Gen<String> gen=new Gen<String>();表示使用 String 替代 E，因此 setAttr 方法即变为 setAttr(String)。Gen<Integer> gen2=new Gen<Integer>();表示使用 Integer 替代 E，因此 setAttr 方法即变为 setAttr(Integer)。也就是说，Gen<E>类使用 E 对类型进行了参数化，可以在运行时动态指定类中的数据类型。上述代码编译成功，运行结果如下：

```
Hello
100
```

泛型远不止本节所介绍的这么简单，相关细节将在第 22 章学习。本节主要为了满足学习集合框架的需要，对泛型进行快速入门。Java 集合框架的所有接口和类都使用了泛型，可以说集合框架中的所有接口和类都是泛型接口和泛型类。

15.2 Java 集合框架概述

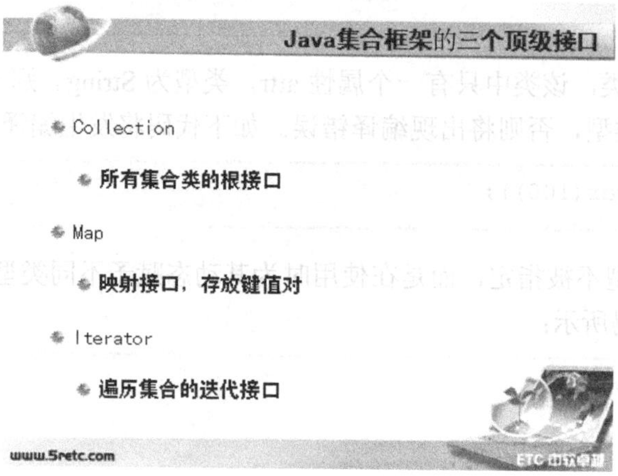

集合框架

Java 的集合框架是由很多接口、抽象类、具体类组成的，都位于 java.util 包中。集合接口定义了具体集合类的规范。本节将介绍集合框架中顶级的接口，帮助读者快速了解整个集合框架。Java 集合框架中有 3 个主要的顶级接口，本节将逐一介绍。

1. Collection<E>接口

Collection 意为集合，是所有集合类的根接口，同时 Collection 接口是一个泛型接口。Collection 对象可以持有任何类型的对象，其持有的对象被称为集合元素。Collection 接口中定义了 add(E o)方法，可以将对象存储到 Collection 对象中。Collection 接口还有很多子接口，每个子接口有不同的特征。

2. Map<K,V>接口

Map 接口是 Java 集合框架中另外一个关键类型，即映射接口，同时 Map 接口是一个泛型接口。Map 对象中映射了 key 值和 value 值，key 值不允许有重复。Collection 对象中只能持有单个对象，与 Collection 不同的是，Map 中持有的是两个对象的映射关系，Map 中提供了 put(K key, V value)方法来存储键值对。例如，在 Map 对象中存储员工与部门的映射关系，那么员工将作为 Map 的 key，对应的部门作为 Map 的 value。

3. Iterator<E>接口

集合对象作为数据容器使用，用来持有其他对象，很多时候需要对集合元素进行遍历。Iterator 接口提供了遍历 Collection 对象的功能，也是一个泛型接口。对于 Map 接口，不能直接使用 Iterator 遍历，但是 Map 接口中提供了将 key 与 value 分别转变成 Collection 对象的方法，然后就可以使用 Iterator 分别遍历 Map 的 key 与 value。

接下来的章节中，将分别对 3 个顶级接口的子接口、实现类进行详细介绍。

15.3　Iterator 接口

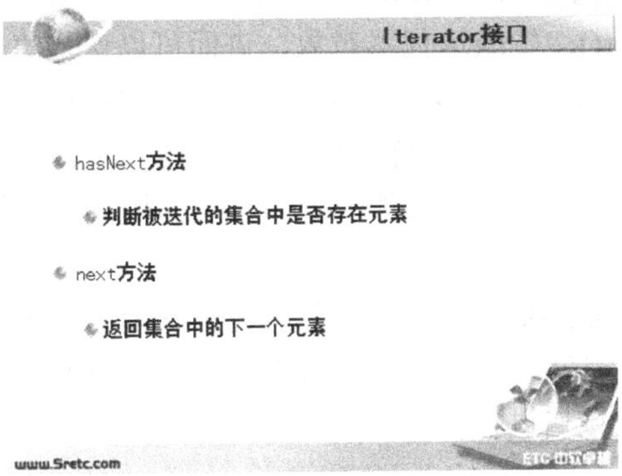

实际应用中，常常需要对集合元素进行迭代，Iterator 接口提供了迭代集合对象中元素的功能。Iterator 接口的主要方法如下。

1. boolean hasNext()

此方法用来判断被迭代的集合中是否存在元素，集合中存在至少一个元素，则返回 true，否则返回 false。该方法返回值往往用来作为 while 循环的条件来迭代集合。

2. E next()

此方法用来返回集合中的当前元素，E 是泛型，具体类型根据集合的泛型类型决定。

要使用 Iterator 接口迭代集合对象，首先必须把集合对象转换成 Iterator 对象，才能进一步使用 Iterator 的方法进行迭代。Collection 接口中定义了生成 Iterator 对象的方法：

```
Iterator<E> iterator()
```

Collection 对象都可以调用 iterator 方法，生成对应泛型的 Iterator 对象，进一步使用 Iterator 中的方法对集合进行迭代。

Iterator 接口有一个子接口 ListIterator，增加了迭代 List 的方法。值得注意的是，由于 JDK 5.0 版本中新加了增强 for 循环的使用，比迭代器更为直观、简洁，所以往往都使用增强 for 循环来迭代集合元素，而很少使用迭代器迭代集合元素。

15.4　Collection 及其子接口

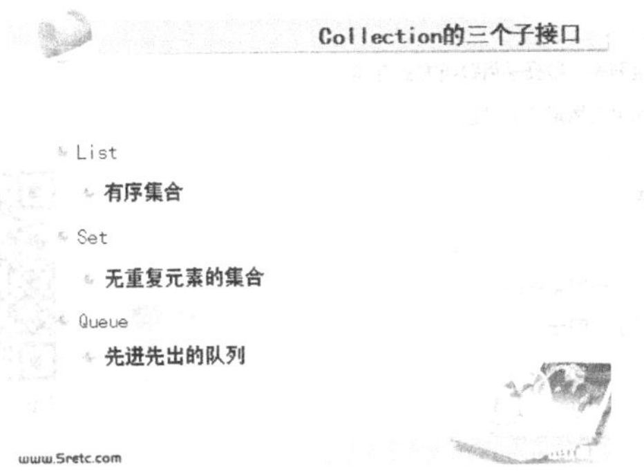

Collection 接口

List 与 Set 接口

Collection 是所有集合类型的根接口，定义了集合类型的基本规范。首先了解 Collection 接口中常用的方法。

（1）boolean add(E o)：可以向 Collection 对象中存储对象 o，o 的类型是泛型 E。

（2）Iterator<E> iterator()：生成迭代器对象，进而可以迭代集合中的元素。

（3）int size()：返回集合对象中元素的个数。值得一提的是，集合的 size 指的是有效长度，即 add 到集合中的元素个数。集合中还有一个概念是容量 capacity，容量的概念与数组的长度类似，指的是集合当前能够容纳的元素的个数。集合的容量是可变的，而数组的长度是不可变的。

Collection 接口定义了集合类型的基本规范，集合框架中基于 Collection 接口衍生了 3 个主要的子接口，每个子接口规范一种具体的集合类型，分别是列表 List、集合 Set 和队列 Queue。下面对 Collection 的每个子接口进行介绍。

1. List

List 称为列表，是有序的（ordered）集合，其中的元素都是有索引的。List 是 Collection 接口的子接口，所以具有 Collection 中定义的所有功能。同时，List 扩展了一些新的方法，新方法大多与索引有关，如下所示。

（1）void add(int index,E element)：将元素插入 List 中指定索引的位置。

（2）E get(int index)：将集合中某索引位置的元素取出并返回。

（3）E set(int index,E element)：使用某元素替换集合中指定索引位置的元素。

2. Set

Set 称为集合，与 List 不同的是，Set 是无序的，但是不允许存储重复元素，而 List 中允许存储重复元素。Set 接口是 Collection 接口的子接口，所以具有 Collection 中定义的所有功能。Set 接口几乎没有扩展新方法。

3. Queue

Queue 称为队列，是 JDK 5.0 版本新增的接口。Queue 实现了“先进先出”（FIFO）的存储结构。Queue 是 Collection 的子接口，具有集合的所有基本操作。除此之外，Queue 接口还提供了一些新的插入、提取、查询等方法。

15.5 List 的实现类

List 接口的实现类

到此为止，前面章节介绍的都是集合框架中的接口，还没有介绍任何一种具体的集合类型，本节开始将介绍每种类型的具体集合类。List 是有序的集合，是实际开发中使用较多的集合类型。List 是接口，无法直接创建对象。List 有很多实现类，本节将介绍 List 常见的 3 个具体实现类。

具体使用 ArrayList

1. ArrayList

ArrayList 被称为数组列表，数据采用数组的方式存储，使用连续内存存储。ArrayList 是 Java 语言中可变长度数组的实现，是最常用的集合类型之一。如下代码所示：

```
public class Department {
    private String depName;
    private int level;
    public Department() {
    }
    public Department(String depName, int level) {
        this.depName = depName;
        this.level = level;
    }
}
//省略其他代码
import java.util.Iterator;
import java.util.List;
public class TestArrayList {
    public static void main(String[] args) {
        List<Department> deptList=new ArrayList<Department>(15);
        Department dept1=new Department("HR",1);
        Department dept2=new Department("Software",2);
        Department dept3=new Department("Design",3);
        deptList.add(dept1);
        deptList.add(dept2);
        deptList.add(dept3);
        //使用 Iterator 进行迭代
        System.out.println("使用 Iterator 进行迭代:");
        Iterator<Department> deptIter=deptList.iterator();
        while(deptIter.hasNext()){
            Department d=deptIter.next();
            System.out.println(d.getDepName()+"    "+d.getLevel());
        }
        //使用增强 for 循环迭代
        System.out.println("使用增强 for 循环迭代:");
        for(Department d:deptList){
            System.out.println(d.getDepName()+"    "+d.getLevel());
        }
    }
}
```

上述代码中，使用 List<Department> deptList=new ArrayList<Department>(15);语句创建了一个泛型类型为 Department 的 ArrayList 对象。根据泛型的含义，该 ArrayList 对象中只能持有 Department 对象，否则将发生编译错误。其中数字 15 被称为集合的初始容量，即 Capacity。容量指的是创建集合对象时所分配的内存空间，类似数组的长度。但是集合的容量是可以动态变化的。集合 deptList 最终加入了 3 个 Department 对象，所以该集合的 size 是 3，集合的 size 是有效长度。代码中使用了两种方式对集合进行迭代，第一种是使用 Iterator 进行迭代，第二种是使用增强 for 循环进行迭代，显然增强 for 循环更为简练。

2. LinkedList

List 接口的另外一个常见实现类是 LinkedList，称为链表，该集合类型实现了“链表”的数据结构。值得一提的是，LinkedList 不仅实现了 List 接口，还实现了 Queue 接口，可以说链表同时也可以作为一个队列对象使用，使用方式与 ArrayList 类似。

3. Vector

Vector 类是一个“历史悠久”的集合类，是 JDK 1.0 版本中的集合类，后来经过修改实现了 List 接口。Vector 的功能几乎都可以被 ArrayList 替代，主要区别是 Vector 是线程同步的，而 ArrayList 不是同步的。“同步”是线程的概念，请参考线程章节。

熟悉了 List 接口的主要实现类后，就可以使用相应的实现类创建对象，持有其他对象。List 的所有实现类中，最为常用的是 ArrayList 类。

15.6 Set 的实现类

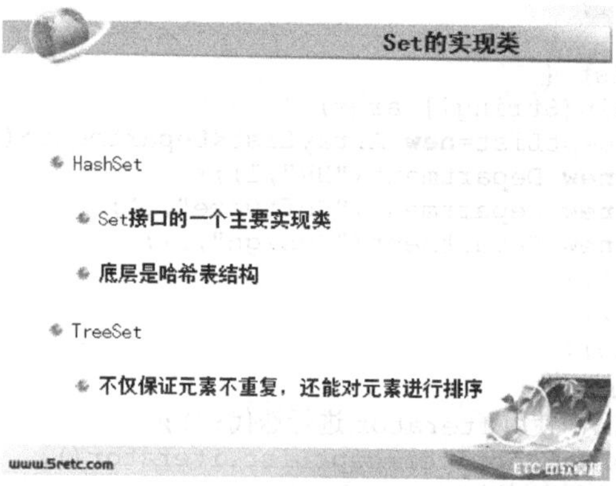

Set 的实现类

Set 接口是 Collection 另外一个重要的子接口，Set 的主要特点是其中的元素不允许重复，即 Set 中的元素都是唯一的。本节将介绍 Set 接口的两个主要实现类。

1. HashSet

HashSet 是 Set 接口的一个主要实现类，底层是哈希表结构。如下代码所示：

```
package com.etc.chapter15;
public class Department {
   private String depName;
   private int level;
   public Department() {
   }
   public Department(String depName, int level) {
      this.depName = depName;
      this.level = level;
   }
}
//省略其他代码
```

将 Department 对象存入 HashSet：

```
package com.etc.chapter15;
import java.util.HashSet;
import java.util.Set;
public class TestHashSet {
   public static void main(String[] args) {
        Set<Department> deptSet=new HashSet<Department>();
        Department dept1=new Department("HR",1);
        Department dept2=new Department("HR",1);
        Department dept3=new Department("Design",3);
        deptSet.add(dept1);
        deptSet.add(dept2);
        deptSet.add(dept3);
        for(Department d:deptSet){
           System.out.println(d.getDepName()+"   "+d.getLevel());
        }
   }
}
```

上述代码中将 3 个 Department 对象存储在一个 HashSet 集合对象中，并使用增强 for 循环进行遍历。运行结果如下：

```
HR   1
HR   1
Design  3
```

代码中的 dept1 和 dept2 两个对象的属性值完全相同，应该就是同一个部门，然而却都加入了 HashSet 对象，看起来好像跟“Set 中元素不能重复”这一原则矛盾。HashSet 判断两个对象是否重复，根据对象的 equals 和 hashCode 方法判断。判断的过程如下：先比较两个对象的 hashCode 方法返回值，如果不相同，则认为两个对象不同；如果 hashCode 返回值相同，再调用 equals 方法；如果 equals 方法返回 true，则认为两个对象相同；如果返回 false，则认为两个对象不同。

equals 和 hashCode 方法是 Object 类中定义的方法，是所有类中都默认存在的方法。在 Object 类中，equals 方法比较的是两个对象的内存地址，hashCode 返回的是对象地址的十六进制表示。由于 Department 类没有覆盖 Object 类的 equals 和 hashCode 方法，则默认使用 Object 中的方法定义。dept1 和 dept2 虽然属性完全相同，但是由于是两个对象，所以 hashCode 的返回值一定不同，因此认为是两个不同的对象，都被加入 HashSet。可以覆盖 Department 类中的 hashCode 和 equals 方法。如下代码（使用 MyEclipse 提供的功能自动生成）所示：

```
@Override
public int hashCode() {
   final int prime = 31;
   int result = 1;
   result = prime * result + ((depName == null) ? 0 : depName.hashCode());
   result = prime * result + level;
   return result;
}
@Override
public boolean equals(Object obj) {
   if (this == obj)
       return true;
```

```
        if (obj == null)
            return false;
        if (getClass() != obj.getClass())
            return false;
        final Department other = (Department) obj;
        if (depName == null) {
            if (other.depName != null)
                return false;
        } else if (!depName.equals(other.depName))
            return false;
        if (level != other.level)
            return false;
        return true;
    }
```

分析上述代码，可见覆盖 hashCode 和 equals 方法后，能够保证如果两个 Department 对象的 name 和 level 属性都相同，则 hashCode 方法返回值相同，equals 方法返回 true；如果两个 Department 对象的 name 和 level 属性有一个不同，则 hashCode 方法返回值不同，equals 方法返回 false。重新运行 HashSet 的测试代码，结果如下：

```
HR   1
Design   3
```

可见 HashSet 中只加入了两个对象，名字为 HR，级别为 1 的部门对象 dept1 和 dept2，一定会有相同的 hashCode 值，且 equals 方法也返回 true，所以被认定为重复元素，只加入集合中的一个。

2. TreeSet

TreeSet 是 Set 接口的另外一个实现类。实际上，TreeSet 没有直接实现 Set 接口，而是实现了 Set 的另外一个子接口 SortedSet。TreeSet 不仅能够保证其中的元素不重复，而且能对元素进行排序。TreeSet 中的元素类必须实现 Comparable 接口，否则默认排序时将抛出运行期异常 ClassCastException。下面修改 Department 类，使其实现 Comparable 接口，覆盖 compareTo 方法。如下代码所示：

```
package com.etc.chapter15;
public class Department implements Comparable<Department>{
//省略其他代码
    public int compareTo(Department arg0) {
        if(this.depName.equals(arg0.depName)&&this.level==arg0.level){
            return 0;
        }else if(this.level>arg0.level){
            return 1;
        }else{
            return -1;
        }
    }
}
```

上述代码中 compareTo 方法的逻辑如下：如果 depName 和 level 都相同，则返回 0，表示两个对象相同。如果 level 不同，则忽略名字是否相同，level 大，则返回 1，表示大于；level 小，则返回-1，表示小于。使用下面的类进行测试：

```
package com.etc.chapter15;
import java.util.Set;
import java.util.TreeSet;
public class TestTreeSet {
    public static void main(String[] args) {
        Set<Department> deptSet=new TreeSet<Department>();
        Department dept1=new Department("HR",2);
        Department dept2=new Department("HR",2);
        Department dept3=new Department("Design",3);
        Department dept4=new Department("Software",1);
        deptSet.add(dept1);
        deptSet.add(dept2);
        deptSet.add(dept3);
        deptSet.add(dept4);
        for(Department d:deptSet){
            System.out.println(d.getDepName()+"    "+d.getLevel());
        }
    }
}
```

上述代码中将 4 个 Department 对象加入了 TreeSet 对象中，其中 dept1 和 dept2 两个对象具有完全相同的属性值。运行结果如下：

```
Software   1
HR  2
Design   3
```

可见结果按照 level 的值从小到大排序，而且 TreeSet 虽然添加了 4 个对象，但是最终迭代的结果只有 3 个对象，因为 dept1 和 dept2 按照 compareTo 方法运行后，返回值为 0，意即两个对象相同，所以只添加一个到 TreeSet 对象中。

Set 的实现类主要有 HashSet 和 TreeSet，二者都能保证元素不重复。HashSet 中的元素根据 hashCode 和 equals 方法比较对象是否相同，而 TreeSet 根据 Comparable 接口中的 compareTo 方法比较是否相同。TreeSet 不仅能保证对象唯一性，还能够对其中的元素进行排序。

15.7 Map 的实现类

Map 实现类

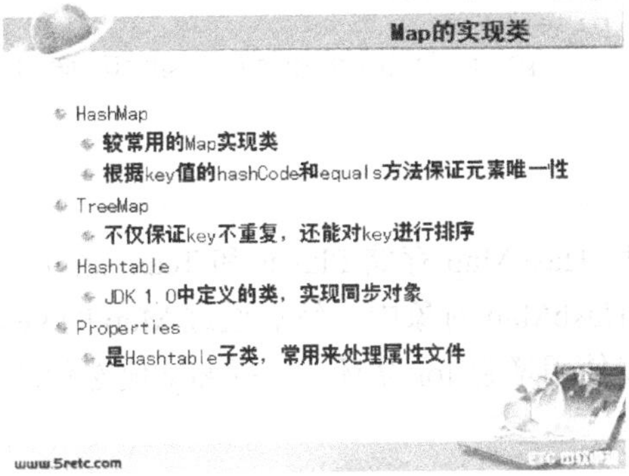

Map 接口

通过前面章节的学习，读者对于 Collection 接口的子接口及实现类已经有了较完整的了解。Map 与 Collection 不同，Map 中保存的是键值对，key 值不允许重复，而 Collection 中保存的是单个对象。Map 接口中主要的方法如下。

（1）V put(K key,V value)

该方法可以将 key 和 value 存到 Map 对象中。如果 key 已经存在，则被覆盖，返回被覆盖前的 value；如果 key 不存在，则返回 null。

（2）V get(Object key)

该方法可以根据 key 值返回对应的 value。

（3）int size()

该方法返回 Map 对象中键值对的数量。

（4）Set<K> keySet()

该方法将 Map 对象中的 key 值取出，返回到 Set 对象中。

（5）Collection<V> values()

该方法将 Map 对象中的 value 值取出，返回到 Collection 对象中。

Map 是接口，无法直接实例化对象，所以要使用 Map 必须通过 Map 的实现类创建对象。下面介绍 Map 接口的 4 个主要实现类。

1. HashMap 类

HashMap 是 Map 类的一个常用实现类，HashMap 根据 key 值的 hashCode 和 equals 方法判断 key 是否唯一，与 HashSet 中保证元素唯一性的方式相同，请参考 HashSet 部分内容。如下代码所示：

```
package com.etc.chapter15;
import java.util.HashMap;
import java.util.Set;
public class TestHashMap {
  public static void main(String[] args) {
      Player player1=new Player("110-999","Kate");
      Player player2=new Player("110-888","Grace");
      Team team1=new Team("China");
      Team team2=new Team("USA");
      HashMap<Player,Team> map=new HashMap<Player,Team>();
      map.put(player1, team1);
      map.put(player2, team2);
      Set<Player> set=map.keySet();
      for(Player p:set){
         System.out.println(map.get(p).getName());
      }
  }
}
```

上述代码中，首先使用 HashMap 存储 Player 和 Team 之间的映射关系，使用 put 方法将两对键值对存储到了一个 HashMap 对象中。然后通过 Map 的 keySet 方法将 Map 的 key 值转换为一个 Set 对象，进一步使用增强 for 循环，根据 key 值迭代所有 value 值。运行结果如下：

```
China
USA
```

2. TreeMap 类

TreeMap 是 Map 的一个实现类，不仅能保证 key 值唯一，还能根据 key 值进行排序。TreeMap 的 key 必须实现 Comparable 接口，实现 compareTo 方法。TreeMap 根据 compareTo 的逻辑，对 key 进行排序。具体方式与 TreeSet 的排序逻辑相同，可参考 TreeSet 部分内容。

修改 key 值的类型 Player 类，实现 Comparable 接口，覆盖 compareTo 方法。如下代码所示：

```
package com.etc.chapter15;
public class Player implements Comparable<Player>{
    private String id;
    private String name;
    //省略其他代码
    public int compareTo(Player arg0) {
        return this.id.compareTo(arg0.id);
    }
}
```

上述代码中，Player 类实现了 Comparable 接口，覆盖了 compareTo 方法，方法中根据 Player 的 id 值的字典顺序进行比较。使用下面的代码测试：

```
package com.etc.chapter15;
public class TestTreeMap {
    public static void main(String[] args) {
        Player player1=new Player("110-999","Kate");
        Player player2=new Player("110-888","Grace");
        Team team1=new Team("China");
        Team team2=new Team("USA");
        TreeMap<Player,Team> map=new TreeMap <Player,Team>();
        map.put(player1, team1);
        map.put(player2, team2);
        Set<Player> set=map.keySet();
        for(Player p:set){
            System.out.println(map.get(p).getName());
        }
    }
}
```

上述代码中将两组键值对存储到了一个 TreeMap 中。运行结果如下：

```
USA
China
```

因为 Player 类的 compareTo 方法根据 Player 的 id 属性的字典顺序进行排序，所以 TreeMap<Player,Team>也根据 Player 的 id 属性的字典顺序排序。

3. Hashtable 类

Hashtable 与 Vector 类似，也是一个“历史悠久”的类。Hashtable 是 JDK 1.0 版本中就存在的类。目前 Hashtable 实现了 Map 接口。Hashtable 的功能可以完全被 HashMap 替代，主要区别在于 Hashtable 是线程同步对象，而 HashMap 不是同步的。

4. Properties 类

Properties 类是 Hashtable 类的子类，所以也间接地实现了 Map 接口。在实际应用中，常使用 Properties 类对属性文件进行处理。该功能需要使用到 IO 包的 API，IO 部分内容请参考 16 章。假设有如下属性文件

Properties 类

db.properties：

```
username=root
password=123
```

可以使用 Properties 对象的 load 方法，将属性文件加载到 Properties 对象中，然后调用 Properties 对象的 getProperty 方法通过 key 值获得对应的 value 值。如下代码所示：

```java
package com.etc.chapter15;
public class TestProperties {
   public static void main(String[] args) {
        Properties props=new Properties();
        try {
            props.load(new FileInputStream(new File("db.properties")));
            System.out.println(props.getProperty("username"));
            System.out.println(props.getProperty("password"));
        } catch (FileNotFoundException e) {
            e.printStackTrace();
        } catch (IOException e) {
            e.printStackTrace();
        }
   }
}
```

运行结果如下：

```
root
123
```

Map 接口的主要实现类有 HashMap、TreeMap、Hashtable、Properties。Map 中的 key 值不能重复，其中 TreeMap 的 key 值不仅不重复，而且能根据 key 值排序。Hashtable 类可以完全被 HashMap 类替代，唯一区别在于 Hashtable 类是同步的。Properties 类主要用于处理属性文件。

15.8 Collections 类

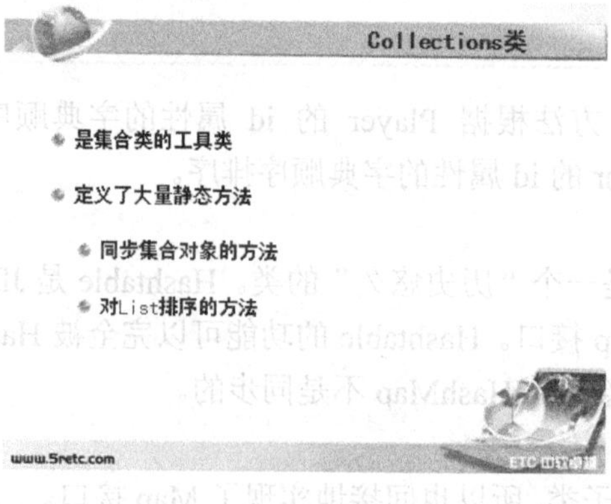

Collections 类

java.util 包中提供了一个集合框架的工具类：Collections 类。与 Arrays 类（数组工具类）类似，Collections 类中的所有方法都是静态方法，都可以直接使用 Collections 类名调用。本节将介绍 Collections 类中的常用方法。

1. 同步集合对象的方法

集合框架的具体实现类中，Vector 和 Hashtable 类是线程同步的，而其他集合类都不是线程同步的。如果需要将集合类做成线程同步的类，可以调用 Collections 类中相应的 synchronizedXxx 方法实现，如 public static <T> List<T> **synchronizedList**(List<T> list)方法可以将 List 对象同步。

2. 对 List 排序的方法

集合接口中的 Set 和 Map 接口都有可以排序的实现类，如 TreeSet、TreeMap。而 List 接口没有可以排序的实现类。如果要对 List 进行排序，可以使用 Collections 类中的方法，如：

```
public static <T extends Comparable<? super T>> void sort(List<T> list)
```

Collections 中还有很多其他方法，均是集合类的工具方法，如二分查找、返回集合中最大/最小值等。Collections 中的方法使用，涉及大量的泛型语法，可参考泛型章节。

Collection 与 Collections 有什么不同？Collection 是接口，是所有集合类型的根接口，定义了集合类的共同行为。Collection 接口主要有 3 个子接口：List、Set 和 Queue。而 Collections 是类，定义了操作集合对象的静态方法，是集合的工具类。

15.9 集合与数组之间的转换

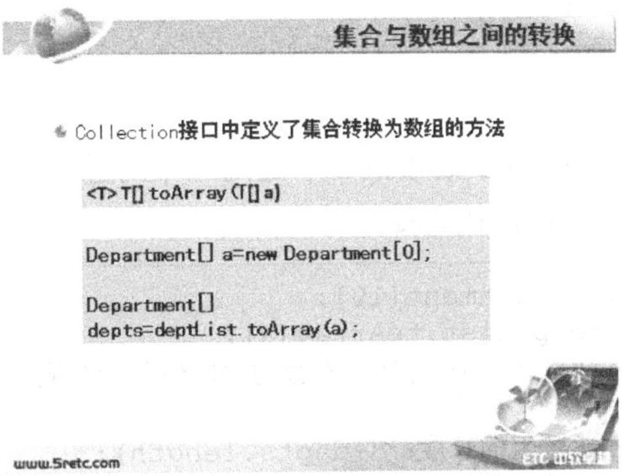

由于数组的性能和效率比集合要高，所以在实际应用中可能需要将集合对象转换成数组对象进行进一步操作。Collection 接口中定义了集合与数组之间的转换方法，如下所示：

```
<T> T[] toArray(T[] a)
```

其中，T 是集合对象的泛型，参数 a 是一个已经存在的数组，如果数组 a 的长度小于集合的元素个数，则重新创建一个新的数组来容纳集合元素；如果数组 a 的长度大于集合的元素个数，则直接将集合元素复制到数组中。该方法返回值是包含了集合元素的数组，如下代码所示：

```
package com.etc.chapter15;
public class TestListToArray {
  public static void main(String[] args) {
      List<Department> deptList=new ArrayList<Department>(15);
      Department dept1=new Department("HR",1);
      Department dept2=new Department("Software",2);
      Department dept3=new Department("Design",3);
      deptList.add(dept1);
      deptList.add(dept2);
      deptList.add(dept3);
      Department[] a=new Department[0];
      Department[] depts=deptList.toArray(a);
      System.out.println("toArray方法的参数与返回值是否是同一个数组：
      "+a.equals(depts));
      System.out.println("数组的长度："+depts.length);
      System.out.println("迭代数组：");
      for(Department d:depts){
         System.out.println(d.getDepName()+"  "+d.getLevel());
      }
  }
}
```

上述代码中，集合 deptList 中存储了 3 个 Department 对象，最终将集合 deptList 转换成数组 depts 返回。其中 Department[] a=**new** Department[0]创建了数组 a，作为 toArray 方法的参数。a 的长度为 0，一定小于 deptList 的长度，所以需要重新创建一个数组来容纳 deptList 集合的元素，因此 depts 和 a 一定是两个对象。运行结果如下：

```
toArray方法的参数与返回值是否是同一个数组：false
数组的长度：3
迭代数组：
HR  1
Software  2
Design  3
```

可见转换生成的数组 depts 与参数数组 a 不是同一个对象，返回数组的长度为 3，与集合中元素的实际个数相同。修改转换代码如下：

```
Department[] a=new Department[10];
Department[] depts=deptList.toArray(a);
System.out.println("toArray方法的参数与返回值是否是同一个数组：
"+a.equals(depts));
System.out.println("数组的长度："+depts.length);
System.out.println("迭代数组：");
for(Department d:depts){
    System.out.println(d.getDepName()+"  "+d.getLevel());
}
```

上述代码的主要修改在于 toArray 方法的参数数组 a 的长度变为 10，而集合 deptList 中只有 3 个元素，所以将不再重新创建数组，而是直接将 a 作为返回值返回，也就是 depts 与 a 是同一个数组。运行结果如下：

```
toArray 方法的参数与返回值是否是同一个数组：true
数组的长度：10
迭代数组：
HR  1
Software  2
Design  3
Exception in thread "main" java.lang.NullPointerExceptionat com.etc.chapter15.
Test List ToArray.main(TestListToArray.java:27)
```

比较运行结果可见，toArray 方法的参数数组的长度如果小于集合中的元素个数，则返回的数组是一个新生成的数组，数组长度与集合中元素个数相同。而如果 toArray 方法的参数数组的长度大于集合中的元素个数，则返回的数组为参数数组，不会新创建数组。因此，在实际使用过程中，往往将参数数组的长度设置为 0，以此保证返回值是一个新创建的数组，长度与集合中元素个数相同，避免发生异常。

15.10　本章小结

本章主要学习了 Java 编程语言的集合框架。从集合框架的 3 个顶级接口讲起：Iterator 接口主要用来迭代集合，由于有了增强 for 循环，实际中使用较少；Collection 接口定义了集合类的规范，Collection 主要有 3 个子接口，分别是 List、Set 和 Queue，List 实现了有序的集合，Set 不允许有重复元素，Queue 实现了 FIFO 的存储结构；Map 接口存储键值对，不允许 key 值重复。介绍了 3 个接口的主要功能后，对于每个接口的常用实现类进行了介绍。较为常用的实现类有 ArrayList、HashSet 和 HashMap。

第 16 章 输入/输出系统

Java API 中处理输入/输出的类与接口都位于 java.io 包中。输入称为 Input，输出称为 Output，输入/输出简称为 IO。本章将介绍如何使用 API 处理文件的输入/输出。

16.1 File 类

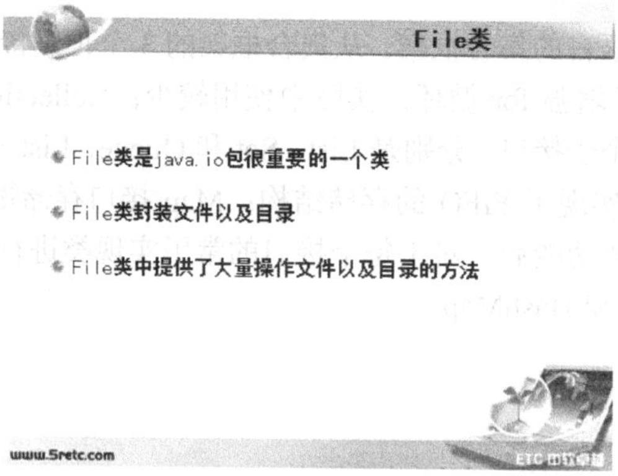

File 类

要对文件进行输入/输出操作，首先需要将文件封装为对象，API 中定义了 File 类来封装文件。File 类是 java.io 包中一个非常重要的类，可以协助进行输入/输出操作。File 字面含义为“文件”，却既可以表示“文件”，也可以表示“目录”。Java API 中没有 Directory 类，文件和目录都使用 File 类进行封装。

File 类中定义了操作文件和目录的方法。如下代码所示：

```
package com.etc.chapter16;
import java.io.File;
public class TestFile {
   public static void main(String[] args) {
       File file=new File("notes.txt");
       File dir=new File("E:/project");
       System.out.println("file 是否是文件: "+file.isFile());
       System.out.println("dir 是否是目录: "+dir.isDirectory());
       System.out.println("file 是否可读: "+file.canRead());
       System.out.println("file 是否存在: "+file.exists());
   }
}
```

上述代码中创建了两个 File 类的对象，分别是 file 和 dir，file 封装了一个文件对象，而 dir 封装了一个目录对象。File 类中定义了很多操作文件以及目录的方法，如上述代码中的 isFile 方法用来判断 File 对象是否是文件，isDirectory 方法用来判断 File 对象是否是目录，canRead 方法用来判断文件是否可读，exists 方法用来判断文件是否存在。运行结果如下：

```
file 是否是文件：true
dir 是否是目录：true
file 是否可读：true
file 是否存在：true
```

当 File 对象封装的是一个目录时，可以使用 File 类中的 list 和 listFiles 方法遍历目录下的子目录以及文件。

（1）public String[] **list()**：将目录下的子目录以及文件的名字返回到 String 数组中。

（2）public File[] **listFiles()**：将目录下的子目录以及文件的实例返回到 File 数组中。

接下来使用 list 以及 listFiles 方法，遍历某目录下的子目录以及文件。如下代码所示：

```
package com.etc.chapter16;
import java.io.File;
public class TestFileList {
    public static void main(String[] args) {
          File file=new File("E:/project/javacore/chapter16");
          System.out.println("使用 list 方法：");
          String[] fileNameList=file.list();
          for(String s:fileNameList){
              System.out.println(s);
          }
          System.out.println("使用 listFiles 方法：");
          File[] fileList=file.listFiles();
          for(File f:fileList){
              System.out.println(f.getAbsolutePath());
          }
    }
}
```

上述代码中，首先将某指定目录封装为 File 对象，然后调用 list 方法，将该目录下所有子目录以及文件的名字返回到数组 fileNameList 中，并遍历打印输出。接下来使用 listFiles 方法将该目录下的子目录以及文件的实例返回到数组 fileList 中，并遍历打印输出实例的绝对路径。运行结果如下：

```
使用 list 方法：
.classpath
.project
bin
src
使用 listFiles 方法：
E:\project\javacore\chapter16\.classpath
E:\project\javacore\chapter16\.project
E:\project\javacore\chapter16\bin
E:\project\javacore\chapter16\src
```

File 类是 java.io 包中一个非常重要的类，是学习输入/输出的必要基础。

16.2 文件过滤器

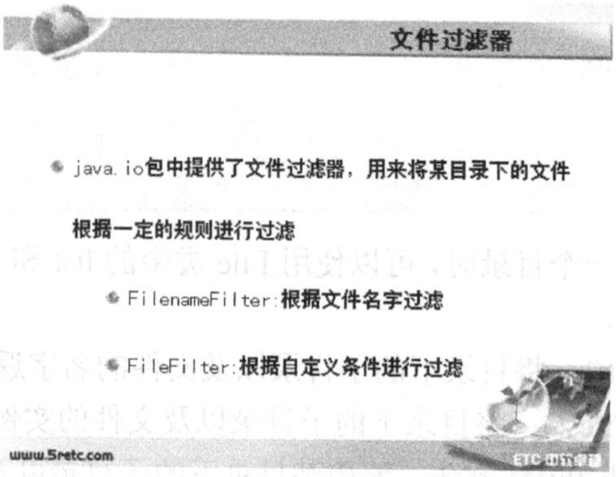

文件过滤器
java.io包中提供了文件过滤器，用来将某目录下的文件
根据一定的规则进行过滤
FilenameFilter:根据文件名字过滤
FileFilter:根据自定义条件进行过滤
www.5retc.com

16.1 节中介绍的 File 类中的 list 和 listFiles 方法，可以将某目录下的所有文件及子目录返回。然而，在实际应用中，常常只需要返回符合某些条件的子目录以及文件，即对目录下的文件和子目录进行过滤。java.io 包中提供了文件名过滤器以及文件过滤器，可以对目录下的子目录以及文件进行过滤，只返回符合过滤条件的文件及子目录。本节将介绍两种过滤器的使用方法。

1. 文件名过滤器 FilenameFilter

文件名过滤器 FilenameFilter 是一个接口，定义了设置过滤条件的方法 accept(File dir, String name)，其中 dir 是当前目录，name 是当前子目录或者文件的名字。

File 类中提供了一个使用文件名过滤器遍历目录的方法 public String[] list (FilenameFilter filter)。

要想能够使用指定的文件名过滤器过滤目录，首先需要自定义一个文件名过滤器类，实现文件名过滤器接口 FilenameFilter，覆盖接口中的 accept(File dir, String name)方法，在该方法中定义过滤条件。File 类中的 list 方法将目录下的 File 对象逐一传递给 accept 方法，如果 accept 方法返回值为 true，则当前的 File 对象包含在返回值数组中；如果返回值为 false，则该 File 对象不包含在返回值数组中。如下代码所示：

```
package com.etc.chapter16;
import java.io.File;
import java.io.FilenameFilter;
public class MyFilenameFilter implements FilenameFilter {
    public boolean accept(File arg0, String arg1) {
        if(arg1.endsWith("java")){
            return true;
        }else{
            return false;
        }
    }
}
```

上述代码自定义了一个文件名过滤器 MyFilenameFilter，实现了 FilenameFilter 接口，覆盖了 accept 方法，定义过滤条件是“只返回名字以 java 结尾的文件或目录”。使用该过滤器，能够把目录下名字以 java 结尾的子目录或文件返回到数组中。如下代码所示：

```
File file=new File("E:/project");
String[] fileNameList=file.list(new MyFilenameFilter());
for(String s:fileNameList){
    System.out.println(s);
}
```

运行上面的代码，将列出目录 E:/project 下所有名字以 java 结尾的子目录以及文件。

2. 文件过滤器 FileFilter

除了可以使用 FilenameFilter 针对名字进行过滤外，还可以使用 FileFilter 进行更为灵活的过滤。File 类中提供了方法 public File[] listFiles(FileFilter filter)，可以使用 FileFilter 进行过滤。使用 FileFilter 与使用 FilenameFilter 类似，首先必须自定义文件过滤器类，实现文件过滤器接口 FileFilter，覆盖其中的 accept 方法，定义过滤条件。如下代码所示：

```
package com.etc.chapter16;
import java.io.File;
import java.io.FileFilter;
public class MyFileFilter implements FileFilter {
    public boolean accept(File arg0) {
        if(arg0.canWrite()){
            return true;
        }else{
            return false;
        }
    }
}
```

上述代码自定义了文件过滤器类 MyFileFilter，实现了 FileFilter 接口，覆盖了其中的 accept 方法，定义过滤条件为“只返回可读文件对象”。使用该过滤器，可以将目录下所有可读文件返回。如下代码所示：

```
File file=new File("E:/project");
File[] fileList=file.listFiles(new MyFileFilter());
for(File f:fileList){
    System.out.println(f.getAbsolutePath());
}
```

运行上述代码，将列出目录 E:/project 下所有可读文件的路径。

16.3　IO 流的分类

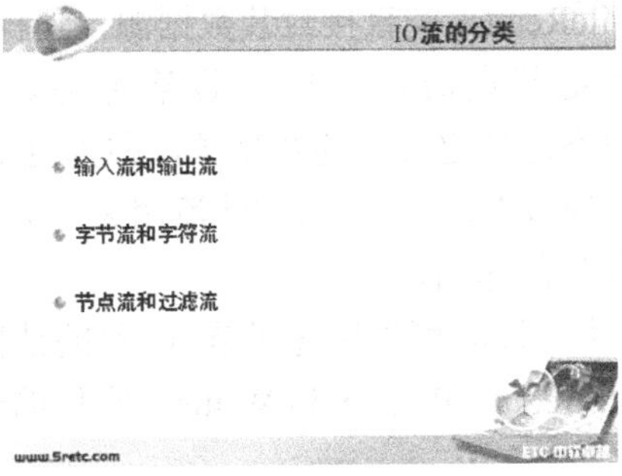
IO流的分类
输入流和输出流
字节流和字符流
节点流和过滤流
www.5retc.com

IO 的概念

在 java.io 包中，除了前面章节学习的 File 类、FilenameFilter 和 FileFilter 接口这样的辅助类与接口外，大部分的类都是 IO 流类。IO 流类可以将数据源封装成流对象，进而进行输入/输出操作。IO 流类相对较多，下面将从 3 个不同角度对 IO 流类进行归纳总结，以帮助读者快速了解 Java IO API。

1. 输入流和输出流

所谓 IO 即输入/输出，输入是对数据进行“读（read）”操作，从外存读到内存中，称为“入”；输出是对数据进行“写（write）”操作，从内存写到外存，称为“出”。从输入/输出这个角度，可以将 IO 类分为两大类，即输入流和输出流，输入流定义了读数据的方法，输出流定义了写数据的方法。

输入流和输出流

IO 中所有输入流都是 InputStream 类或者 Reader 类的子类。凡是类名以 InputStream 结尾的类都是 InputStream 的子类，如 FileInputStream 等；同样，凡是类名以 Reader 结尾的类都是 Reader 类的子类，如 FileReader 等。

IO 中所有输出流都是 OutputStream 或者 Writer 类的子类。凡是类名以 OutputStream 结尾的类都是 OutputStream 的子类，如 FileOutputStream 等；同样，凡是类名以 Writer 结尾的类都是 Writer 类的子类，如 FileWriter 等。

2. 字节流和字符流

IO 流进行数据输入/输出操作时，编码格式有 8 位字节和 16 位字符两种。所以从数据流编码格式角度划分，IO 流类又可以分为字节流和字符流两大类。

InputStream 和 OutputStream 的子类都是字节流，都将数据按照 8 位的字节方式传输，往往应用于视频、音频等文件的读/写操作中。

字节流和字符流

Reader 和 Writer 的子类都是字符流，都将数据按照 16 位的字符方式传输，往往用于文本文件的读/写，尤其包含汉字的文件，必须使用字符流读/写。

3. 节点流和过滤流

要使用 IO 流类进行数据输入/输出操作，必须先创建 IO 流类的对象。而创建 IO 流对象，必须使用 IO 流类的构造方法。下面比较两个字符输入流 FileReader 和 BufferedReader 的构造方法。

（1）public FileReader(File file)

FileReader 类的构造方法参数是 File 类型，也就是说 FileReader 对象直接封装 File 对象。

节点流和处理流

（2）public BufferedReader(Reader in)

BufferedReader 类的构造方法参数是 Reader 类型对象，也就是说 BufferedReader 可以封装任意一种 Reader 类型对象，如 FileReader、StringReader 等。

通过上面构造方法的比较可见，FileReader 类直接封装数据源，这样的流类称为节点流，如 StringReader、CharArrayReader 都是节点流，直接封装某种特定类型的数据源。而 BufferedReader 类封装的是流对象，而不是特定类型的数据源，称为过滤流。节点流是输入/输出时必须使用的类，用来将数据源转换成 IO 对象。而过滤流用来封装流对象，往往用来增强其他流对象的功能，起到“锦上添花”的作用。

通过对 IO 流类进行不同角度的分类，读者可以快速了解 IO 包的结构。IO 包中主要有 4 个顶级抽象类，即 InputStream、OutputStream、Reader 和 Writer。它们的子类分别是字节输入流、字节输出流、字符输入流和字符输出流。而根据封装类型的不同，流又可以分为节点流和过滤流。如果流封装的是某种特定的数据源，如文件、字符串、字符数组等，则称为节点流，如果流封装的是其他流对象，则称为过滤流。

16.4 如何使用 IO 流

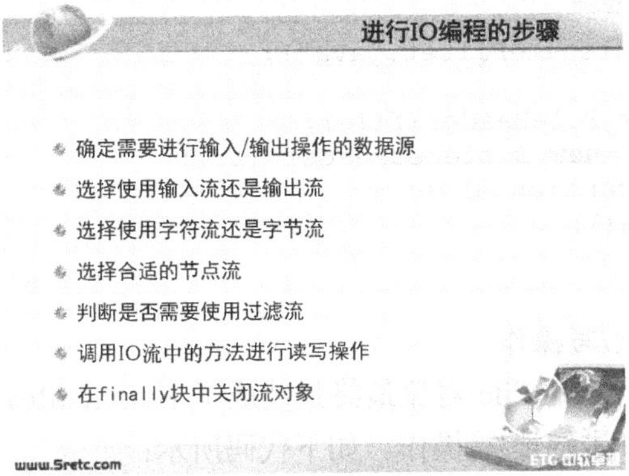

进行IO编程的步骤
确定需要进行输入/输出操作的数据源
选择使用输入流还是输出流
选择使用字符流还是字节流
选择合适的节点流
判断是否需要使用过滤流
调用IO流中的方法进行读写操作
在finally块中关闭流对象
www.5retc.com

IO 编程步骤总结

了解 IO 包的结构后，本节将通过一个例子学习如何使用 IO 流进行输入/输出操作。例子需要实现在控制台上打印输出文件“MyFilenameFilter.java”内容的功能，实现步骤如下。

1. 确定需要进行输入/输出操作的数据源

该例子的数据源是一个文本文件，文件名字是 MyFilenameFilter，所以首先需要将该数据源封装成 File 对象。如下代码所示：

```
File file=new File("MyFilenameFilter.java");
```

2. 选择使用输入流还是输出流

根据例子的要求，需要对文件进行读操作，即输入操作，因此应该选择使用输入流。输入流都是 InputStream 或者 Reader 的子类。

3. 选择使用字节流还是字符流

因为要处理的是文本文件，因此选择使用字符流。结合第 2 步的判断，需要使用的是字符输入流，即 Reader 类型的输入流。

4. 选择合适的节点流

第 3 步已经决定需要使用 Reader 类型。接下来，就要选择一个适当的节点流直接封装数据源。例子中的数据源是 File 对象，因此应该选择一种封装 File 对象的节点流（该节点流构造方法的参数类型是 File），API 中的 FileReader 流就是可以用来封装 File 数据源的节点流。如下代码所示：

```
File file=new File("MyFilenameFilter.java");
try {
      FileReader fr=new FileReader(file);
} catch (FileNotFoundException e) {
      e.printStackTrace();
}
```

上述代码中，将 file 对象封装成了 FileReader 类型对象。

5. 判断是否需要使用过滤流

使用节点流封装数据源后，就可以进行输入/输出操作了。然而，节点流往往性能或效率较低。例如，FileReader 流虽然可以读文件，却是按字符逐一进行读取，效率低下。因此，需要考虑是否使用过滤流，将节点流对象进一步封装。如 BufferedReader 就是一种过滤流，可以封装 Reader 对象，进行逐行读取，提高效率。如下代码中进一步将第 4 步中的 FileReader 对象封装成 BufferedReader 对象。

```
File file=new File("MyFilenameFilter.java");
try {
        FileReader fr=new FileReader(file);
        BufferedReader br=new BufferedReader (fr);
} catch (FileNotFoundException e) {
        e.printStackTrace();
}
```

6. 调用 IO 流中的方法进行读/写操作

通过上面几步，已经成功地将一个 File 对象最终封装成了 BufferedReader 对象，接下来就可以调用流对象中的适当方法，进行读/写操作。如下代码所示：

```
File file=new File("MyFilenameFilter.java");
try {
        FileReader fr=new FileReader(file);
        BufferedReader br=new BufferedReader(fr);
        String line=br.readLine();
        while(line==null){
            System.out.println(line);
            line=br.readLine();
        }
} catch (FileNotFoundException e) {
        e.printStackTrace();
} catch (IOException e) {
        e.printStackTrace();
}
```

上述代码使用 BufferedReader 类的 readLine 方法，逐行读取文件内容，然后在控制台打印输出，实现本例的功能。

7. 在 finally 块中关闭流对象

由于 IO 流对象会占用大量资源，因此，使用结束后一定要及时关闭。往往在 finally 块中关闭流对象，以确保任何状况下都会关闭。如下代码所示：

```
package com.etc.chapter16;
public class TestFileReader1 {
   public static void main(String[] args) {
       File file=new File("MyFilenameFilter.java");
       FileReader fr=null;
       BufferedReader br=null;
       try {
           fr=new FileReader(file);
           br=new BufferedReader(fr);
           String line=br.readLine();
           while(line!=null){
               System.out.println(line);
```

```
                line=br.readLine();
            }
        } catch (FileNotFoundException e) {
            e.printStackTrace();
        } catch (IOException e) {
            e.printStackTrace();
        }finally{
            if(fr!=null){
                try {
                    fr.close();
                } catch (IOException e) {
                    e.printStackTrace();
                }
            }
            if(br!=null){
                try {
                    br.close();
                }
            }
        }
    }
}
```

上述代码的 finally 语句块中，对曾经使用过的流对象 fr 和 br 分别调用 close 方法进行关闭处理。

16.5　本章小结

本章主要介绍了 Java IO 编程。Java IO 相关的 API 都位于 java.io 包中。本章首先介绍了一个重要的辅助类——File 类的相关知识，并重点介绍了与 File 过滤有关的两个接口，读者不仅可以熟悉 API，也可以进一步理解接口的作用。接下来，详细介绍了 IO 流类的使用。先从 3 个不同角度对繁多的 IO 类进行了分类，以帮助读者快速了解 java.io 包的结构。最后，本章通过一个具体例子，详细演示了使用 IO 流进行输入/输出编程的步骤。

第 17 章 GUI 编程

GUI 是 Graphics User Interface 的缩写，即图形用户界面。Java 语言提供了开发 GUI 的 API，主要在 java.awt 和 javax.swing 包及其子包中，本章将介绍 Java GUI 编程的相关知识。然而，在实际应用中，使用 Java 开发企业级桌面应用的情况相对较少。

17.1 GUI 编程概述

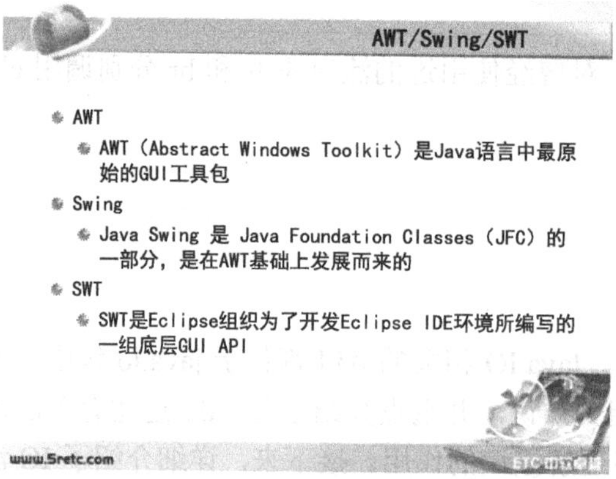

Swing 组件快速入门

提到 Java GUI 开发，常常会提到 3 个概念，即 AWT、Swing 以及 SWT。本节将对三者进行概要性介绍，以帮助读者快速了解 GUI 编程。

1. AWT

AWT（Abstract Windows Toolkit）是 Java 语言中最原始的 GUI 工具包，相关 API 位于 java.awt 包中。AWT 是一个非常有限的 GUI 工具包，不支持树、表格等。原 Sun 公司希望 Java 语言能够成为一种“一次编写，处处运行”的语言，意思是可以在一台计算机上开发和测试 Java 代码（如 Windows 平台），然后不经测试就可以在其他平台（如 Linux 平台）上运行。对于大部分情况来说，Java 技术都可以成功实现这种特点，然而 AWT 却无法实现。AWT 运行时，每个组件都要依赖于当前平台的 GUI 对等体（peer）控件，因此，AWT GUI 的外观和行为就会依赖当前平台。

2. Swing

Java Swing 是 Java Foundation Classes（JFC）的一部分，是在 AWT 基础上发展而来的 GUI API，都存在于 javax.swing 包中。Swing 的作用是解决 AWT 的缺点。比起 AWT，Swing 的组件丰富而强大，增加了很多新的组件，如树、表格等。Swing 甚至比后面要介绍的 SWT 都毫不逊色。

为了解决 AWT 对平台的依赖性，Swing 将对平台的依赖降到了最低。只有窗口和框架之类的顶层组件使用平台的对等体，大部分组件都使用纯 Java 代码模拟，与平台无关。Swing 对使用平台对等体的组件称为重量级（heavyweight）组件，称 Java 代码模拟的组件为轻量级（lightweight）组件。Swing 允许在一个 GUI 应用中混合使用轻量级和重量级组件。Swing 中提供了不同的外观，可以模拟不同平台的效果。

3. SWT

AWT 和 Swing 都是原 Sun 公司推出的 Java GUI 工具包，而 SWT 是 Eclipse 组织为了开发 Eclipse IDE 环境所编写的一组底层 GUI API。SWT 的设计者吸取了 AWT 和 Swing 两者的优点，取得了很大进步。SWT 提供了丰富的组件集，完全可以与 Swing 媲美。SWT 是使用对等体实现的，不过对等体的工作方式与 AWT 不同。SWT 程序实质上就是一个当前平台的应用程序。

本章将主要介绍 Java 语言的 Swing 工具包，使用 Swing 构建图形用户界面，并进行事件处理。

17.2 Swing 中的组件

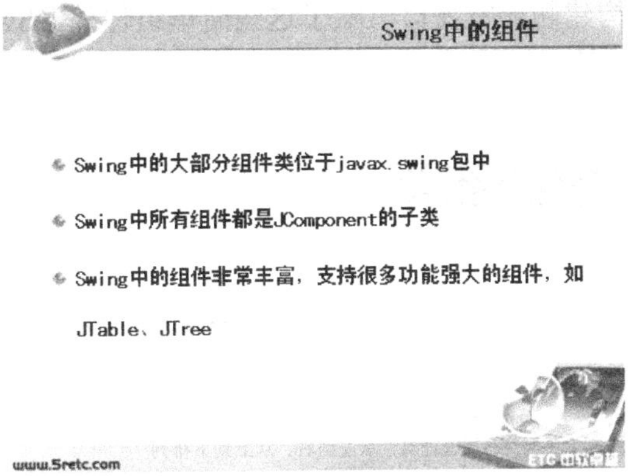

Swing 是 Java 语言中强大而杰出的 GUI 工具包，提供了丰富的组件。大部分组件类都位于 javax.swing 包中，都是 JComponent 类的子类。例如，JButton 是按钮组件，JTextField 是文本框组件，JTextArea 是文本区域组件，JTable 是表格组件等。有一种特殊的组件被称为“容器”，容器中可以放置其他组件，如 JFrame、JPanel 都是容器。下面将通过具体代码展示常用组件的使用方法。假设需要实现一个简单的聊天室程序，界面风格如图 17-1 所示。

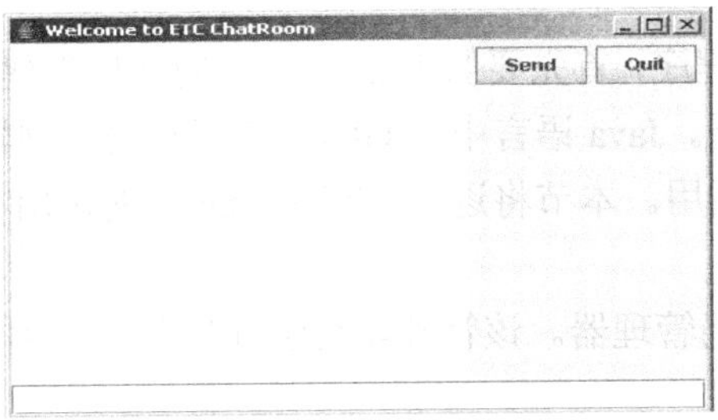

图 17-1　简单聊天室界面

可见，简单聊天室界面中包含 Send、Quit 两个按钮，一个输入聊天信息的文本框，另一个显示聊天内容的文本区域。如下代码所示：

```
package com.etc.chapter17;
public class ChatRoom {
    private JFrame frame;
    private JPanel panel;
    private JButton send,quit;
    private JTextArea output;
    private JTextField input;
    public ChatRoom() {
        frame=new JFrame("Welcome to ETC ChatRoom");
        panel=new JPanel();
        send=new JButton("Send");
        quit=new JButton("Quit");
        output=new JTextArea();
        input=new JTextField();
    }
}
```

上述代码中声明并创建了简单聊天室界面中需要使用的组件，其中包含两个 JButton 按钮组件，用来构建 Send 和 Quit 按钮；一个 JTextField 组件，用来输入聊天信息；一个 JTextArea 组件，用来显示聊天内容；一个 JPanel 面板组件，用来作为两个按钮的容器，放置两个按钮；一个 JFrame 组件，用来构建聊天室窗口。除了这些简单组件外，Swing 还支持很多功能强大的组件，如 JTable、JTree 等。

17.3 Swing 中的布局

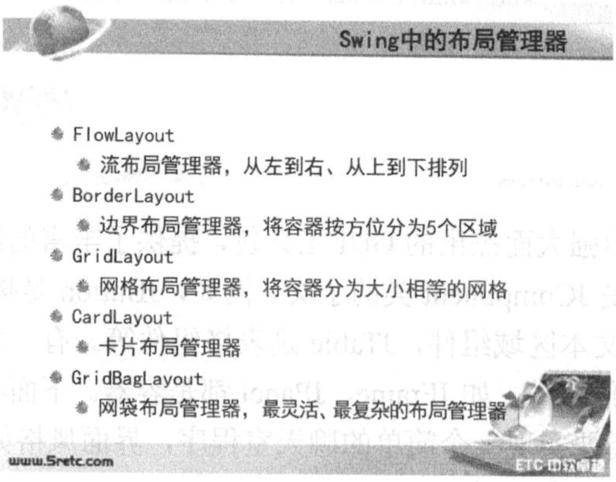

要成功构建一个 GUI 程序，首先要像 17.2 节介绍的那样创建所有需要的组件，然后就需要根据设计对组件进行布局。Java 语言中的 GUI，使用布局管理器进行布局。Swing 与 AWT 工具包的布局管理器可以通用。本节将逐一介绍 Swing 中的常用布局管理器类。

1. FlowLayout

FlowLayout 称为流布局管理器。该管理器将组件按照从左到右、从上到下的自然顺序布局，效果如图 17-2 所示。

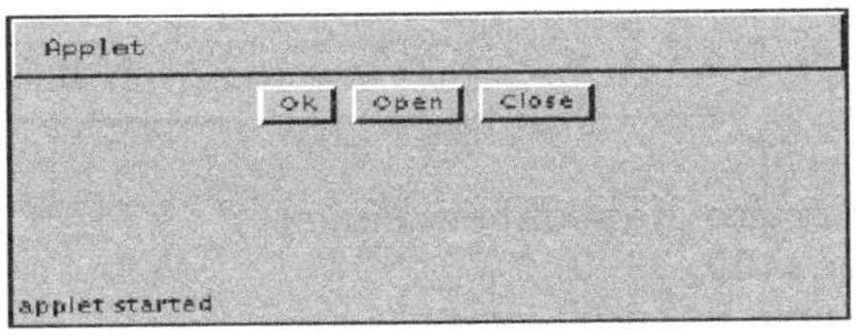

图 17-2　FlowLayout 布局效果

2. BorderLayout

BorderLayout 称为边界布局管理器。该管理器将容器分为 5 个区域，分别用东、南、西、北、中 5 个方位表示，布局效果如图 17-3 所示。

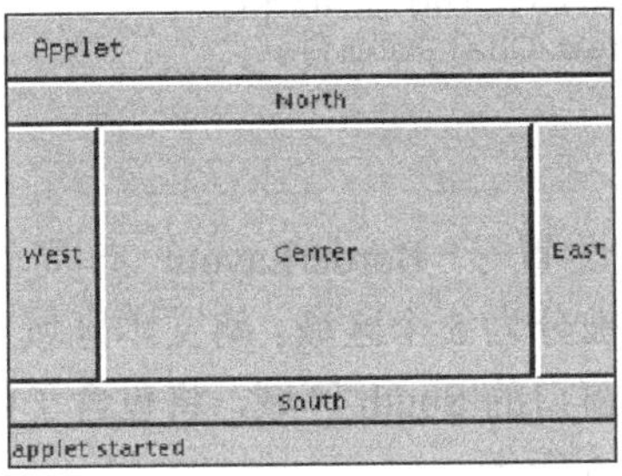

图 17-3　BorderLayout 布局效果

3. GridLayout

GridLayout 称为网格布局管理器。该管理器将容器分为大小相等的网格，布局效果如图 17-4 所示。

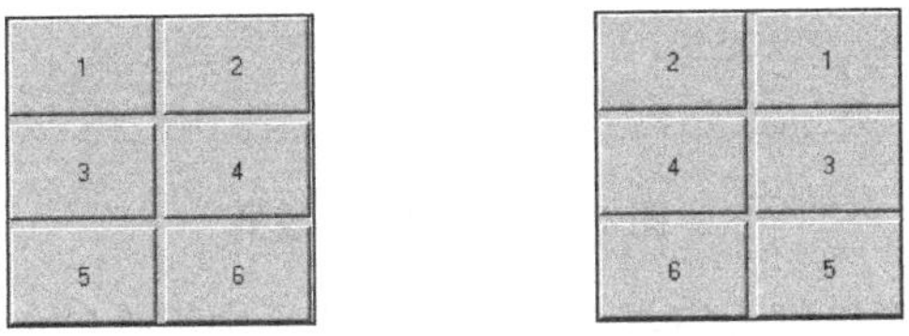

图 17-4　GridLayout 布局效果

4. CardLayout

CardLayout 称为卡片布局管理器。该管理器允许在一个位置放置多个组件，根据需要按顺序显示。

5. GridBagLayout

GridBagLayout 称为网袋布局管理器。该管理器是最灵活、最复杂的布局管理器，布局效果如图 17-5 所示。

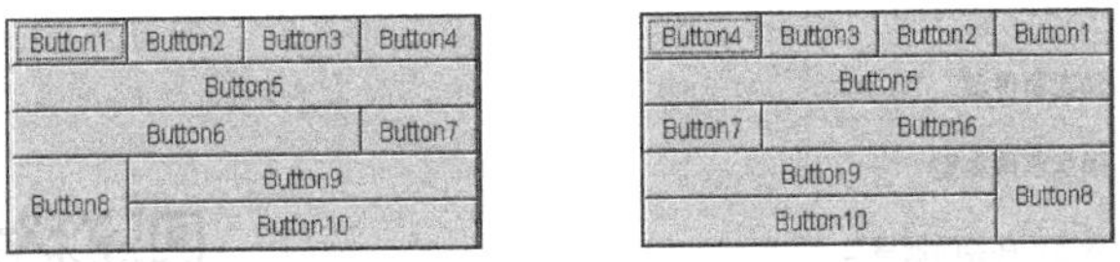

图 17-5　GridBagLayout 布局效果

要使用布局管理器，只要容器对象调用 setLayout 方法，将具体的布局管理器对象传递给该方法即可。继续完善 17.2 节中的 ChatRoom 类，增加 display 方法，对聊天室界面进行布局。

如下代码所示：

```
public void display(){
        Container c=frame.getContentPane();
        frame.setSize(400, 300);
        c.setLayout(new BorderLayout());
        c.add(new JScrollPane(output),"Center");
        c.add(input,"South");
        c.add(panel,"East");
        panel.add(send);
        panel.add(quit);
        frame.setVisible(true);
}
public static void main(String[] args) {
        ChatRoom room=new ChatRoom();
        room.display();
}
```

上述代码中对窗口容器设置了 BorderLayout 布局管理器，通过 c.setLayout(new BorderLayout())方法实现，窗口被分为 5 个区域。将文本区域对象 output 布局到窗口的 Center 区域，文本框对象 input 布局到窗口的 South 区域，将包含了两个按钮的面板对象布局到窗口的 East 区域，运行效果如图 17-6 所示。

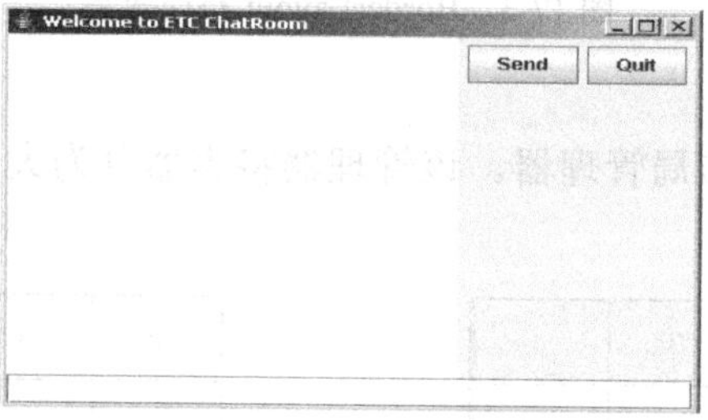

图 17-6　实例运行效果

到此为止，通过构建简单聊天室界面学习了 Swing 中组件的创建方式以及 GUI 界面的布局方式。由于实际应用中使用 Swing 构建企业级应用比较少，所以本章并不用过多篇幅介绍 Swing 复杂界面的构建方式，而只是使用简单案例演示 GUI 编程的基本过程。

17.4　Swing 中的事件处理

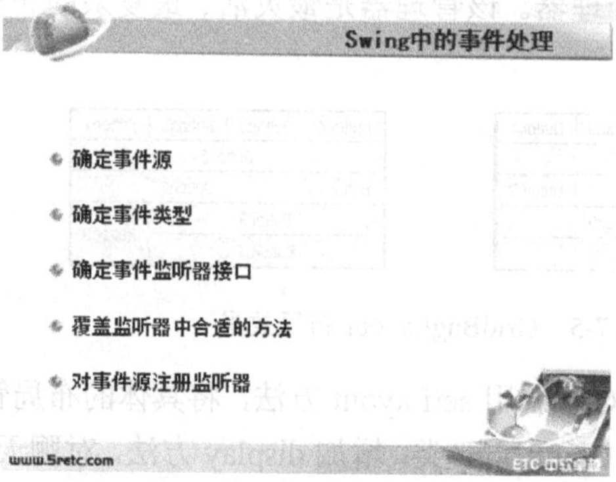

事件处理快速入门

17.3 节中创建了一个聊天程序 GUI，然而该 GUI 是“又聋又哑”的，用户进行任何操作都没有响应。GUI 作为客户端程序，毫无疑问需要对用户的操作有所响应。要想使 GUI 与用户有交互，就要进行事件处理。Swing 的事件处理机制在 AWT 的基础上进行了扩展，与事件处理相关的 API 存在于 java.awt.event 和 javax.swing.event 两个包中。与 Swing 事件处理相关的有两个重要概念，即事件类和事件监听器接口。

当用户对 GUI 进行操作时，如单击按钮、在文本框中按回车键等，都会触发一种事件发生，java.awt.event 以及 javax.swing.event 包中定义了常见的事件类，类名都以 Event 结尾，例如：

（1）ActionEvent：动作事件。当用户单击按钮、在文本框中按回车键等时，都将触发该事件。

（2）WindowEvent：窗口事件。跟窗口有关的动作都将触发该事件发生，如窗口打开、关闭、最大化、最小化等。

（3）MouseEvent：鼠标事件。跟鼠标有关的动作都将触发该事件，如鼠标获取焦点、鼠标离开等。

还有很多其他类型的事件，都在 java.awt.event 包和 javax.swing.event 包中进行了定义。

API 中针对每种事件都定义了对应的接口，接口中定义了处理该事件的方法，这些接口称为事件监听器接口。监听器接口都以 Listener 结尾，如 ActionListener 中定义了处理 ActionEvent 事件的方法，WindowListener 中定义了处理 WindowEvent 事件的方法。

接下来对前面章节实现的简单聊天室进行事件处理：单击 Quit 按钮，聊天室程序退出。下面详细介绍 GUI 事件处理的步骤。

1. 确定事件源

要进行事件处理，首先要确定事件源，即发生事件的组件。例如，单击 Quit 按钮，则事件源就是 Quit 按钮；拖动窗口，事件源就是窗口。

2. 确定事件类型

确定事件源后，根据要处理的事件确定事件类型。如单击按钮的事件类型是 ActionEvent，关闭窗口的事件是 WindowEvent。

3. 确定事件监听器接口

确定事件类型后，需要进一步确定处理该事件的监听器接口，如 ActionEvent 事件对应的接口是 ActionListener。确定接口后，需要自定义事件处理器类实现该接口。定义 QuitHandler 类实现 ActionListener 接口，作为处理 Quit 按钮 ActionEvent 事件的处理器类。如下代码所示：

```
package com.etc.chapter17;
public class QuitHandler implements ActionListener {
   public void actionPerformed(ActionEvent arg0) {}
}
```

4. 覆盖监听器接口中合适的方法

自定义类实现监听器接口后，需要覆盖监听器中特定的方法。监听器接口中可能声明了多个方法，事件处理机制会针对不同的用户操作自动调用不同的方法。下面在 QuitHandler 类中重写 ActionListener 接口的 actionPerformed 方法，实现“聊天程序退出”的功能。

```
public void actionPerformed(ActionEvent arg0) {
   System.exit(0);
}
```

到此为止，已经创建了 QuitHandler 类以实现 ActionListener 接口，而且覆盖了接口中的 actionPerformed 方法，实现了退出聊天室程序的功能。

5. 对事件源注册监听器

实现监听器后，需要对事件源注册事件监听器才能生效。每个组件都有一系列的 addXxxListener 方法，可以用来为组件注册不同的事件监听器。例如，JButton 类中定义了 addActionListener 方法，可以为 JButton 组件注册 ActionListener 监听器。修改 ChatRoom.java 类，对 Quit 按钮注册监听器。如下代码所示：

```
quit.addActionListener(new QuitHandler());
```

到此为止，Quit 按钮的事件处理已经完成，单击 Quit 按钮，聊天室程序将退出。通过该示例的学习，读者也可以总结出 GUI 事件处理的基本步骤。

17.5 使用内部类进行事件处理

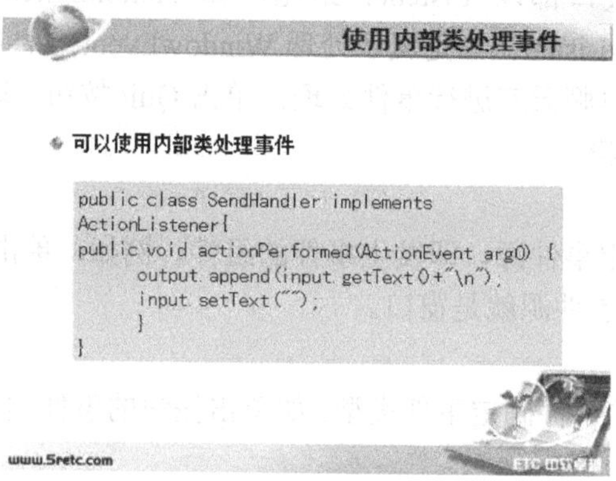

内部类事件处理

本书第一部分介绍了 Java 类的内部也可以声明类，称为内部类。内部类是外部类的一个成员，可以直接使用外部类的属性和方法。在 GUI 事件处理的过程中，常常用到内部类。本节继续对前面章节实现的简单聊天室进行事件处理，实现发送消息的功能：在文本框中输入聊天信息，单击 Send 按钮后，消息显示到显示聊天内容的文本区域中。事件源是按钮 Send，事件类型是 ActionEvent，需要使用的事件监听器为 ActionListener。因此，首先需要定义一个类实现 ActionListener 接口，覆盖其中的 actionPerformed 方法，实现发送消息的功能。最后，使用 addActionListener 方法对 Send 按钮注册事件监听器。

创建类 SendHandler，实现 ActionListener 接口，覆盖其中的 actionPerformed 方法，实现将文本框信息发送到文本区域的功能。如下代码所示：

```
public class SendHandler implements ActionListener{
    public void actionPerformed(ActionEvent arg0) {
        output.append(input.getText()+"\n");
        input.setText("");
    }
}
```

上述代码中，SendHandler 类需要使用到 ChatRoom 类的 output 属性以及 input 属性。那么 SendHandler 类就应该作为 ChatRoom 类的内部类存在，才能直接使用外部类的属性。如下代码所示：

```
package com.etc.chapter17;
public class ChatRoom {
    //省略其他代码
    public class SendHandler implements ActionListener{
        public void actionPerformed(ActionEvent arg0) {
            output.append(input.getText()+"\n");
            input.setText("");
        }
    }
    public static void main(String[] args) {
        ChatRoom room=new ChatRoom();
        room.display();
    }
}
```

运行该类后，GUI 上的 Send 按钮将可以进行事件处理，完成发送信息的功能。通过该例子可以更为直观地理解内部类的作用，内部类作为外部类的成员存在，可以直接使用外部类的属性。

17.6　使用匿名内部类进行事件处理

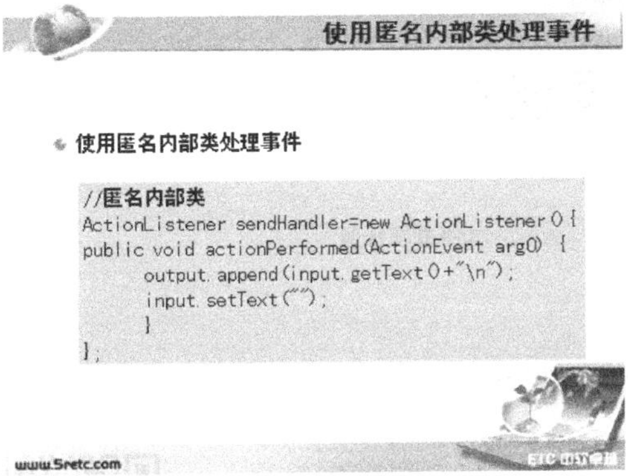

匿名内部类

在 17.5 节的例子中，使用了内部类 SendHandler 进行事件处理。仔细分析发现，内部类 SendHandler 自始至终只需要实例化一个对象，作为 Send 按钮的 ActionEvent 事件的监听器对象使用。如果只需要使用内部类的一个对象，那么就可以在声明类的同时创建该对象，而隐去该内部类的名字，这样的内部类称为匿名内部类。如下代码所示：

```
//省略其他代码
send.addActionListener(sendHandler);
    //匿名内部类
    ActionListener sendHandler =new ActionListener(){
        public void actionPerformed(ActionEvent arg0) {
            output.append(input.getText()+"\n");
```

```
            input.setText("");
        }
    };
```

上述代码中使用匿名内部类创建了对象 sendHandler，并将该对象作为 Send 按钮的事件处理器使用。匿名内部类是没有名字的内部类，在类声明的同时创建对象，往往在某内部类只需要一个对象的情况下使用。匿名内部类的类体与内部类的类体相同，也需要实现其接口的所有方法。匿名内部类对象的类型使用其需要实现的接口或抽象类来声明，如例子中使用接口 ActionListener 作为对象类型。

进一步思考，如果 sendHandler 对象也只在一处使用，那么也没有必要声明对象的名字，可以使用匿名内部类的匿名对象。如下代码所示：

```
send.addActionListener(new ActionListener(){
   public void actionPerformed(ActionEvent arg0) {
        output.append(input.getText()+"\n");
        input.setText("");
    }
});
```

上述代码的语法初看比较复杂，如果分解开来看，理解起来就比较清晰。addActionListener 方法需要一个 ActionListener 类型的对象，那么就使用一个匿名内部类直接创建对象传递给该方法，而省略了声明内部类，声明内部类引用的过程，直接使用一个匿名内部类的匿名对象作为方法的参数。

17.7 GUI 中的并发任务

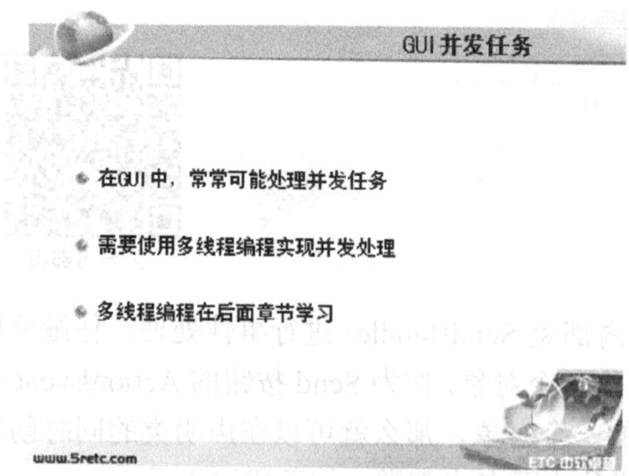

单线程阻塞

在 GUI 中，常常可能需要处理并发任务。例如，聊天室应用可以支持传递文件功能，而传递文件的同时可以继续聊天。接下来，修改前面章节的简单聊天室程序，增加一个 Loop 按钮，单击该按钮后程序进入死循环，做简单的打印输出。如下代码所示：

```
loop.addActionListener(new ActionListener(){
   public void actionPerformed(ActionEvent arg0) {
        int x=0;
```

```
        while(true){
            System.out.println(x++);
        }
    }
});
```

运行 ChatRoom.java 类，界面如图 17-7 所示。

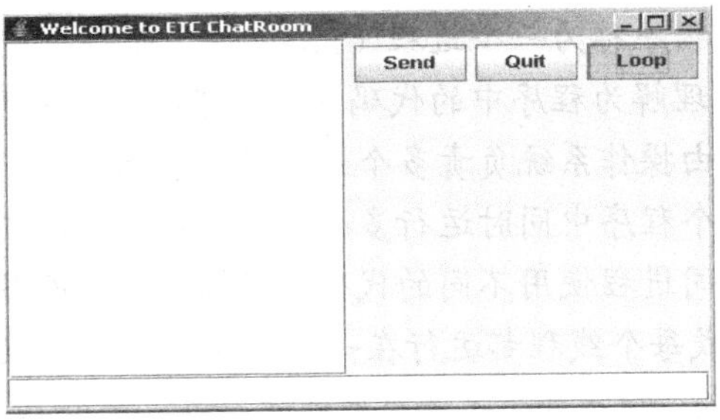

图 17-7　聊天室程序界面

在没有单击 Loop 按钮前，Send、Quit 按钮可以正常使用。如果单击 Loop 按钮，将执行死循环，Send、Quit 按钮将无法获得焦点，聊天室的其他功能都无法使用。GUI 应用中常常需要并发处理多个工作任务，这就需要使用多线程编程，相关内容将在第 18 章学习。

17.8　本章小结

本章学习了 Java 语言的 GUI 编程。首先介绍了常见的 3 种 Java GUI 工具包：AWT、Swing 和 SWT。其中 AWT 和 Swing 都是原 Sun 公司的工具包，而 SWT 是 Eclipse 组织开发的 GUI 工具包。AWT 和 SWT 都是平台相关的，而 Swing 的大多数组件都与平台无关。开发 GUI 应用，除了要熟悉各种组件的使用、界面的布局处理，还需要使 GUI 动起来，即进行事件处理。GUI 的事件处理涉及事件类和事件处理器接口两个重要概念。API 中有丰富的事件类和监听器接口，本章使用常见的 ActionEvent 和 ActionListener 做演示。除此之外，本章还借助事件处理的例子，展示了内部类以及匿名内部类、匿名内部类匿名对象的用法。最后，通过增加一个死循环按钮，说明了 GUI 中常见的多任务并发问题，解决之道是进行多线程编程，将在第 18 章学习。

第 18 章 多线程编程

系统中正在运行的程序称为一个进程（Process），而每个进程又包含一个或多个线程（Thread）。线程可以理解为程序中的代码片断，可以在程序里独立执行，负责在程序里执行多个任务，通常由操作系统负责多个线程的调度和执行。线程是程序中一个单一的顺序控制流程，在单个程序中同时运行多个线程完成不同的工作，称为多线程。线程和进程的区别在于，不同进程使用不同的代码和数据空间，而多个线程却可以共享数据空间。多线程可以想象成每个线程都运行在一个 CPU 上，从而实现多个任务并发运行在一台主机上的效果。然而，往往并不是每个线程运行在一个物理 CPU 上，而是分享 CPU 的时间片。

Java 语言对多线程编程提供了语言级别的支持，可以很容易地创建线程对象、启动线程。本章将介绍如何使用 Java 语言进行多线程编程。

18.1 与线程有关的 API

18.1.1 Thread 类

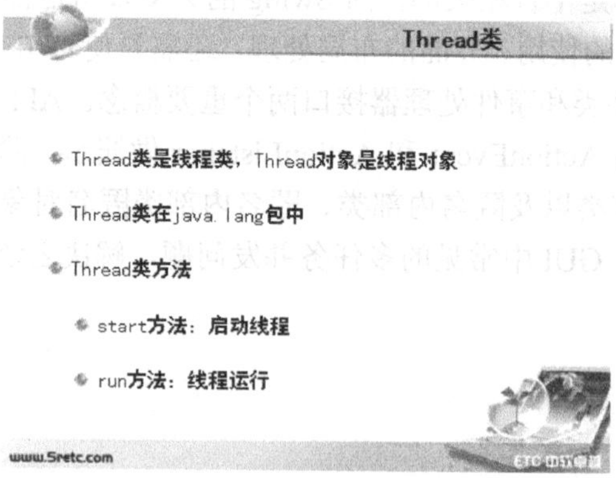

Java API 中提供了与线程有关的类和接口，因此可以非常直观地使用 Java 语言进行多线程编程。与线程有关的 API 大多位于 java.lang 包中，本节先介绍最常用的 Thread 类。

Thread 类即线程类，Thread 类的对象即线程对象。Thread 类中提供了很多方法，本节介绍两个最基本、最常用的方法，即 start 方法和 run 方法。

1．public void start()

该方法用来启动线程。创建一个线程对象后，必须启动该线程才能被调度。启动线程并不会导致线程马上运行，线程需要等到 CPU 的调度才能运行。一个线程最多只能启动一次，线程运行结束后不可能再次被启动。

2．public void run()

该方法用来运行线程。当线程调用了 start 方法并得到 CPU 的时间片调度后，就会执行 run 方法。然而，Thread 类中的 run 方法的方法体是空的，所以使用前需要覆盖 run 方法，在 run 方法中编写该线程对象需要执行的任务代码。

18.1.2 Runnable 接口

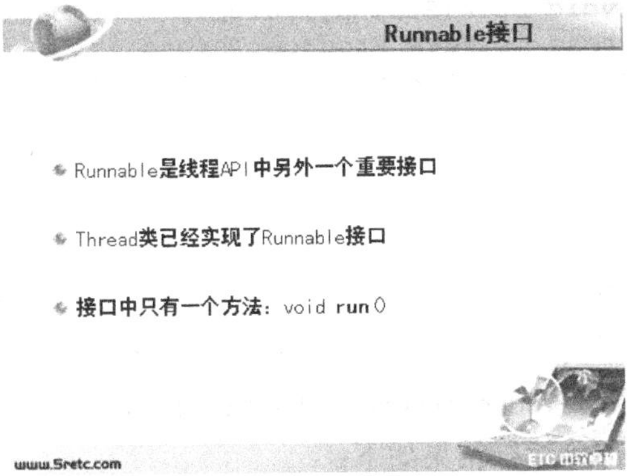

除了 Thread 类外，Runnable 是 Java 线程 API 中另外一个常用的接口，该接口已经被 Thread 类实现。接口中只有一个方法：public void **run()**。

该接口的实现类需要覆盖 run 方法，在 run 方法中编写线程执行的代码。接口实现类的对象作为线程运行对象存在。具体使用将在 18.2 节展示。

18.2　创建线程的方法

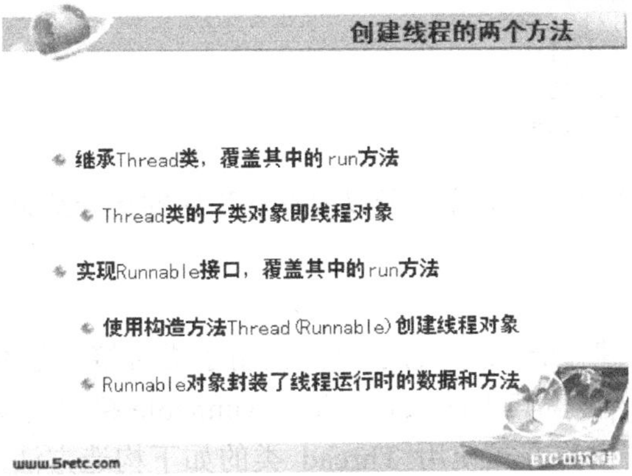

创建线程的两种方法

要编写多线程应用，首先要创建线程对象。Java 语言中提供了创建线程对象的便捷方法，最常用的方式有两种，本节将详细介绍这两种创建 Java 线程对象的方法。

1. 继承 Thread 类

创建线程对象的第一种方式是写一个子类继承 Thread 类，覆盖其中的 run 方法，Thread 类的子类对象就是线程对象。如下代码所示：

```
package com.etc.chapter18;
public class ProducerThread extends Thread {
   public void run() {
       while(true){
           System.out.println(Thread.currentThread().getName()+" :x="
           +Math.random()*100);
       }
   }
   public static void main(String[] args){
       ProducerThread pt1=new ProducerThread();
       ProducerThread pt2=new ProducerThread();
       pt1.start();
       pt2.start();
   }
}
```

上述代码中创建子类 ProducerThread 继承了 Thread 类，那么 ProducerThread 类的对象就是线程对象。代码中创建了两个线程对象 pt1 和 pt2，并分别使用 start 方法启动。线程得到 CPU 时间片调度后，将运行 ProducerThread 类的 run 方法，该方法打印输出当前执行的线程名称以及产生的随机数。部分运行结果如下：

```
Thread-0 :x=44.896315563602286
Thread-1 :x=29.778731861902706
Thread-0 :x=74.84669322326201
Thread-1 :x=93.70572232945499
Thread-0 :x=69.00361619367197
Thread-1 :x=18.055932892986636
Thread-0 :x=81.95621923211436
Thread-1 :x=5.769264854130429
Thread-0 :x=76.04165144260631
Thread-1 :x=93.5910840458088
Thread-0 :x=34.55113634401306
Thread-1 :x=64.76278193147358
Thread-0 :x=30.311226756317655
Thread-1 :x=83.50066777235415
Thread-0 :x=82.04051093202057
Thread-1 :x=47.93059495772244
```

由于线程的执行大都依靠操作系统的调度，所以多线程程序的运行结果与平台有关，每次可能都不相同。

2. 实现 Runnable 接口

第一种创建线程的方式是创建 Thread 类的子类，使用子类直接创建线程对象。还有一种方式是实现 Runnable 接口，覆盖其中的 run 方法。Runnable 接口的实现类封装线程运行的数据和代码，这种创建线程的方式使用 Thread 类的如下构造方法：public Thread (Runnable target)。其中，构造方法的参数类型是 Runnable 类型，即 Runnable 接口实现类的对象即可。

首先，创建子类实现 Runnable 接口，覆盖其中的 run 方法。如下代码所示：

```
package com.etc.chapter18;
public class Producer implements Runnable {
    private int x;
    public void run() {
        while(true){
            System.out.println(Thread.currentThread().getName()+" :x="+x);
            x++;
        }
    }
}
```

上述代码使用 Producer 类实现 Runnable 接口，覆盖接口中的 run 方法，实现线程运行体代码。接下来可以创建线程对象，启动线程。如下代码所示：

```
package com.etc.chapter18;
public class TestRunnable {
    public static void main(String[] args) {
        Producer p1=new Producer();
        Thread t1=new Thread(p1);
        Producer p2=new Producer();
        Thread t2=new Thread(p2);
        t1.start();
        t2.start();
    }
}
```

上述代码中创建了两个 Producer 对象 p1 和 p2，封装线程运行的数据和方法。然后分别使用这两个 Producer 对象创建两个线程对象 t1 和 t2。t1 线程运行时，将使用 p1 对象的属性和方法，而 t2 线程运行时将使用 p2 对象的属性和方法。部分运行结果如下：

```
Thread-1 :x=43
Thread-0 :x=46
Thread-1 :x=44
Thread-0 :x=47
Thread-1 :x=45
Thread-0 :x=48
Thread-1 :x=46
Thread-0 :x=49
Thread-1 :x=47
Thread-1 :x=48
Thread-1 :x=49
```

本节介绍了 Java 语言中两种常见的创建线程的方法，其中第二种方式较为常用。因为类对接口可以实现一对多的关系，而类继承类只能是一对一的关系。而且，使用第二种方式创建线程，能够将线程运行的数据和方法单独封装到 Runnable 的实现类中，程序的可维护性和可读性都更强。

下面对第 17 章的 GUI 阻塞问题进行修改。第 17 章的 GUI 应用有一个 Loop 按钮，该按钮的事件处理代码是一个死循环。因此，只要单击了该按钮，main 方法的线程将被阻塞，GUI 的其他功能将不能正常使用。解决办法是对 GUI 进行多线程编程，修改 Loop 按钮的事件处理程序。如下代码所示：

```
loop.addActionListener(new ActionListener(){
    public void actionPerformed(ActionEvent arg0) {
        new Thread(new Runnable(){
            public void run(){
```

```
                    int x=0;
                    while(true){
                        System.out.println(x++);
                    }
                }
            }).start();
    });
```

上述代码中，在 Loop 按钮的事件处理方法中创建并启动了一个线程，使用该线程来执行 Loop 按钮的死循环功能，所以不会发生 main 方法线程被阻塞的情况，而是在一个新的线程中执行死循环功能，其他功能不受影响。上述代码中使用了两次匿名内部类的匿名对象，首先是 ActionListener 的实现类对象，然后是 Runnable 接口的实现类对象。运行聊天室程序，效果如图 18-1 所示。

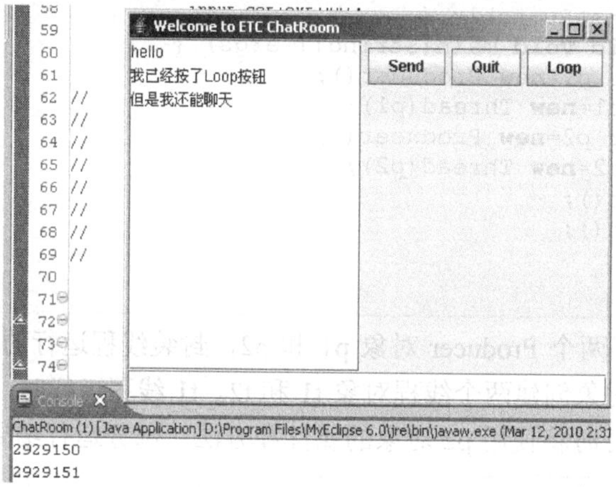

图 18-1　聊天室运行效果

由于单击 Loop 按钮后启动了新线程来处理死循环，所以聊天室的其他功能依然能使用，可以较直观地说明多线程编程的必要性。

18.3　线程同步

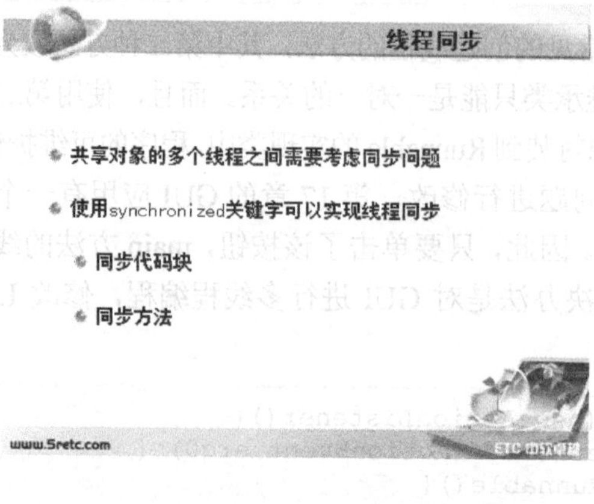

线程同步

当使用第二种方式创建线程时，如果两个线程对象都使用同一个 Runnable 对象创建，那么这两个线程将共享数据。如下代码所示：

```
public class Producer implements Runnable {
    private int x;
    public void run() {
        for(int i=0;i<50;i++){
            System.out.println(Thread.currentThread().getName()+" :x="+x);
            x++;
        }
    }
}
public class TestRunnable {
    public static void main(String[] args) {
        Producer p1=new Producer();
        Thread t1=new Thread(p1);
        Thread t2=new Thread(p1);
        t1.start();
        t2.start();
    }
}
```

上述代码中的线程对象 t1 和 t2 都使用对象 p1 进行创建，可以说 t1 和 t2 共享 Producer 类的 p1 对象。运行结果如下：

```
Thread-1 :x=5
Thread-0 :x=6
Thread-1 :x=7
Thread-0 :x=8
Thread-1 :x=9
Thread-0 :x=10
Thread-1 :x=11
Thread-0 :x=12
Thread-1 :x=13
Thread-0 :x=14
```

分析运行结果可见，两个线程打印输出的 x 值是累加的，这是因为两个线程共享一个 Producer 对象，所以使用的 x 也是同一个变量。然而，当线程共享数据时，有时却可能发生特殊情况，如两次打印出同一个 x 值：

```
Thread-1 :x=0
Thread-0 :x=0
Thread-1 :x=1
Thread-0 :x=2
Thread-1 :x=3
Thread-0 :x=4
```

结果中 x=0 被打印输出了两次。下面分析发生这种情况的原因。t1 和 t2 两个线程对象由于共享一个 Producer 对象，所以操作的是同一个 x 值，而对 x 的操作共有两条语句。如下代码所示：

```
System.out.println(Thread.currentThread().getName()+" :x="+x);
x++;
```

发生两次打印出同一个 x 值的情况，是因为某线程刚执行完第一条语句的那个时刻，操作系统将 CPU 的时间片分配给另外一个线程，x++语句还没有被执行，因此 x 的值保持不变，被再次打印输出。如果线程的运行体不是简单的打印输出，而是订票系统，就可能发生某张票被两次预定的严重错误发生。

为了避免多线程共享对象冲突，当多个线程共享对象时，对于操作此共享对象的代码，应该保证正在运行的线程执行完全部代码后，才能将时间片分走，这样就能避免数据被破坏的情况发生。

Java 语言提供了关键字 synchronized（同步）来完成此功能，称为给对象加锁，以保证操作共享对象的代码同一时刻只被一个线程访问。下面介绍 synchronized 关键字的两种使用方式。

1. synchronized 修饰代码块

synchronized 关键字可以修饰代码块，使该代码块成为同步块。语法如下：

```
synchronized(共享的对象){
    需要同步的代码
}
```

使用 synchronized 关键字，称为对共享对象加锁，当一个线程要运行同步块时，首先要确定是否能得到共享对象的锁，如果有线程正在运行该同步块，就占有这把锁，其他线程将无法得到锁，就无法执行同步块代码。线程执行完同步块后，立即释放锁，其他线程就可以继续“争夺”锁，从而在得到调度的时候来执行同步块。

修改 Producer.java 中的 run 方法，对 this 对象使用 synchronized 关键字加锁，将处理变量 x 的两行代码放到同步块中。如下代码所示：

```
public void run() {
   for(int i=0;i<50;i++){
      synchronized(this){
         System.out.println(Thread.currentThread().getName()+" :x="+x);
         x++;
      }
   }
}
```

再次运行测试代码，就不会出现 x 值重复出现的情况。因为当线程要运行 for 的循环体时，会先检测 this 对象的锁有没有被其他线程占有，如果被占有，就需要等待，直到占有锁的线程执行完同步块，释放锁为止。这样就能保证只要某线程开始运行同步块代码，就一定能保证运行结束后时间片才被分走，那么 x 的值就能保证一致。

2. synchronized 修饰方法

synchronized 可以直接修饰方法，使方法成为同步方法。如下代码所示：

```
public synchronized void push(char c){
   方法体
}
```

synchronized修饰方法后，该方法的方法体都是同步的，与下面的方式有相同效果：

```
public void push(char c){
    synchronized(this){
        方法体
    }
}
```

由于synchronized块一个时刻只能被一个线程访问，所以将降低性能和效率。因此，使用synchronized关键字时，要遵守“只同步必要的代码块”的原则，不要盲目对不需要同步的代码使用synchronized，以避免影响性能和效率。

18.4 线程通信

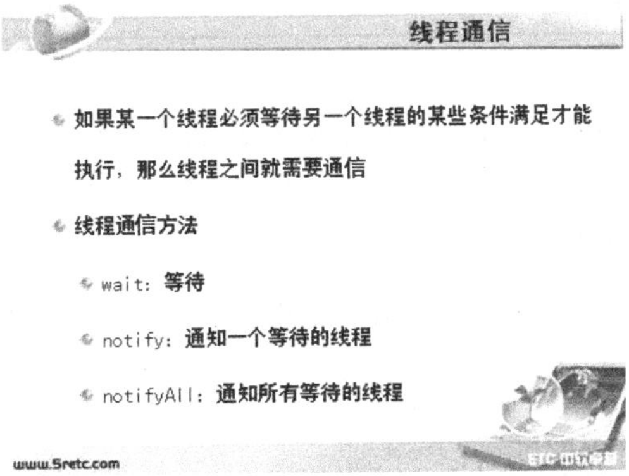

线程通信

如果多个线程共享某些数据，为了避免共享数据被破坏，可以使用在18.3节中学习的synchronized关键字对线程进行同步。但是，有时某一个线程必须等待另一个线程中的某些条件满足才能执行，那么线程之间就需要通信。线程通信的方法在Object类中定义。需要注意的是，线程通信的方法，必须在同步块中使用。实现线程通信的方法主要有如下几个。

（1）wait方法

如果某个对象调用了wait方法，那么该线程被阻塞，处于等待状态，且释放其占用的锁。使用方法如下：

```
synchronized (obj) {
    while (<condition does not hold>)
    obj.wait();
}
```

（2）notify方法

notify方法可以唤醒某个等待的线程，如果有多个等待的线程，到底会唤醒哪个不能确定，由JVM决定。语法如下：

```
synchronized(obj) {
    condition = true;
    obj.notify();
}
```

（3）notifyAll 方法

notifyAll 方法可以唤醒所有等待的线程，但是并不意味着所有被唤醒的线程都能马上运行 wait 后的代码。被唤醒的线程需要得到对象的锁，才可能在被调度后运行 wait 后的代码：

```
synchronized(obj) {
    condition = true;
    obj.notifyAll();
}
```

学习了常用的线程通信方法后，下面使用实例演示线程间的通信方法。该实例模拟生产者/消费者逻辑，生产者、消费者共享仓库实例。

（1）仓库类 WareHouse

仓库类有两个方法，即存货和购买。购买方法首先检查仓库中是否有商品，如果没有就使线程等待。往仓库中存货后即调用 notify 方法，随机唤醒一个等待的线程。如下代码所示：

```
package com.etc.chapter18;
public class WareHouse {
   private List<String> store=new ArrayList<String>();
   public void stock(String product){
        store.add(product);
        synchronized(this){
            this.notify();
            System.out.println("卖家已经存入了货物:"+product+"，通知等待的购买者");
        }
   }
   public void buy(){
        if(store.size()==0){
            synchronized(this){
                try {
                    System.out.println("仓库目前没有货物，买家请等待...");
                    this.wait();
                } catch (InterruptedException e) {
                    e.printStackTrace();
                }
            }
        }else{
            String p=store.remove(0);
            System.out.println("买家已经买到了货物："+p);
        }
   }
}
```

上述代码中的 stock 方法模拟货物上架操作，将货物存入仓库中后，在同步块中使用 notify 方法唤醒因为缺货而等待的线程。其中的 buy 方法模拟购买操作，首先检查仓库中是否有存货，如果没有，则在同步块中调用 wait 方法，进入等待状态。

（2）售货者 Seller 类

Seller 类是售货者线程的运行体类，实现了 Runnable 接口，覆盖了 run 方法，在 run 方法中调用仓库的 stock 方法进行货物上架处理。如下代码所示：

```
package com.etc.chapter18;
public class Seller implements Runnable {
    private WareHouse wareHouse=new WareHouse();
    public Seller(WareHouse wareHouse) {
        super();
        this.wareHouse = wareHouse;
    }
    public void run() {
        for(int i=0;i<50;i++){
            wareHouse.stock("Product"+i);
            i++;
        }
    }
}
```

（3）购买者 Buyer 类

购买者 Buyer 类是购买者线程的运行体类，实现了 Runnable 接口，覆盖了 run 方法，在 run 方法中调用仓库的 buy 方法，进行购物操作。

```
package com.etc.chapter18;
public class Buyer implements Runnable {
    private WareHouse wareHouse=new WareHouse();
    public Buyer(WareHouse wareHouse) {
        super();
        this.wareHouse = wareHouse;
    }
    public void run() {
        for(int i=0;i<50;i++){
            wareHouse.buy();
        }
    }
}
```

（4）测试类 TestWaitNotify

```
package com.etc.chapter18;
public class TestWaitNotify {
    public static void main(String[] args) {
        WareHouse wareHouse=new WareHouse();
        Seller seller=new Seller(wareHouse);
        Buyer buyer=new Buyer(wareHouse);
        Thread sellerThread=new Thread(seller);
        Thread buyerThread=new Thread(buyer);
        buyerThread.start();
        sellerThread.start();
    }
}
```

上述测试代码中，创建了一个 WareHouse 对象，使用该对象创建了两个线程，分别是售货者线程 seller 和购物者线程 buyer，这两个线程共享同一个仓库对象 wareHouse。由于购物者线程在仓库中没有商品的情况下，必须等待售货者线程存货后才能执行，所以这两个线程之间需要使用 wait 和 notify 方法进行通信。部分运行结果如下：

```
仓库目前没有货物，买家请等待...
卖家已经存入了货物:Product0，通知等待的购买者
卖家已经存入了货物:Product2，通知等待的购买者
买家已经买到了货物:Product0
卖家已经存入了货物:Product4，通知等待的购买者
买家已经买到了货物:Product2
卖家已经存入了货物:Product6，通知等待的购买者
买家已经买到了货物:Product4
```

分析运行结果可见，当仓库中没有货物时，Buyer 线程处于等待状态；当 Seller 线程存入货物后，就会通知等待的线程，等待的线程获得对象锁后，就可以在被调度后执行。

18.5　Thread 类的方法

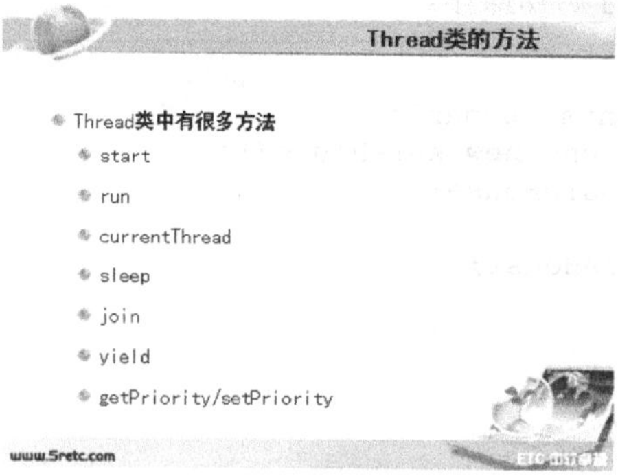

Thread 类常用方法

前面章节学习了线程的创建、线程同步、线程通信等相关知识点，其中最核心的类是 Thread 类。线程对象都是 Thread 类型的对象，本节对 Thread 类的主要方法进行介绍。

1. *start 方法*

start 方法是启动线程的方法。启动线程后，线程需要等到 CPU 调度才能运行。

2. *run 方法*

run 方法是线程运行时调用的方法，只有当线程被 CPU 调度了，才会自动执行 run 方法。可以通过继承 Thread 类，或者实现 Runnable 接口的方式，覆盖其中的 run 方法，实现线程运行体。

3. *currentThread 方法*

该方法是 Thread 类的静态方法，可以使用 Thread 类名直接调用，返回正在运行的线程引用。

4. *sleep(long millis)方法*

该方法是使线程休眠的方法，方法参数是线程休眠的时长。当该休眠时间段结束时，线程将“醒来”，重新等待调度。

5. *join 方法*

join 方法可以让调用该方法的线程强行占有 CPU 资源，其他线程必须等待该线程运行结束才可能被调度。join 方法还有一个重载的方法：join(long millis)。该方法可以使调用该方法的线程在指定时间内强行占有资源，时间段结束后，该线程将不再有“特权”，与其他线程一起等待系统调度。

6. yield 方法

yield 方法可以使调用该方法的线程降低优先级，给其他线程机会。

7. getPriority/setPriority 方法

线程都有优先级，可以通过 getPriority 获取线程优先级，也可通过 setPriority 设置优先级。系统对线程的调度会参考线程的优先级。

18.6　线程死锁

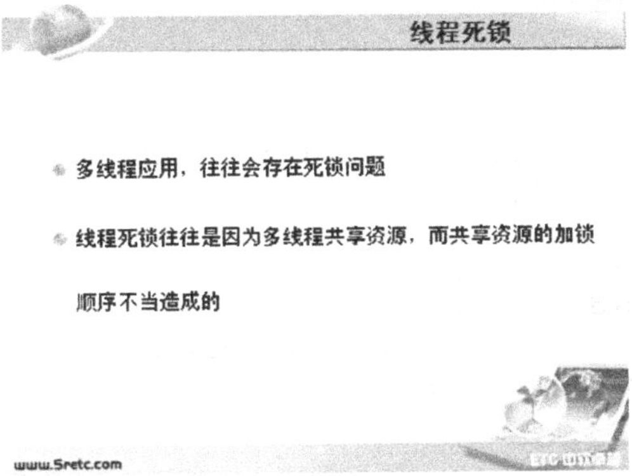
线程死锁
多线程应用，往往会存在死锁问题
线程死锁往往是因为多线程共享资源，而共享资源的加锁
顺序不当造成的
www.5retc.com

多线程应用中都会存在死锁问题，Java 语言的多线程也不例外。线程死锁往往是因为多线程共享资源，而共享资源的加锁顺序不当导致的。下面使用代码演示线程死锁问题：

```
package com.etc.chapter18;
public class DieLock1 extends Thread {
    private String shareObj1;
    private String shareObj2;
    public DieLock1(String shareObj1, String shareObj2) {
        super();
        this.shareObj1 = shareObj1;
        this.shareObj2 = shareObj2;
    }
    @Override
    public void run() {
        synchronized(shareObj1){
            System.out.println(Thread.currentThread().getName()+ " 占有
            shareObj1 的锁。");
            System.out.println(Thread.currentThread().getName()+ "在等待
            shareObj2 的锁。");
        synchronized(shareObj2){
            System.out.println(Thread.currentThread().getName()+ " 占有
            shareObj2 的锁。");
            }
        }
    }
}
```

DieLock1 类继承了 Thread 类，该类的对象就是线程对象，run 方法中先对 shareObj1 加锁，再对 shareObj2 加锁。

DieLock2 类也继承了 Thread 类，该类的对象是一个线程对象。在类的 run 方法中，先对 shareObj2 加锁，再对 shareObj1 加锁，加锁顺序正好与 DieLock1 相反。如下代码所示：

```
package com.etc.chapter18;
public class DieLock2 extends Thread {
   private String shareObj1;
   private String shareObj2;
   public DieLock2(String shareObj1, String shareObj2) {
       super();
       this.shareObj1 = shareObj1;
       this.shareObj2 = shareObj2;
   }
   @Override
   public void run() {
       synchronized(shareObj2){
           System.out.println(Thread.currentThread().getName()+"占有
           shareObj2 的锁。");
           System.out.println(Thread.currentThread().getName()+"在等待
           shareObj1 的锁。");
       synchronized(shareObj1){
           System.out.println(Thread.currentThread().getName()+ " 占有
           shareObj1 的锁。");
           }
       }
   }
}
```

使用如下代码测试：

```
package com.etc.chapter18;
public class TestDieLock {
   public static void main(String[] args){
       String shareObj1="obj1";
       String shareObj2="obj2";
       DieLock1 t1=new DieLock1(shareObj1,shareObj2);
       DieLock2 t2=new DieLock2(shareObj1,shareObj2);
       t1.start();
       t2.start();
   }
}
```

上述代码中，创建了两个线程 t1 和 t2，分别是 DieLock1 和 DieLock2 类型。这两个线程使用的属性是相同的两个字符串对象 shareObj1、shareObj2。t1 线程的 run 方法需要先获取 shareObj1 的锁，然后获取 shareObj2 的锁。而 t2 线程需要先获取 shareObj2 的锁，再获取 shareObj1 的锁。那么在运行过程中，就可能会出现如下结果：

```
Thread-0 占有 shareObj1 的锁。
Thread-1 占有 shareObj2 的锁。
Thread-0 在等待 shareObj2 的锁。
Thread-1 在等待 shareObj1 的锁。
```

可见线程 t1 和 t2 陷入互相等待锁的情况，都无法执行下去，即发生死锁。

Java 语言中的死锁能完全避免吗？Java 中的死锁不能在语言层面解决，只能通过优良的设计来尽量降低死锁发生的可能，例如，要按照同一顺序访问共享对象等。

18.7　守护线程

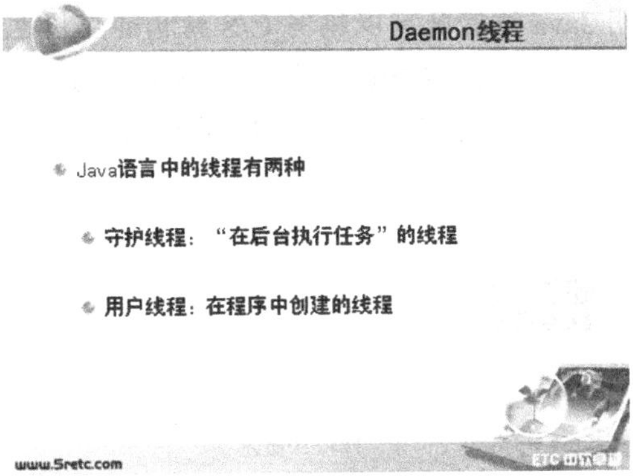

Java 语言中的线程有两种：守护线程（Daemon 线程）和用户线程。前面章节中的线程都是用户线程。用户线程都是在程序中创建的。而守护线程有两种来源，一种是虚拟机内部创建的线程，即“在后台执行任务”的线程，如垃圾回收的线程就是守护线程；另一种是创建 Thread 对象后，可以调用 Thread 类的 setDaemon 方法，指定该线程是守护线程。

守护线程是为用户线程服务的，当应用中没有任何用户线程运行时，虚拟机将退出。

18.8　本章小结

本章介绍了如何使用 Java 语言进行多线程编程。Java 语言对多线程编程提供了语言级别的支持。与线程有关的常用 API 是 Thread 类和 Runnable 接口。通常创建线程的方式有两种，即继承 Thread 类和实现 Runnable 接口，往往多采用实现 Runnable 接口的方式。当多线程共享资源时，往往需要使用 synchronized 关键字来对共享对象加锁。很多时候，某线程的运行需要一个前提条件，而这个前提条件需要在其他线程中完成，此时多线程之间就需要进行通信，线程通信的方法在 Object 类中定义，主要有 wait、notify 和 notifyAll 这 3 个方法。这 3 个线程通信方法必须在 synchronized 块中使用。另外本章还介绍了 Thread 类中的常用方法、死锁、守护线程等概念。

第19章 Java 网络编程

企业级应用往往都是基于网络的应用，可以分为C/S和B/S两种形式。其中C/S即Client/Server结构的应用，必须安装客户端程序才能使用，如QQ、MSN等都是C/S结构的应用；而B/S即Browser/Server结构的应用，如电子商务网站就是B/S结构的应用，客户端就是浏览器。使用Java语言既可以编写C/S结构的应用也可以编写B/S结构的应用。其中C/S结构的应用大多基于TCP/IP协议，而B/S结构的应用基于HTTP协议。本章将介绍如何在Java语言环境中进行基于TCP/IP协议的网络编程。

19.1 TCP/IP 概述

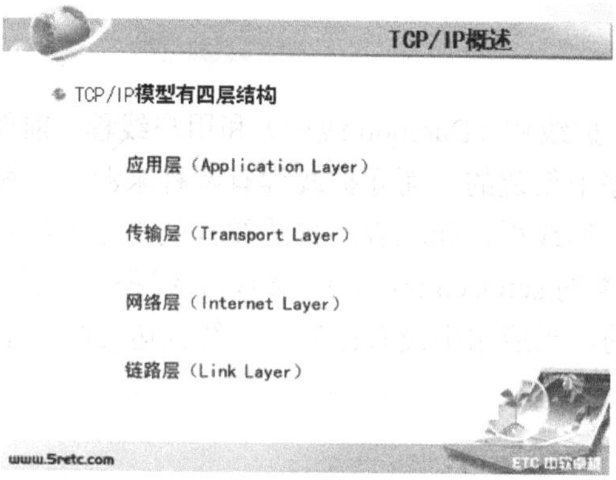

TCP/IP协议概述

要使用Java语言进行基于TCP/IP协议的网络编程，首先有必要了解TCP/IP模型，本节将对TCP/IP进行概述性介绍。TCP/IP模型是互联网的基础，想要理解互联网，就必须理解这个模型。TCP/IP模型是一系列网络协议的总称，这些协议的目的就是使计算机之间可以进行信息交换。所谓协议可以理解成计算机之间交谈的语言，每一种协议都有自己的目的。TCP/IP模型中有很多种协议，这些协议可以分为4层，被称为TCP/IP模型4层结构，如图19-1所示。

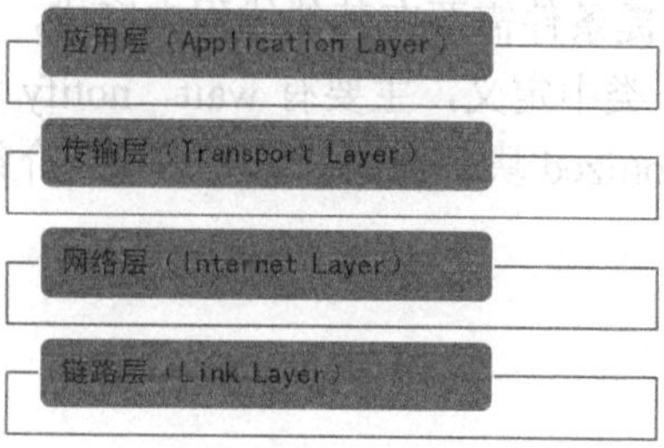

图19-1 TCP/IP模型4层结构

接下来介绍每层的主要作用。

1. 应用层

应用层（Application Layer）为用户提供所需要的各种服务，负责传送各种最终形态的数据，是直接与用户打交道的层，典型协议包含 HTTP、FTP 等。

2. 传输层

传输层（Transport Layer）为应用层实体提供端到端的通信功能，该层定义了两个主要的协议：传输控制协议（TCP）和用户数据报协议（UDP）。其中，TCP 提供的是一种可靠的、面向连接的数据传输服务；而 UDP 提供的是不可靠的、无连接的数据传输服务。

3. 网络层

网络层（Internet Layer）主要解决主机到主机的通信问题。该层有 4 个主要协议：网络协议（IP）、地址解析协议（ARP）、互联网组管理协议（IGMP）和互联网控制报文协议（ICMP）。其中，IP 是网络层最重要的协议。

4. 链路层

链路层（Link Layer）负责建立电路连接，是整个网络的物理基础，典型的协议包括以太网、ADSL 等。

通过了解 TCP/IP 模型的 4 层结构，可以总结出进行网络编程主要需要解决两个问题。第一个问题是如何在网络中找到一台或多台主机，第二个问题是当通信双方成功连接后，如何进行可靠的数据传输。第一个问题可以依靠网络层的 IP 解决，即提供主机的 IP 地址找到主机。第二个问题就要针对传输层进行编程，传输层主要的两个协议是 TCP 和 UDP。其中，TCP 是 Transfer Control Protocol 的简称，是一种面向连接的保证可靠传输的协议。通过 TCP 传输，得到的是一个顺序的、无差错的数据流。TCP 在网络通信上有极强的生命力，例如，远程连接（Telnet）和文件传输（FTP）都需要不定长度的数据被可靠地传输。但是可靠的传输是要付出代价的，对数据内容正确性的检验必然占用计算机的处理时间和网络的带宽，因此 TCP 传输的效率不如 UDP 高。UDP 是 User Datagram Protocol 的简称，是一种无连接的协议，每个数据报都是一个独立的信息，包括完整的源地址或目的地址，它在网络上以任何可能的路径传往目的地，因此能否到达目的地、到达目的地的时间以及内容的正确性都是不能被保证的。UDP 操作简单，而且仅需要较少的监护。例如，视频会议系统，并不要求音频/视频数据绝对正确，只要保证连贯性就可以了，这种情况下显然使用 UDP 会更合理一些。

19.2 使用 Socket 进行基于 TCP 的编程

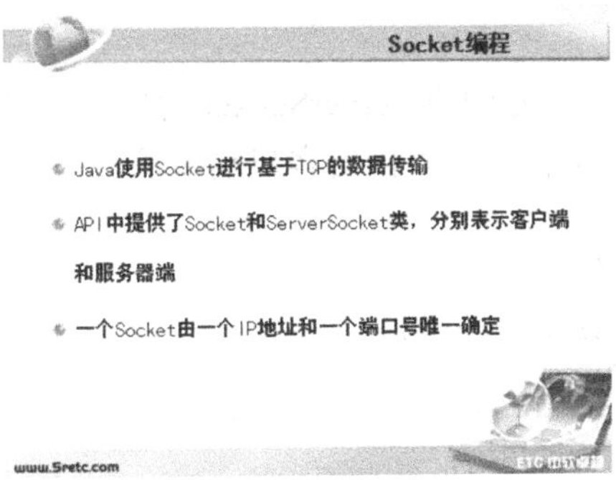

单客户端Socket编程

多客户端服务器

通过 19.1 节的学习可知，要使用 Java 进行网络编程，主要的编程对象就是传输层的 TCP 和 UDP。本节将介绍如何在 Java 语言中基于 TCP 编程。Java 语言中，往往使用 Socket 进行 TCP 编程。Socket 通常称为“套接字”，应用程序通常通过“套接字”向网络发出请求或者应答网络请求，一个 Socket 由一个 IP 地址和一个端口号唯一确定。

在 Java API 中的 java.net 包中，提供了 Socket 类和 ServerSocket 类，分别用来表示双向连接中的客户端和服务器端，是用来进行 Socket 编程的主要 API。Socket 类和 ServerSocket 类都提供了很多构造方法，可以方便地创建对象。如下代码所示：

```
Socket(InetAddress address, int port);
Socket(InetAddress address, int port, boolean stream);
Socket(String host, int prot);
Socket(String host, int prot, boolean stream);
Socket(SocketImpl impl)
Socket(String host, int port, InetAddress localAddr, int localPort)
Socket(InetAddress address, int port, InetAddress localAddr, int localPort)
ServerSocket(int port);
ServerSocket(int port, int backlog);
ServerSocket(int port, int backlog, InetAddress bindAddr)
```

上述构造方法中常用的参数有 address、host、port 等。其中，address 参数表示双向连接中另一方的 IP 地址，host 参数表示另一方的主机名，port 表示端口号。stream 指明 Socket 是流 Socket 还是数据报 Socket。

例如，可以使用如下代码创建 Socket 对象：

```
Socket socket=new Socket("127.0.0.1",5400);
```

上述代码中的“127.0.0.1”是客户端要连接的服务器的 IP 地址，5400 是客户端要连接的服务器的端口号。在选择端口时，必须小心。每个端口提供一种特定的服务，只有给出正确的端口，才能获得相应的服务。0~1023 的端口号为系统所保留，例如 HTTP 服务的端口号为 80，Telnet 服务的端口号为 21，FTP 服务的端口号为 23，所以在选择端口号时，最好选择一个大于 1023 的数值以防止与系统端口冲突。

可以使用如下代码创建 ServerSocket 对象：

```
try{
       ServerSocket server=null;
try{
       server=new ServerSocket(5400);
}catch(Exception e) {
       System.out.println("服务器启动出错");
}
}
```

上述代码中使用 5400 端口号创建 ServerSocket 对象。当服务器端启动了服务后，就可以接受客户端的请求。使用如下代码可以接受客户端请求：

```
Socket socket=null;
try{
       socket=server.accept();
}catch(Exception e) {
       System.out.println(e);
}
```

上述代码中使用 ServerSocket 类的 accept 方法接受客户端请求，并返回一个 Socket 对象。该 Socket 对象与客户端发出请求的 Socket 对象对应，可以用来进行数据传输。通过上面的介绍，已经了解了客户端如何发出请求以及服务器端如何接受请求，当通信双方成功建立连接后，就需要考虑双方如何进行数据传输。

Socket 编程中，数据传输主要依赖 Socket 类来获得输入及输出流。Socket 类中有两个方法用来获得输入流和输出流。

（1）InputStream、getInputStream()：获得当前 Socket 对象相关的输入流，可以进行读数据操作。

（2）OutputStream、getOutputStream()：获得当前 Socket 对象相关的输出流，可以进行写数据操作。

由于客户端总是创建一个 Socket 对象发出请求，而服务器端获得请求后总是返回一个 Socket 对象，所以在客户端和服务器端都可以使用 Socket 对象的 getInputStream 和 getOutputStream 方法获得通信中的输入流和输出流，进而进行数据传输。

下面使用实例演示 Socket 编程。首先创建客户端程序，如下代码所示：

```
public class TCPClient {
   public static void main(String[] args) {
       try{
           Socket socket=new Socket("127.0.0.1",5400);
           BufferedReader sin=new BufferedReader(new InputStreamReader
           (System.in));
           PrintWriter os=new PrintWriter(socket.getOutputStream());
           BufferedReader is=new BufferedReader(new InputStreamReader
           (socket.getInputStream()));
           String readline;
           readline=sin.readLine();
           while(!readline.equals("exit")){
               os.println(readline);
               os.flush();
               System.out.println("Client:"+readline);
               System.out.println("Server:"+is.readLine());
               readline=sin.readLine();
           }
           os.close();
           is.close();
           socket.close();
       }catch(Exception e) {
           System.out.println(e);
       }
   }
}
```

上述代码中首先创建了 Socket 对象，向 127.0.0.1 主机的 5400 端口服务发送请求，然后将用键盘输入的内容发送到服务器端，并接受服务器端发过来的信息。当输入 exit 时，客户端退出。

接下来创建服务器端程序，接受客户端请求，并进行数据传输。如下代码所示：

```
public class TCPServer {
   public static void main(String[] args) {
       try{
           ServerSocket server=null;
```

```
        try{
            server=new ServerSocket(4700);
        }catch(Exception e) {
            System.out.println("服务器启动出错");
        }
        Socket socket=null;
        try{
            socket=server.accept();
        }catch(Exception e) {
            System.out.println(e);
        }
        String line;
        BufferedReader is=new BufferedReader(new InputStreamReader
        (socket.getInputStream()));
        PrintWriter os=new PrintWriter(socket.getOutputStream());
        BufferedReader sin=new BufferedReader(new InputStreamReader(System.in));
        System.out.println("Client:"+is.readLine());
        line=sin.readLine();
        while(!line.equals("exit")){
            os.println(line);
            os.flush();
            System.out.println("Server:"+line);
            System.out.println("Client:"+is.readLine());
            line=sin.readLine();
        }
        os.close();
        is.close();
        socket.close();
        server.close();
        }catch(Exception e){
            System.out.println("Error:"+e);
        }
    }
}
```

上述代码中首先使用 accept 方法接受客户端请求，然后输出客户端发送的信息，并且将用键盘输入的内容也发送给客户端，输入 exit 后，服务器程序退出。运行结果如图 19-2 和图 19-3 所示。

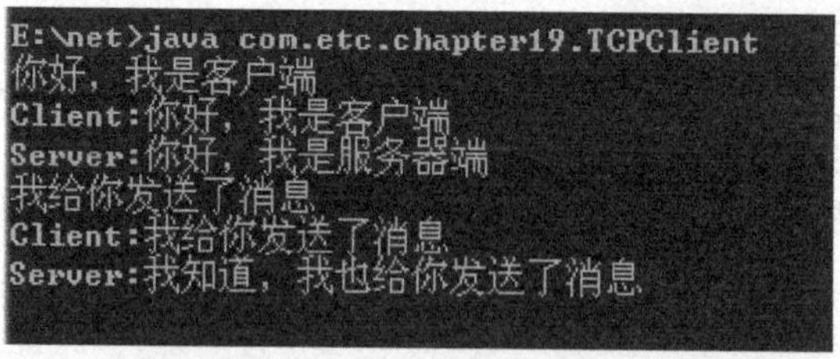

图 19-2　客户端程序运行结果

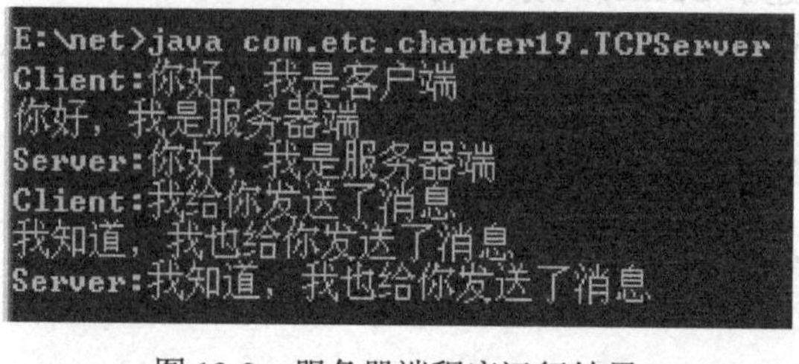

图 19-3　服务器端程序运行结果

19.3　使用 Datagram 进行基于 UDP 的编程

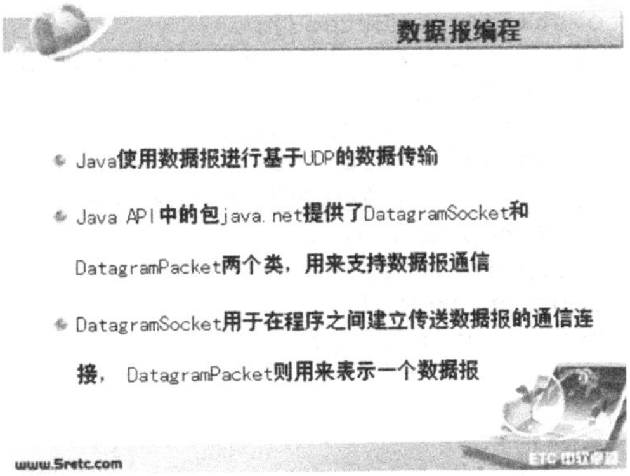
数据报编程
Java使用数据报进行基于UDP的数据传输
Java API中的包java.net提供了DatagramSocket和DatagramPacket两个类，用来支持数据报通信
DatagramSocket用于在程序之间建立传送数据报的通信连接，DatagramPacket则用来表示一个数据报
www.Sretc.com

19.2 节学习了在 Java 中如何使用 Socket 进行基于 TCP 的网络编程，除了 TCP 外，还有一种数据传输协议——UDP。Java 语言中使用数据报（Datagram）进行基于 UDP 的网络编程。数据报如同邮件系统，不能保证可靠的传输，而面向链接的 TCP 就好比打电话，双方能肯定对方接收到了信息。Java API 中，java.net 包提供了 DatagramSocket 和 DatagramPacket 两个类，用来支持数据报通信，DatagramSocket 用于在程序之间建立传送数据报的通信连接，DatagramPacket 则用来表示一个数据报。用数据报方式进行网络编程时，无论是客户端还是服务器端都要建立一个 DatagramSocket 对象，用来接收或发送数据报，然后使用 DatagramPacket 对象作为传输数据的载体。

DatagramSocket 类定义了构造方法，可以方便地创建该对象。构造方法如下所示：

```
DatagramSocket()
DatagramSocket(int prot)
DatagramSocket(int port, InetAddress laddr)
```

构造方法中的常用参数 port 表示端口，laddr 表示本地地址。

DatagramPacket 类定义了很多构造方法，可以很方便地构建对象。构造方法如下所示：

```
    DatagramPacket(byte buf[],int length);
    DatagramPacket(byte buf[], int length, InetAddress addr, int port);
    DatagramPacket(byte[] buf, int offset, int length) ;
    DatagramPacket(byte[] buf, int offset, int length, InetAddress address, int
port);
```

构造方法中的常用参数 buf 是一个数组，用来存放数据报数据，length 表示数据报中数据的长度，addr 和 port 表示目的地址和端口，offset 指明了数据报的位移量。

下面使用实例演示基于 UDP 的网络编程。首先创建客户端程序。发送数据报。如下代码所示：

```
public class UDPClient {
    public static void main(String[] args){
        try {
            DatagramSocket sendSocket=new DatagramSocket(3456);
            String string="Hello,I come form ICSS!";
            byte[] databyte=new byte[100];
            databyte=string.getBytes();
            DatagramPacket sendPacket=new DatagramPacket(databyte,string.
            length(), InetAddress.
            getByName ("127.0.0.1"),5000);
            sendSocket.send(sendPacket);
            System.out.println("发送数据:"+string);
        }catch (SocketException e) {
            System.out.println(e);
        }catch(IOException ioe) {
            System.out.println(ioe);
        }
    }
}
```

上述代码中首先创建DatagramSocket对象，用来发送数据报。将字符串“Hello,I come form ICSS!”封装成DatagramPacket对象，使用DatagramSocket对象发送给127.0.0.1主机的5000端口。

下面创建服务器端程序，用来接受客户端的数据报，并输出。如下代码所示：

```
public class UDPServer {
    public static void main(String[] args){
        try {
            DatagramSocket receiveSocket = new DatagramSocket(5000);
            byte buf[]=new byte[1000];
            DatagramPacket receivePacket=new DatagramPacket(buf,buf.
            length);
            System.out.println("startinig to receive packet");
            while (true){
                receiveSocket.receive(receivePacket);
                String name=receivePacket.getAddress().toString();
                System.out.println("来自主机："+name+"端口："
                +receivePacket.getPort());
                String s=new   String(receivePacket.getData(),0,
                receivePacket.getLength());
                System.out.println("接受数据："+s);
            }
        }catch (SocketException e) {
            e.printStackTrace();
            System.exit(1);
        }catch(IOException e) {
            System.out.println(e);
        }
    }
}
```

上述代码首先创建DatagramSocket对象用来接受数据报对象，然后使用其receive方法接受客户端的数据报，并进行输出。运行结果如图19-4和图19-5所示。

```
E:\net>java com.etc.chapter19.UDPClient
发送数据:Hello,I come form ICSS!
```

图 19-4　客户端程序运行结果

```
E:\net>java com.etc.chapter19.UDPServer
startinig to receive packet
来自主机：/127.0.0.1端口：3456
接受数据：Hello,I come form ICSS!
```

图 19-5　服务器端程序运行结果

19.4　本章小结

本章主要介绍了使用 Java 语言进行网络编程的相关知识。企业级的网络应用往往有 Client/Server 和 Browser/Server 两种结构，本章介绍了使用 Java 语言构建 Client/Server 结构应用的基础知识。TCP/IP 模型的 4 层结构中，定义了 TCP 和 UDP 两种主要传输协议，Java 语言中使用 Socket 进行 TCP 传输，而使用数据报进行 UDP 传输。本章通过实例演示了使用 Java 语言进行 Socket 编程以及数据报编程的基本步骤。

第 20 章 其他常用 API

除了前面章节介绍过的集合、输入/输出、线程等 API，JDK 中还有很多其他 API 经常在实际开发中使用，如日期、国际化、格式化等。本章将介绍这些常用的 API，通过实例演示这些 API 的作用和使用方法。

20.1 日期

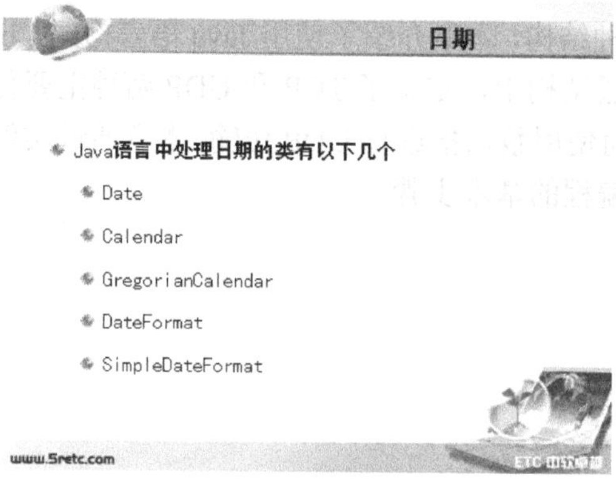

日期日历

日期是在实际应用开发中经常使用到的类型，Java 中的日期是比较复杂的一部分内容。API 中与日期有关的类主要有 Date、Calendar、GregorianCalendar、DateFormat 以及 SimpleDateFormat 5 个类，下面将学习每个类的具体使用方法。

1. java.util.Date 类

Date 类用来表示特定的瞬间，能够精确到毫秒。如下代码所示：

```
Date date=new Date();
System.out.println(date);
```

上述代码中使用 Date 类的无参构造方法创建对象 date，date 表示当前的系统时间，输出结果如下：

```
Tue May 31 10:09:55 CST 2016
```

Date 类中提供了很多 getXxx 方法获取 Date 对象中的具体信息，如 getMonth 方法返回对象中的月份信息。然而，目前 Date 类中大部分的构造方法以及方法都已经被废弃了，被 Calendar 类中的方法取代。

2. java.util.Calendar 类

Calendar 类是一个抽象类，是系统时间的抽象表示。由于日历与当前平台的时区等信息有关，所以 Calendar 是一个平台相关的类，类中提供了静态的 getInstance 方法可以返回当前平台下的 Calendar 实例。Calendar 类中定义了大量的静态常量，表示日历中的年、月、日等信息，如 YEAR、MONTH 等，值得注意的是，MONTH 从 0 开始编号。Calendar 类中定义了 get(int)方法，可以将时间中的年、月、日等信息返回。如下代码所示：

```
Calendar cal=Calendar.getInstance();
cal.setTime(new Date());
System.out.println(cal.get(Calendar.YEAR)+" 年 "+(cal.get(Calendar.MONTH)+1)
+" 月 "+cal.get(Calendar.DAY_OF_MONTH)+" 日 ");
```

上述代码中首先通过 Calendar 类中的 getInstance 方法返回当前平台相关的 Calendar 实例，然后通过 setTime 方法将当前系统时间封装给 Calendar 实例，最后通过 Calendar 中的 get 方法返回时间中的年、月、日信息并进行输出。输出结果如下：

```
2016 年 5 月 31 日
```

3. java.util. GregorianCalendar 类

GregorianCalendar 类是 Calendar 类的一个实现类，提供了世界上大多数国家使用的标准日历系统，可以结合 Calendar 抽象类使用。GregorianCalendar 类是一个具体类，所以可以使用类的任意构造方法进行实例化。如下代码所示：

```
GregorianCalendar gcal1=new GregorianCalendar(2016,5,1);
GregorianCalendar gcal2=new GregorianCalendar(Locale.CHINA);
System.out.println("gcal1: "+gcal1.get(Calendar.YEAR)+" "+gcal1.get (Calendar.
MONTH) +" "+gcal1.get(Calendar.DAY_OF_MONTH));
System.out.println("gcal2: "+gcal2.get(Calendar.YEAR)+" "+gcal2.get (Calendar.
MONTH) +" "+gcal2.get(Calendar.DAY_OF_MONTH));
```

上述代码中首先创建了两个 GregorianCalendar 对象，分别使用两种构造方法，第一种直接指定年、月、日信息，第二种通过 Locale 实例进行初始化。接下来使用 get(int)方法返回对象中的年、月、日信息。输出结果如下：

```
gcal1: 2016 5 1
gcal2: 2016 4 31
```

4. java.text. DateFormat 类

通过上面的实例可见，为了能够将日期按照一定格式输出，总是要进行比较复杂的转换。DateFormat 是一个用来对日期和时间类型进行转换的类，该类是一个抽象类，定义了日期时间格式化的通用方法 format，以与语言无关的方式格式化并分析日期、时间。DateFormat 提供了很多静态方法，可以获得基于默认或给定语言环境和多种格式化风格的格式化对象。格式化风格包括 FULL、LONG、MEDIUM 和 SHORT 4 种。

DateFormat 类中定义了多个静态方法，可以获得格式化对象。其中 getInstance 方法返回的 DateFormat 对象可以同时格式化时间和日期。如下代码所示：

```
DateFormat format1=DateFormat.getInstance();
System.out.println(format1.format(new Date()));
```

上述代码中首先通过 DateFormat 的 getInstance 方法返回该类实例，接下来调用 format 方法对当前系统日期时间进行格式化。输出结果如下：

```
16-5-31 下午 2:04
```

DateFormat 中还定义了多个 getDateInstance 方法，用来格式化日期信息，如 getDateInstance(int style, Locale aLocale)方法，可以指定格式化的风格以及 Locale 信息。如下代码所示：

```
DateFormat format2=DateFormat.getDateInstance(DateFormat.SHORT,Locale.US);
DateFormat format3=DateFormat.getDateInstance(DateFormat.LONG,Locale.CHINA);
DateFormat format4=DateFormat.getDateInstance(DateFormat.FULL,Locale.FRANCE);
DateFormat format5=DateFormat.getDateInstance(DateFormat.MEDIUM,Locale.JAPAN);
System.out.println(format2.format(new Date()));
System.out.println(format3.format(new Date()));
System.out.println(format4.format(new Date()));
System.out.println(format5.format(new Date()));
```

上述代码中使用 getDateInstance(int style, Locale aLocale)方法创建了 4 个 DateFormat 对象，指定了格式和 Locale，使用了 SHORT、LONG、FULL、MEDIUM 4 种格式以及美国、中国、法国、日本 4 个区域。输出结果如下：

```
5/31/16
2016年5月31日
mardi 31 mai 2016
2016/05/31
```

可见，格式化对象根据指定的风格不同以及区域不同，对日期进行了不同风格和形式的显示。

5. java.text. SimpleDateFormat 类

SimpleDateFormat 类是 DateFormat 类的子类，可以使用任何用户自定义的日期格式的模式进行格式化。用户自定义的模式使用一个字符串表示。如下代码所示：

```
SimpleDateFormat sdf1=new SimpleDateFormat("yyyy年MM月dd日 hh时mm分ss秒
EE", Locale.CHINA);
System.out.println(sdf1.format(new Date()));
```

上述代码中，首先使用 SimpleDateFormat 类的构造方法 SimpleDateFormat(String pattern, Locale locale)创建了对象，指定了格式模式为“yyyy 年 MM 月 dd 日 hh 时 mm 分 ss 秒 EE”，并指定了区域为中国。格式模式中的 y 表示年，M 表示月份，d 表示月份里的天数，h 表示小时，m 表示分钟，s 表示秒，E 表示星期。输出结果如下：

```
2016年05月31日 04时53分47秒 星期二
```

API 中定义了很多模式字母，用来表示不同的模式含义，如上述代码中的 y 表示年。模式字母如表 20-1 所示。

表 20-1 模式字母

字 母	含 义
y	年
M	月份
w	年中的周数
W	月中的周数
D	年中的天数
d	月中的天数
F	星期（数字）
E	星期（文本）
a	am/pm 标记
H	小时（0～23）
k	小时（1～24）
K	小时（0～11）
h	小时（1～12）
m	分钟
s	秒
S	毫秒
z	时区

有了这些模式字母，就可以根据实际情况编写模式字符串，如"h:mm a"表示按照类似“10:13 pm”这样的格式显示时间，如下代码所示：

```
SimpleDateFormat sdf2=new SimpleDateFormat("h:mm a");
System.out.println(sdf2.format(new Date()));
```

输出结果如下：

```
9:52 上午
```

因为上述代码中没有指定 Locale 信息，默认使用当前系统默认的区域信息，所以使用中文“上午”表示。可以修改代码指定特定的 Locale 信息，如下代码所示：

```
SimpleDateFormat sdf3=new SimpleDateFormat("h:mm a",Locale.US);
System.out.println(sdf3.format(new Date()));
```

上述代码中使用 Locale.US 指定使用美国区域信息。输出结果如下：

```
9:57 AM
```

20.2 国际化

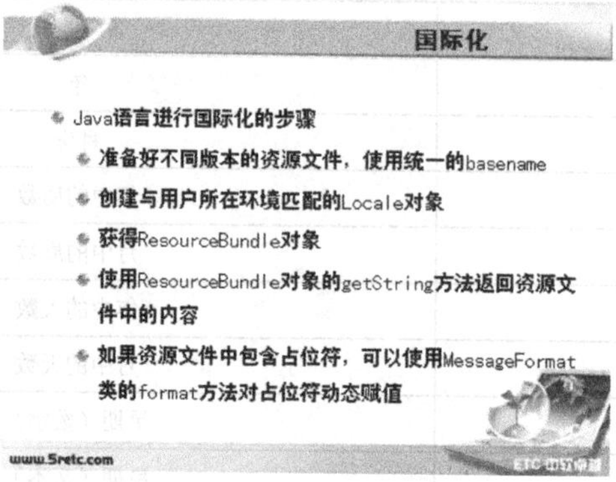

国际化支持

很多应用往往需要在不同语言环境以及不同地区使用，也就是说，不同环境和地区的用户访问应用时，应用程序必须使用用户能看懂的语言和符合用户文化习惯的方式来显示信息，这就需要进行国际化。国际化（Internationalization）是设计一个适用于多种语言和地区的应用的过程，有时候被简称为 i18n，因为有 18 个字母在国际化英文单词的字母 i 和 n 之间。

为了能够实现国际化，必须提供不同语言版本的资源文件。资源文件都是属性文件，后缀为.properties，内容都是键值对的形式。命名方式有以下 3 种：

（1）basename_language_country.properties；

（2）basename_language.properties；

（3）basename.properties。

其中 basename 是资源文件的基础名字，language 是语言简称，country 是国家简称，如 message_zh_CN.properties、message_en_US.properties 都是符合标准的命名方式，其中 message 是 basename，zh 和 en 是语言简称，CN 和 US 是国家简称。首先准备两个资源文件，资源文件中只包含一个键值对，键值是 msg，对应的值有两种语言版本，在 message_zh_CN.properties 文件中定义中文版本。如下代码所示：

```
#message_zh_CN.properties
msg=您好！欢迎来到 ETC!
```

在 message_en_US.properties 文件中定义英文版本。如下代码所示：

```
#message_en_US.properties
msg=Hello,welcome to ETC!
```

如果资源文件中包含非西方字符，如中文字符，可以使用 JDK 提供的工具 native2ascii 将资源文件中的字符转换成符合当前平台规范的 unicode 编码，避免乱码问题。使用如下命令格式，可以将 message_zh_CN.properties 文件转换成 temp.properties：

```
native2ascii message_zh_CN.properties temp.properties
```

通过上述命令将 message_zh_CN.properties 文件中的中文转换成了 unicode 编码，存到

temp.properties 文件中。代码如下所示：

```
#message_zh_CN.properties
msg=\u60A8\u597D\uFF01\u6B22\u8FCE\u6765\u5230ETC\uFF01
```

接下来把 temp.properties 内容覆盖到 message_zh_CN.properties 文件中，至此，已经准备好了两个资源文件，一个中文版本，一个英文版本，而且中文版本中的中文部分已经使用 native2ascii 工具转换成了 unicode 编码。

准备好了资源文件后，就可以使用 Java API 处理资源文件，实现国际化。Java API 中提供了 3 个与国际化有关的类。

（1）java.util.Locale：对应一个特定的国家/区域、语言环境。

（2）java.util.ResourceBundle：用于加载一个资源包，并从资源包中获取需要的内容。

（3）java.text.MessageFormat：用于将消息格式化，如动态为占位符赋值。

Locale 类用来封装一个特定区域的信息，包含语言环境、政治区域等，可以用来表示用户所在的区域。使用如下形式创建不同的 Locale 对象：

```
Locale cnLocale=new Locale("zh","CN");
Locale usLocale=new Locale("en","US");
```

上述代码中创建了两个 Locale 对象，其中 cnLocale 的语言环境是中文，区域是中国，usLocale 的语言环境是英语，区域是美国。

ResourceBundle 类提供了静态方法 getBundle，可以根据 Locale 对象以及资源文件的基础名字返回 ResourceBundle 对象。如下代码所示：

```
ResourceBundle rb1=ResourceBundle.getBundle("com/etc/chapter20/message",
cnLocale);
ResourceBundle rb2=ResourceBundle.getBundle("com/etc/chapter20/message",
usLocale);
```

上述代码中返回了两个 ResourceBundle 实例，其中 rb1 加载了已经定义的资源文件 message_zh_CN.properties，rb2 加载了资源文件 message_en_US.properties。接下来可以使用 ResourceBundle 类的 getString 方法，根据资源文件中的 key 值返回其 value 值。如下代码所示：

```
System.out.println("中文：  "+rb1.getString("msg"));
System.out.println("英文：  "+rb2.getString("msg"));
```

输出结果如下：

```
中文：您好！欢迎来到 ETC！
英文：Hello,welcome to ETC!
```

通过输出结果可见，rb1.getString 方法返回了 message_zh_CN.properties 文件中的 msg 值，而 rb2.getString 方法返回了 message_en_US.properties 文件中的 msg 值，实现了根据不同 Locale 信息而使用不同资源文件的功能。

上述实例中的资源文件内容都是静态内容，很多时候资源文件中的内容需要动态获取，可以使用占位符来表示动态内容，例如 copyright_zh_CN.properties 文件：

```
copyright=作者：{0}  所在公司：{1}
```

其中作者名字以及公司名字需要在使用时动态传递，{0}和{1}是两个占位符。要为占位符动态赋值，就需要使用 MessageFormat 类的 format(String pattern, Object... arguments)方法。如下代码所示：

```
Locale cnLocale=new Locale("zh","CN");
ResourceBundle rb=ResourceBundle.getBundle("com/etc/chapter20/copyright",
cnLocale);
String msg=rb.getString("copyright");
System.out.println("版权信息："+MessageFormat.format(msg, "王晓华","中软国际
"));
```

上述代码中首先返回 copyright_zh_CN.properties 中的 copyright 值，然后使用 MessageFormat 类的 format 方法动态为资源文件中的占位符赋值，将第一个占位符赋值为“王晓华”，第二个占位符赋值为“中软国际”。输出结果如下：

```
版权信息：作者：王晓华  所在公司：中软国际
```

通过上面的学习，已经熟悉了 Java 中国际化相关 API 的使用，下面总结 Java 国际化的基本步骤。

（1）准备好不同版本的资源文件，使用统一的 basename，如 message_zh_CN.properties、message_en_US.properties。如果资源文件中包含非西方字符，可使用 JDK 的 native2ascii 工具进行转换。

（2）创建与用户所在环境匹配的 Locale 对象。

（3）根据资源文件的 basename 和需要使用的 Locale 对象，获得 ResourceBundle 对象。

（4）使用 ResourceBundle 对象的 getString 方法返回资源文件中的内容。

（5）如果资源文件中包含占位符，可以使用 MessageFormat 类的 format 方法对占位符动态赋值。

20.3 格式化

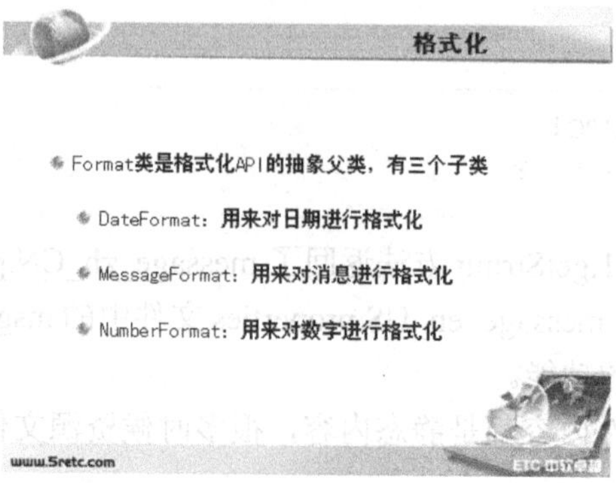
格式化
Format类是格式化API的抽象父类，有三个子类
DateFormat：用来对日期进行格式化
MessageFormat：用来对消息进行格式化
NumberFormat：用来对数字进行格式化
www.5retc.com
ETC 中软卓越

应用中常常需要使用到一些与本地相关的信息，如日期、数字、消息等。为了能够保证不同区域用户访问应用时都能够看到符合自己习惯的显示格式，Java API 中提供了格式化相关的 API。

java.text.Format 类是一个抽象类，定义了将对象格式化为字符串以及把字符串转换为对象的方法，其中 format(Object obj)方法可以将对象格式化为字符串，同时提供了方法 parseObject(String source)可以将字符串转换为对象。Format 类有 3 个子类，分别负责不同对象的格式化。

（1）DateFormat：用来对日期进行格式化，具体使用参考 20.1 节。

（2）MessageFormat：用来对消息进行格式化，具体使用参考 20.2 节。

（3）NumberFormat：用来对数字进行格式化。

DateFormat 和 MessageFormat 都已经在前面章节中学习过了，本节主要学习 NumberFormat 的使用。NumberFormat 是一个抽象类，定义了对数字进行格式化的规范。NumberFormat 类定义了多个静态方法，可以返回 NumberFormat 实例，如 getPercentInstance(Locale inLocale)方法返回一个可以将数字根据 Locale 信息格式化为百分数的 NumberFormat 实例，getCurrencyInstance(Locale inLocale)方法返回一个可以根据 Locale 信息将数字格式化为货币格式的 NumberFormat 实例。如下代码所示：

```
NumberFormat nf1=NumberFormat.getPercentInstance(new Locale("zh","CN"));
NumberFormat nf2=NumberFormat.getCurrencyInstance(new Locale("zh","CN"));
NumberFormat nf3=NumberFormat.getCurrencyInstance(new Locale("en","US"));
System.out.println("把 0.31 按照百分数格式显示： "+nf1.format(0.31));
System.out.println("把 50 用中国货币格式显示： "+nf2.format(50));
System.out.println("把 50 用美国货币格式显示： "+nf3.format(50));
```

上述代码中首先使用 getPercentInstance 方法返回一个能够将数字格式化为百分数的 NumberFormat 实例，然后使用 getCurrencyInstance 方法返回两个能够将数字格式化为货币格式的 NumberFormat 实例，并分别使用中国和美国区域信息。接下来使用 NumberFormat 中的 format 方法对数字进行格式化。输出结果如下：

```
把 0.31 按照百分数格式显示： 31%
把 50 用中国货币格式显示： ￥50.00
把 50 用美国货币格式显示： $50.00
```

可见，通过使用 NumberFormt 进行格式化，数字都按照不同格式进行显示，而且能够根据不同的 Locale 显示与区域相关的格式。

NumberFormat 是一个抽象类，有两个子类。

（1）ChoiceFormat：用来将数字与字符串对应起来，常常结合 MessageFormat 使用。

（2）DecimalFormat：用来将十进制数进行格式化。

ChoiceFormat 类可以通过构造方法实例化，而不是使用 getXxx 方法获得实例。如下代码所示：

```
double[] limits = {1,2,3,4,5,6,7};
String[] names = {"Sun","Mon","Tue","Wed","Thur","Fri","Sat"};
```

```
ChoiceFormat form = new ChoiceFormat(limits, names);
for (int i = 0; i < 7; ++i) {
    System.out.println(limits[i] + " -> " + form.format(limits[i]));
}
```

上述代码中首先创建了两个数组，一个是数字数组 limits，另一个是字符串数组 names，然后使用这两个数组创建 ChoiceFormat 对象 form。代码中最后使用 for 循环遍历数组，并使用 format 方法对 limits 数组中的数字进行格式化，返回 names 数组中对应的字符串。输出结果如下：

```
1.0 -> Sun
2.0 -> Mon
3.0 -> Tue
4.0 -> Wed
5.0 -> Thur
6.0 -> Fri
7.0 -> Sat
```

DecimalFormat 可以使用用户自定义的模式来格式化十进制数字。API 中定义了一系列的模式字符，如表 20-2 所示。

表 20-2　模式字符

字　符	含　义
0	数字
#	数字，0 不显示
.	十进制分隔符或货币分隔符
-	减号
,	分组符
E	科学计数法中分离尾数和指数
;	分开正负子模式
%	乘 100，使用百分数表示
\u2030	乘 1000，以千为单位显示
\u00A4	通货符号
'	引特殊字符

使用表 20-2 中的模式字符，用户可以根据需要编写模式，如"#.00"表示保留小数点后两位，不足两位用 0 补齐。如下代码所示：

```
double temp=2356.98712;
java.text.DecimalFormat df =new java.text.DecimalFormat("#.00");
String value=df.format(temp);
System.out.println(value);
```

上述代码中，使用“#.00”模式创建 DecimalFormat 对象，然后使用 format 方法格式化数字 2356.98712，结果只保留小数点后两位数，输出 2356.99。

20.4　大数据类型

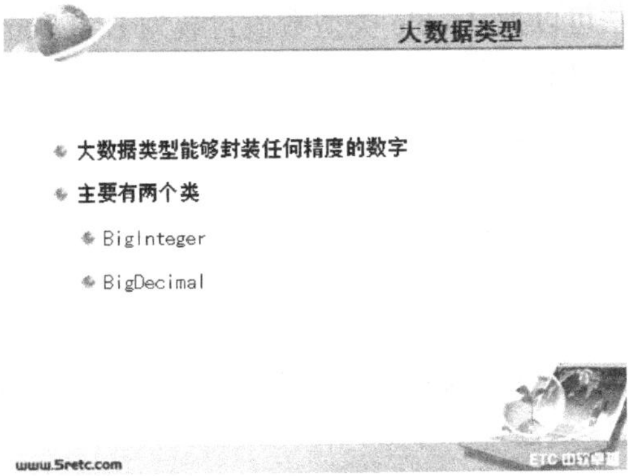

大整数

Java 语言中可以使用基本数据类型表示数字，如 int、double、float。然而，由于基本数据类型都有固定的长度，例如，int 表示 32 位长度的整数，如果超过该范围，就将失去精度。如下代码所示：

```
int a , b ;
a=1000000000;
b=400000;
System.out.println("a*b="+a*b);
```

上述代码中的变量 a 与变量 b 相乘的值为 400000000000000，超过了 int 的取值范围，所以输出结果将只保留 32 位的值，损失一定的精度。输出结果如下：

```
a*b=1105788928
```

可见结果并不是 400000000000000，而是损失了一定精度后的 1105788928。另外，在对浮点数进行运算时，也常常会出现不准确的情况。如下代码所示：

```
double d1=1.3;
double d2=1.4;
System.out.println(d1+d2);
```

上述代码中对 1.3 和 1.4 进行加的运算，输出结果是 2.7。然而，数值在内存中都以二进制形式存在，1.3 和 1.4 相加的准确结果肯定不是 2.7。为了解决上面提到的问题，Java API 中定义了 BigInteger、BigDecimal 类，用来封装任意精度的数值，被称为大数据类型。

BigInteger 类封装任意精度的整型数值，类中提供了很多构造方法，其中 BigInteger(String) 方法可以将一个内容为整数的字符串封装为 BigInteger，并提供了进行数学运算的方法。修改上面的第一段代码，如下所示：

```
BigInteger ai=new BigInteger("1000000000");
BigInteger bi=new BigInteger("400000");
System.out.println("ai*bi="+ai.multiply(bi));
```

上述代码中将 1000000000 和 400000 封装为 BigInteger 对象，然后使用 BigInteger 类中的 multiply 方法进行乘法运算，输出结果为 400000000000000，可见虽然结果超过了整型的范围，但是依然没有损失精度。

BigDecimal 类可以封装任意精度的有符号数，包括整数和浮点数。类中提供了很多构造方法，其中 BigDecimal(double)方法可以把 double 类型数值封装为 BigDecimal 对象，从而进行精确计算。修改上面第二段代码，如下所示：

```
double d1=1.3;
double d2=1.4;
BigDecimal bd1=new BigDecimal(d1);
BigDecimal bd2=new BigDecimal(d2);
System.out.println(bd1.add(bd2));
```

上述代码中将 1.3 和 1.4 封装为 BigDecimal 对象，然后使用 BigDecimal 类中的 add 方法进行加运算。输出结果如下所示：

```
2.6999999999999999555910790149937383830547332763671875
```

可见，使用 BigDecimal 类封装浮点数并进行运算后，1.3 与 1.4 相加得到的是一个精确值。

20.5 反射

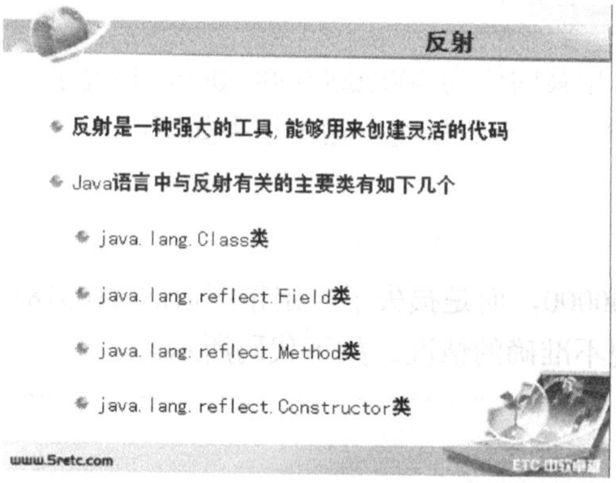

反射的概念和作用

反射是一种强大的工具，能够用来创建灵活的代码，这些代码可以在运行时装配，而不需要在源代码中就指定具体信息。Java 语言对反射提供了支持，利用反射机制能够实现很多动态的功能，例如在运行期判断一个对象有哪些方法、动态为对象增加成员、运行期调用任意对象的任意方法等。Java 语言中与反射有关的主要类有如下几个。

（1）java.lang.Class 类：表示一个类，是反射 API 中最重要的一个类，使用反射往往都是从 Class 类开始的。该类中定义了很多方法，可以操作类的属性、方法、构造方法等。

（2）java.lang.reflect.Field 类：表示类的成员变量，用来反射类中的成员变量，包括实例变量和静态变量。

（3）java.lang.reflect.Method 类：表示类的方法，用来反射

Class类　　Field类

类中的方法，可以动态执行方法体，获得方法声明信息等。

（4）java.lang.reflect.Constructor 类：表示类的构造方法，可以动态创建实例、获得构造方法声明信息等。

Method类

Constructor类

使用 Java 语言的反射功能，往往从 Class 类开始，该类中封装了获得其他对象的方法，如 getField(String name)方法可以根据变量名返回 Field 对象；getMethod(String name, Class... parameterTypes)方法可以根据方法名和参数类型返回 Method 对象；getMethods()方法返回 Class 中的所有方法，封装到 Method[] 数组中。要使用 Class 类，首先需要创建 Class 类的对象，有以下 3 种方式，可以获得 Class 对象。

1. 使用 Object 类中的 getClass 方法

Object 类中定义了 getClass 方法，可以返回实例的 Class 对象，任何类的对象都可以使用这个方法返回对应的 Class 实例。如下代码所示：

```
String s="hello";
Class<String> clazz=(Class<String>) s.getClass();
```

上述代码中首先创建了 String 类的实例 s，然后调用 getClass 方法返回实例的 Class 对象 clazz。

2. 使用 Class 类的 forName 方法

如果需要根据类名返回该类的 Class 对象，那么可以使用 Class 类中的静态方法 forName 返回该类的 Class 实例。如下代码所示：

```
try {
      Class clazz2=Class.forName("java.lang.String");
} catch (ClassNotFoundException e) {
      e.printStackTrace();
}
```

上述代码中使用 Class.forName("java.lang.String")返回 String 类的 Class 对象。

3. 使用“类名.class”形式返回 Class 实例

如果已知某个类的具体名字，需要返回该类的 Class 实例，只需要使用“类名.class”形式即可。如下代码所示：

```
Class clazz3=java.lang.String.class;
```

上述代码中直接使用 java.lang.String.class 形式返回 String 类的 Class 对象。

通过上面的 3 种方式，可以在不同情况下返回类的 Class 实例。有了 Class 实例后，就可以调用 Class 类中的方法，返回 Field、Method、Constructor 等对象，进一步动态操作类中的变量、方法以及构造方法等。下面通过一个实例演示反射 API 的使用，在类 MethodInvoker 中声明方法 execute，该方法可以根据类名、方法名以及方法参数动态调用某个方法。如下代码所示：

```
public class MethodInvoker {
  public Object execute(String className, String methodName, Object args[]) {
```

```
        Object results = null;
        try {
            Class clazz = Class.forName(className);
            Method method = null;
            for (int i = 0; i < clazz.getMethods().length; i++) {
                method = clazz.getMethods()[i];
                if(methodName.equals(method.getName())) {
                    results = method.invoke(clazz.newInstance(), args);
                    break;
                }
            }
        } catch (Exception e) {
            e.printStackTrace();
        }
        return results;
    }
}
```

上述代码中的execute方法，声明了类名、方法名、方法参数数组3个形式参数，方法中首先通过类名返回Class实例clazz，然后通过Class类的getMethods方法返回类中的所有方法。接下来，迭代返回的方法数组，找到与参数中方法名匹配的方法，调用Method类的invoke方法执行该方法。invoke方法需要两个参数，一个是该类的实例，另一个是方法参数，其中类的实例使用Class对象的newInstance方法返回。execute方法最终调用了一个指定类的指定方法，并返回该方法的返回值。

接下来，创建类Calculator以测试execute方法的使用。如下代码所示：

```
public class Calculator {
    public int add(Integer x,Integer y){
        return x+y;
    }
    public int minus(Integer x,Integer y){
        return x-y;
    }
}
```

上述类中实现了两个整数相加以及两个整数相减的方法。下面使用MethodInvoker类的execute方法动态调用Calculator类的方法。如下代码所示：

```
Integer z=(Integer)MethodInvoker.execute("com.etc.chapter20.Calculator",
"add", new Integer[]{20,10});
Integer m=(Integer)MethodInvoker.execute("com.etc.chapter20.Calculator",
"minus", new Integer[]{20,10});
System.out.println(z);
System.out.println(m);
```

上述代码中，通过类名、方法名、方法参数动态调用了Calculator类的add方法和minus方法，输出结果如下：

```
30
10
```

通过上面的实例可见，类 MethodInvoker 中的 execute 方法，可以根据需要动态调用任何类的任何方法，非常灵活。如果不使用反射 API，没有办法实现这样的功能。

反射是构建灵活应用的主要工具，目前很多流行的 JavaEE 框架都使用到了反射技术，如 Spring 框架等。

20.6　本章小结

本章主要介绍了一系列常用的 Java API，包括 Java 中的日期时间处理、国际化处理、格式化处理、Java 中的大数据类型以及反射 API 的使用。每一部分 API 都非常复杂，本章没有“面面俱到”地讲述每个细节，而是列出实际应用开发中最常用的功能进行学习并演示，帮助读者快速掌握最常用的功能。

第21章

第四部分自我测试

1．用简单代码演示使用 Runnable 接口并利用匿名内部类的语法，创建线程、启动线程的方法。

2．List 和 Set 有什么联系和区别？

3．如何将 List 对象转换成数组对象？

4．HashSet 和 TreeSet 有什么区别？

5．Java 语言中的 File 类表示文件还是目录？

6．启动线程对象使用 start 方法还是 run 方法？

7．Collection 和 Collections 有什么区别？

8．Runnable 接口有什么作用？

9．InputStream 和 OutputStream 有什么区别？

10．ArrayList 与 Vector 有什么区别？

11．Thread 类的 join 方法有什么作用？

12．Collection 接口有哪几个常用的子接口？

13．HashMap 和 Hashtable 有什么区别？

14．wait 和 join 方法有何区别？

15．Java IO 流中，有一些流用来直接封装数据源，称为节点流。请列出至少 3 种节点流类名。

16．内部类是否可以继承其他类？是否可以实现其他接口？

17．Java API 中，实现动态数组和链表的类分别是哪个？

18．Java IO 中，字节流和字符流有什么区别？其父类分别是哪个？

19．synchronized 关键字有什么作用？请说明其用法。

20．wait/notify/notifyAll 定义在哪个类中？实现什么功能？

21．请写出至少两种遍历 ArrayList 对象的方法。

22．线程间的通信如何实现？

23．sleep、wait、join 分别有什么作用？

24．Properties 类是 Map 的实现类吗？主要作用是什么？

25．BufferedReader 是常用的 IO 流，请说明其作用。

第五部分

特性总结

在 JavaSE 的发展历程中，每个版本都有一些重大飞跃。本部分将总结在 JDK 发展过程中增加的一些特性，包括泛型、枚举、可变参数等。在学习这些特性时，不仅要了解每种特性的作用、使用方法，更重要的是要掌握每种特性的适用场合，避免对性能、可读性等方面的影响。

第 22 章 泛型

在集合的章节中，为了能够顺利学习集合 API，已经对泛型做了基本介绍。泛型是 Java 中非常重要的一个特性，本章将系统学习泛型（Generic Type）的相关知识点。

22.1 泛型介绍

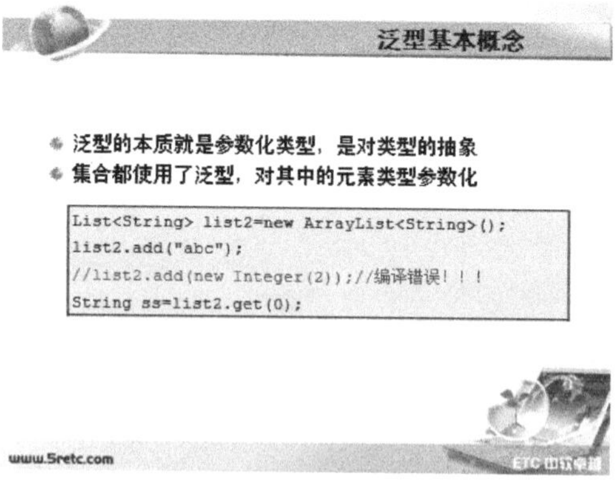

泛型的本质就是参数化类型，是对类型的抽象，JDK 5.0 以后版本的集合框架中大量使用了泛型。为了能够深入理解泛型的作用，首先看一下 JDK 5.0 以前版本中没有使用泛型时，集合类的使用方法。如下代码所示：

```
List list1=new ArrayList();
list1.add("abc");
list1.add(new Integer(1));
String s=(String)list1.get(0);
```

上述代码中的 ArrayList 是一个非泛型类，对象 list1 可以保存任何 Object 类型元素。可见，list1 对象中可以加入任何类型的对象，可以是字符串，也可以是 Integer 对象。从 list1 中获取元素后，也必须强制转换成特定类型，代码非常烦琐。实际使用过程中，一个集合中存储不同类型元素的情况是很少见的，往往集合对象中都存储某种特定类型的元素。JDK 5.0 以后版本中的集合都使用了泛型，对其中的元素类型参数化。如下代码所示：

```
List<String> list2=new ArrayList<String>();
list2.add("abc");
// list2.add(new Integer(2));//编译错误!!!
String ss=list2.get(0);
```

上述代码中使用到了泛型类 ArrayList<E>，list2 对象是一个泛型的集合对象，指定其元素类型为 String，因此只能将 String 类型对象存储到 list2 中，如果添加其他类型元素将有编译错误。另外，由于 list2 中的元素类型为 String，所以获取 list2 中的元素后，无须进行类型转换，可以直接返回 String 类型。

22.2 定义简单泛型类

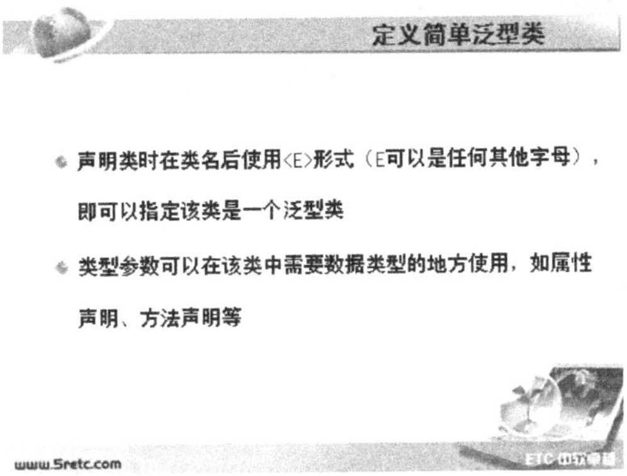
定义简单泛型类
声明类时在类名后使用<E>形式（E可以是任何其他字母），
即可以指定该类是一个泛型类
类型参数可以在该类中需要数据类型的地方使用，如属性
声明、方法声明等
www.5retc.com

泛型类

API 中有大量的泛型类、泛型接口等，如 22.1 节使用的集合框架中的类和接口就是典型的泛型类与泛型接口。本节将学习如何自定义简单的泛型类。定义泛型类，语法与非泛型类大致相同。只需要在声明类时在类名后使用<E>（E 可以是任何其他字母）的形式指定该类是一个泛型类，E 称为类型参数（Type Parameter），类型参数可以在该类中需要数据类型的地方使用，如属性声明、方法声明等。在具体使用该类时，E 可以使用任何一个具体类型替代。如下代码所示：

```
package com.etc.chapter22;
public class GenClass<E> {
    private E attr;
    public GenClass(E attr){
        this.attr=attr;
    }
    public E getAttr() {
        return attr;
    }
    public void setAttr(E attr) {
        this.attr = attr;
    }
    public static void main(String[] args) {
        GenClass<String> g1=new GenClass<String>("hello");
        System.out.println(g1.getAttr());
        GenClass<Integer> g2=new GenClass<Integer>(new Integer(100));
        System.out.println(g2.getAttr());
    }
}
```

上述代码声明了 GenClass 类，在类名后使用<E>指定了该类是一个泛型类，E 被称为类型参数。类型参数 E 在 GenClass 类中的属性声明、方法声明中都进行了使用。创建泛型类

GenClass<E>的对象时，必须指定类型参数 E 的具体类型。上述代码中创建了两个对象 g1 和 g2，其中 g1 的泛型类型是 String，g2 的泛型类型是 Integer。运行结果如下：

```
hello
100
```

22.3 泛型与继承

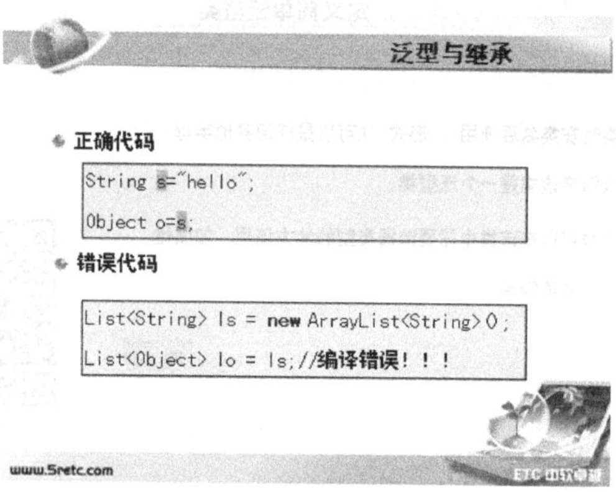

继承是面向对象的基本特征，然而在使用泛型时，非常容易错误地使用继承。本节将具体介绍泛型中的继承。Object 类是所有类的父类，所以下面的代码是正确的：

```
String s="hello";
Object o=s;
```

然而下面的代码却有编译错误：

```
List<String> ls = new ArrayList<String>();
List<Object> lo = ls;//编译错误!!!
```

上述代码中的第一行是正确的，编译错误出现在第二行。也就是说，一个泛型类型为 String 的 List 并不是一个泛型类型为 Object 的 List 的子类型，这与很多人的直觉是相反的。可以用反向推导的方式来理解这个问题。假设一个 String 的 List 是一个 Object 的 List，那么如下代码就应该成立：

```
lo.add(new Object());
String str=lo.get(0);
```

然而，很显然不能够把一个 Object 对象转换成一个 String 对象。所以这个假设并不成立。也就是说，一个 String 的 List 并不是一个 Object 的 List。总之，如果 Foo 是 Bar 的一个子类型（子类或者子接口），而 G 是某种泛型声明，那么 G<Foo>是 G<Bar>的子类型并不成立。

22.4　通配符

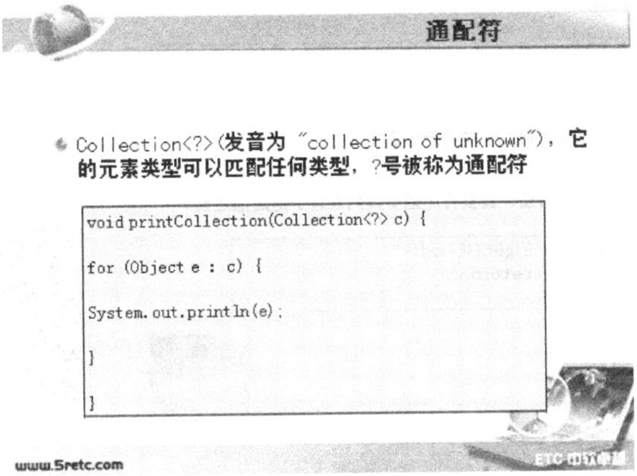

22.3 节介绍了泛型中的继承关系，可以了解到 Collection<Object>并不是任何类型的 Collection 的父类。那么什么是各种 Collection 类的父类呢？它写为 Collection<?>（发音为 collection of unknown），它的元素类型可以匹配任何类型，?号被称为通配符。如下代码所示：

```
void printCollection(Collection<?> c) {
    for (Object e : c) {
        System.out.println(e);
    }
}
```

上述代码中的 printCollection 方法参数是 Collection<?>，即所有类型的 Collection 对象，其中?称为通配符。这种用法的?是没有任何限制的，表示任何类型。而很多时候，可能会使用有限制的通配符。如下代码所示：

```
class Shape{}
class Circle extends Shape{}
class Rectangle{}
public class TestWildCards {
    public void test(List<? extends Shape> shape){
    }
}
```

其中 test 方法的参数是 List<?extends Shape>类型，通配符?被限制为 Shape 的子类类型。由于 Circle 和 Rectangle 类是 Shape 类的子类，所以 Test 方法可以接收 List<Circle>和 List< Rectangle >类型的对象。

22.5 泛型方法

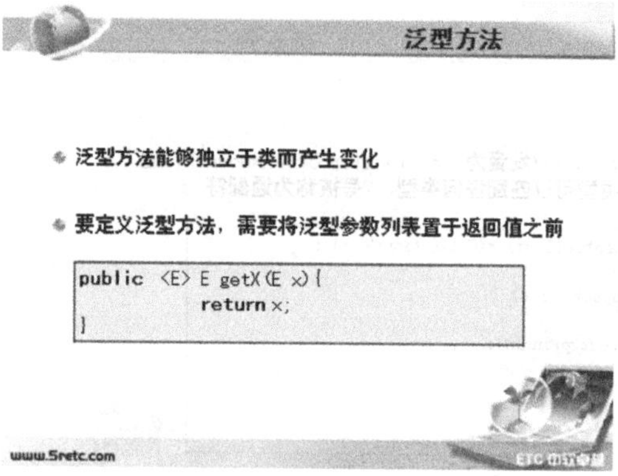

泛型方法

前面章节中的泛型，都是应用于整个类上，是在类声明的时候指定了类型参数。同样可以在类中包含参数化方法，即泛型方法，而泛型方法所在的类可以是泛型类，也可以不是泛型类。泛型方法能够独立于类而产生变化。要定义泛型方法，只要将泛型参数列表置于返回值之前即可。如下代码所示：

```
package com.etc.chapter22;
public class GenMethod {
    public  <E> E getX(E x){
        return x;
    }
    public static void main(String[] args) {
        GenMethod gm=new GenMethod();
        System.out.println(gm.getX(new String("hello,etc!")));
        System.out.println(gm.getX(new Integer(10)));
    }
}
```

上述代码中的类并不是泛型类，而其中的getX方法是一个泛型方法，在方法声明时指定了泛型类型列表，该方法可以独立于类而变化。在使用getX方法时，可以指定类型参数E的具体类型，上述代码中分别使用了String和Integer类型。运行结果如下：

```
hello,etc!
10
```

22.6 本章小结

泛型（Generic Type）是一个重要特性。本章对泛型中一些关键概念进行了介绍。首先通过介绍泛型在集合中的使用以辅助理解泛型的作用，然后对泛型中的继承、泛型中的通配符、泛型方法等相关知识点逐一进行了学习。

第 23 章 枚举

在 JDK 5.0 以前的版本中，Java 应用中要么是类（class）要么是接口（interface）。而 JDK 5.0 以后版本中增加了一个新的类型——枚举，使用关键字 enum 来表示。本章将介绍枚举的使用。

23.1 为什么使用枚举

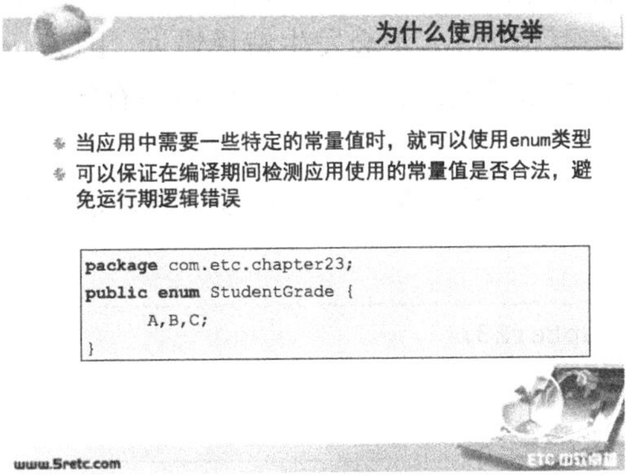

为什么使用枚举
当应用中需要一些特定的常量值时，就可以使用enum类型
可以保证在编译期间检测应用使用的常量值是否合法，避免运行期逻辑错误
package com.etc.chapter23;
public enum StudentGrade {
A,B,C;
}
www.5retc.com

为了能更好地理解枚举的概念，本节将使用简单例子，说明为什么要使用枚举。实际应用中，往往需要使用一些静态常量值，例如，某应用中的学生对象有一个“等级”属性，等级的值有且仅有 3 个值：“A”、“B”、“C”，可以使用一个类来定义这 3 个静态常量。如下代码所示：

```
package com.etc.chapter23;
public class Grade {
    public static final String A ="A";
    public static final String B="B";
    public static final String C="C";
}
```

上述代码的 Grade 类中，定义了 3 个字符串常量，表示成绩级别，在 Student 类中使用，如下代码所示：

```
package com.etc.chapter23;
public class Student {
```

```
    private String name;
    private String grade;
    public Student1(String name) {
        super();
        this.name = name;
    }
    public String getGrade() {
        return grade;
    }
    public void setGrade(String grade) {
        this.grade = grade;
    }
    public static void main(String[] args){
        Student1 stu1=new Student1("Kate");
        stu1.setGrade(Grade.A);
        stu1.setGrade("E");
    }
}
```

上述代码中的 Student 类有一个属性 grade，类型为 String。grade 的有效值都在 Grade 类中使用静态常量进行了定义，有且只有“A”、“B”、“C” 3 个值。然而，上述代码中却使用setGrade("E")将 grade 属性值赋值为 E，不会发生编译错误。因为 grade 属性类型是 String，那么随意指定字符串值都能够编译通过，如果指定的值不是有效值，将导致逻辑错误，然而在编译期却无法检测到。

要解决这个问题，就可以使用枚举类型。枚举是一种新的类型，使用 enum 关键字声明。如下代码所示：

```
package com.etc.chapter23;
public enum StudentGrade {
    A,B,C;
}
```

上述代码中声明了枚举 StudentGrade，并定义了 3 个值“A”、“B”、“C”，要使用枚举中的值，可以使用“枚举名称.枚举值”的形式调用。枚举 StudentGrade 可以作为一种类型使用。如下代码所示：

```
package com.etc.chapter23;
public class Student {
    private String name;
    private StudentGrade grade;
    public Student(String name) {
        super();
        this.name = name;
    }
    public StudentGrade getGrade() {
        return grade;
    }
    public void setGrade(StudentGrade grade) {
        this.grade = grade;
    }
    public static void main(String[] args){
        Student stu=new Student("Alice");
        stu.setGrade(StudentGrade.A);
```

```
        stu.setGrade("B");//编译错误!!!!!
        stu.setGrade("E");//编译错误!!!!!
    }
}
```

上述代码中，Student 类的属性 grade 不再是 String 类型，而是枚举 StudentGrade 类型。枚举值不是字符串，因此使用 stu.setGrade("B")或者 stu.setGrade("E")赋值时都将发生编译错误。只能通过 StudentGrade 的枚举值来赋值，grade 的属性值能且只能被赋值为 A、B、C 中的一个，否则将有编译错误。使用枚举后，就能成功解决静态常量属性值不可控的问题。

总而言之，当应用中需要一些特定的常量值时，就可以使用 enum 类型，可以保证在编译期间检测应用使用的常量值是否合法，避免运行期出现逻辑错误。

23.2　枚举的创建

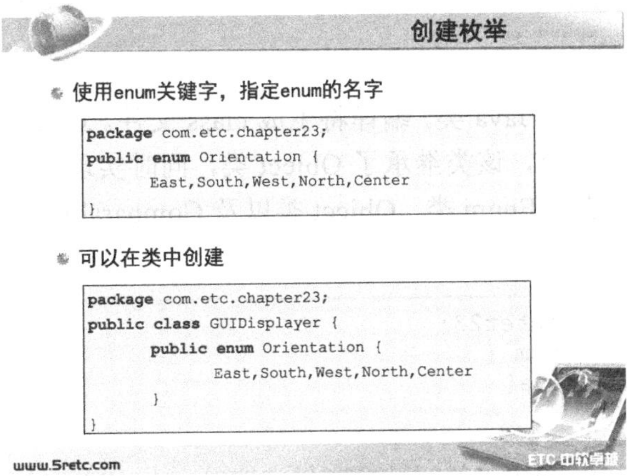

枚举的创建很简单，使用 enum 关键字进行声明，指定 enum 的名字，然后在 enum 体中指定枚举值即可。如下代码所示：

```
package com.etc.chapter23;
public enum Orientation {
    East,South,West,North,Center
}
```

上述代码中声明了枚举 Orientation，枚举中有 5 个值，分别是 East、South、West、North、Center。

枚举不仅可以独立声明，还可以在类中声明。如下代码所示：

```
package com.etc.chapter23;
public class GUIDisplayer {
    public enum Orientation {
        East,South,West,North,Center
    }
}
```

上述代码中，在类 GUIDisplayer 中声明了枚举 Orientation。

23.3 Enum 类

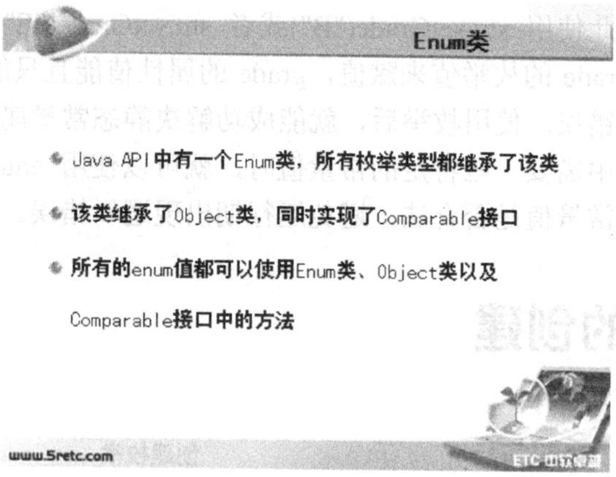
Enum类
Java API中有一个Enum类，所有枚举类型都继承了该类
该类继承了Object类，同时实现了Comparable接口
所有的enum值都可以使用Enum类、Object类以及
Comparable接口中的方法
www.5retc.com

枚举类型的本质是一个 Java 类，编译将生成 class 文件。Java API 中有一个 Enum 类，所有枚举类型都继承了该类，该类继承了 Object 类，同时实现了 Comparable 接口。因此所有的 enum 值都可以使用 Enum 类、Object 类以及 Comparable 接口中的方法。如下代码所示：

```
package com.etc.chapter23;
public class TestEnum {
    public enum Grade{
        A,B,C
    }
    public static void main(String[] args) {
        System.out.println(Grade.A.compareTo(Grade.C));
        System.out.println(Grade.A.toString());
        System.out.println(Grade.A.ordinal());
    }
}
```

上述代码中使用的 compareTo、toString、ordinal 方法都是 Enum 类中的方法，可以使用枚举值进行调用。其中 compareTo 将枚举值进行比较，toString 将枚举值转换成字符串，ordinal 取出枚举值的顺序号。运行结果如下：

```
-2
A
0
```

23.4　遍历 enum 的值

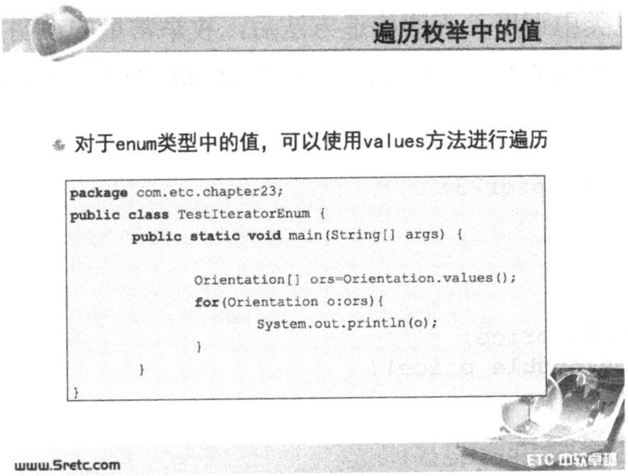

实际使用中，往往需要遍历枚举中的值。任何枚举对象都可以通过枚举名称，调用 values 方法，返回一个枚举类型的数组，进而使用增强 for 循环遍历 enum。如下代码所示：

```
package com.etc.chapter23;
public class TestIteratorEnum {
    public static void main(String[] args) {
        Orientation[] ors=Orientation.values();
        for(Orientation o:ors){
            System.out.println(o);
        }
    }
}
```

上述代码中使用枚举名称 Orientation 调用 values 方法，返回一个 Orientation 类型的数组，该数组中包含了枚举 Orientation 中所有的值。进一步使用增强 for 循环就可以遍历这个数组，达到遍历枚举的目的。

23.5　enum 的细节问题

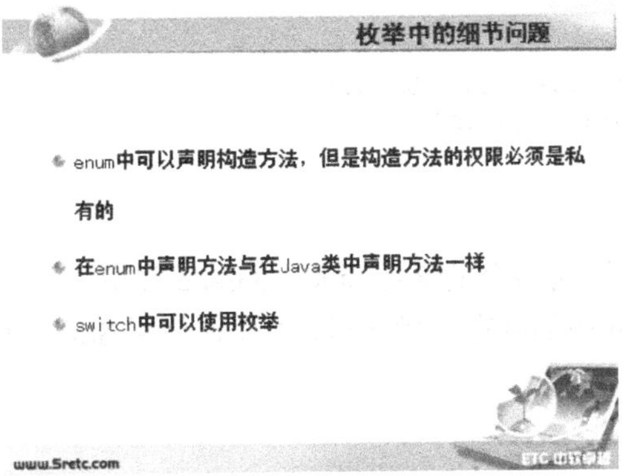

枚举中的细节问题
enum中可以声明构造方法，但是构造方法的权限必须是私有的
在enum中声明方法与在Java类中声明方法一样
switch中可以使用枚举
www.5retc.com
ETC 中软卓越

前面章节中使用的 enum 都是比较基础和简单的形式，而在某些应用场合中，可能需要更为复杂的enum，本节将学习 enum 的其他细节问题。

1. enum 中的构造方法、属性、方法

enum中可以声明属性，也可以声明构造方法，但是构造方法的权限必须是私有的，即enum的构造方法不能在其他类中调用。声明构造方法后，枚举常量的声明就必须调用对应的构造方法。另外，枚举本质上也是一个 Java 类，所以在 enum 中也可以像在 Java 类中那样声明方法。如下代码所示：

```
package com.etc.chapter23;
public enum Type {
    A(12.0),
    B(23.5),
    C(34.7);
    private double price;
    private Type(double price){
        this.price=price;
    }
    public double getPrice(){
        return this.price;
    }
    public static void main(String[] args){
        System.out.println(Type.A.getPrice());
    }
}
```

上述代码中声明了枚举 Type，在 Type 中存在一个属性 price，为了能够对该属性赋初值，声明了构造方法，构造方法中可以对 price 赋值。只要枚举中有构造方法，那么枚举的值必须调用某个构造方法，如 A(12.0)即将 price 赋值为 12.0。另外，枚举 Type 中声明了方法 getPrice，可以使用枚举值进行调用，如 Type.A.getPrice，将返回 12.0。

2. switch 中使用 enum

switch 语句中的变量类型可以为 byte、short、int、enum。如下代码所示：

```
package com.etc.chapter23;
public class TestEnumSwitch {
    public static void test(StudentGrade grade){
        switch(grade){
        case A:System.out.println("成绩优秀");break;
        case B:System.out.println("成绩优良");break;
        case C:System.out.println("成绩及格");break;
        }
    }
    public static void main(String[] args) {
        test(StudentGrade.A);
    }
}
```

上述代码中的 switch 语句的变量值是 StudentGrade 类型，即枚举类型。值得注意的是，case 后的值直接使用 enum 中的静态常量即可，不允许使用 StudentGrade.A 格式，否则会有编译错误。

23.6 本章小结

本章学习了一种新类型 enum，enum 解决了静态常量的使用问题。本章通过简单例子，展示了如何在实际应用中使用 enum、enum 的继承关系以及 enum 中的构造方法、属性、方法等知识点。

第 24 章 其他特性

24.1 增强 for 循环

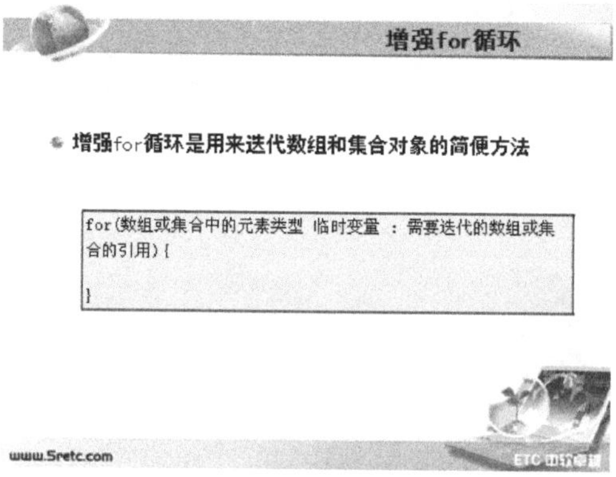

增强 for 循环是用来迭代数组和集合对象的方法。同时依然可以使用传统的 for 循环迭代数组和集合，但是增强 for 循环使代码更为简单。语法如下：

```
for(数组或集合中的元素类型 临时变量 ： 需要迭代的数组或集合的引用){
}
```

如下代码演示了使用传统 for 循环和增强 for 循环迭代数组和集合的方法：

```
package com.etc.chapter24;
import java.util.ArrayList;
import java.util.List;
public class TestForIn {
    public static void main(String[] args) {
        String[] sArray={"BeiJing","TianJin","XiangGang","ShangHai"};
        List<String> sList=new ArrayList<String>();
        sList.add("IBM");
        sList.add("MicroSoft");
        sList.add("Intel");
        //传统 for 循环迭代数组
        System.out.println("传统迭代数组的方式：");
        for(int i=0;i<sArray.length;i++){
            System.out.println(sArray[i]);
        }
```

```
        //增强 for 迭代数组
        System.out.println("使用增强 for 循环迭代数组的方式：");
        for(String s:sArray){
            System.out.println(s);
        }
        //传统 for 迭代集合
        System.out.println("传统迭代集合的方式：");
        for(int i=0;i<sList.size();i++){
            System.out.println(sList.get(i));
        }
        //增强 for 迭代集合
        System.out.println("使用增强 for 循环迭代集合的方式：");
        for(String s:sList){
            System.out.println(s);
        }
    }
}
```

上述代码中分别使用传统 for 循环以及增强 for 循环迭代数组和集合，传统 for 循环使用数组以及集合的长度作为循环条件，而增强 for 循环的语法非常简练，只要声明数组或集合的元素类型，指定数组以及集合的引用名称即可迭代。有了增强 for 循环后，迭代器 Iterator 很少被使用，大多数时候都使用增强 for 循环迭代数组和集合。

24.2 自动装箱、拆箱

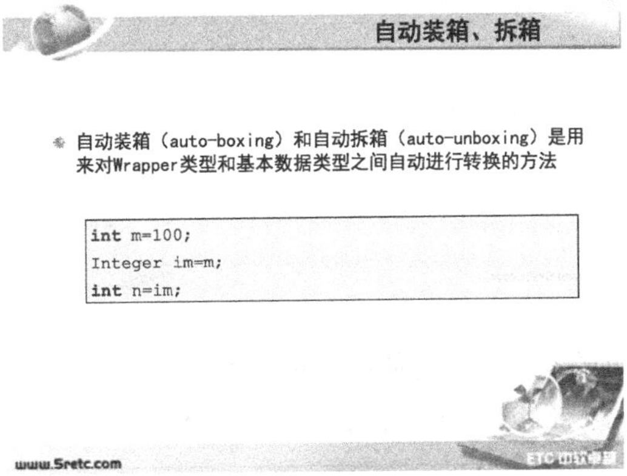

自动装箱（auto-boxing）和自动拆箱（auto-unboxing）是用来对 Wrapper 类型和基本数据类型之间自动进行转换的方法。Java 语言中有 8 种基本数据类型：byte、short、int、long、float、double、char、boolean，另外有 8 种引用类型与之对应：Byte、Short、Integer、Long、Float、Double、Character、Boolean。这 8 种引用类型统称为 Wrapper 类型。将基本类型转换为 Wrapper 类型，称为装箱，将 Wrapper 类型转换为基本类型，称为拆箱。传统装箱、拆箱方式如下代码所示：

```
int x=10;
Integer ix=new Integer(x);
int y=ix.intValue();
```

可以自动进行装箱和拆箱。如下代码所示：

```
int m=100;
Integer im=m;
int n=im;
```

可见，自动装箱和拆箱的特性允许基本类型和 Wrapper 类型之间直接转换。甚至对于 Wrapper 类型可以直接进行数学运算。如下代码所示：

```
int m=100;
Integer im =m;
int n= im;
im ++;
int result=m+ im;
```

虽然使用自动装箱、拆箱的特性可以将 Wrapper 类型当做基本类型直接使用，实质上依然是先将 Wrapper 类型转换成了基本类型。因此，自动装箱、拆箱应该在必须使用时才使用，不能盲目使用，否则可能会降低效率。

24.3 静态导入

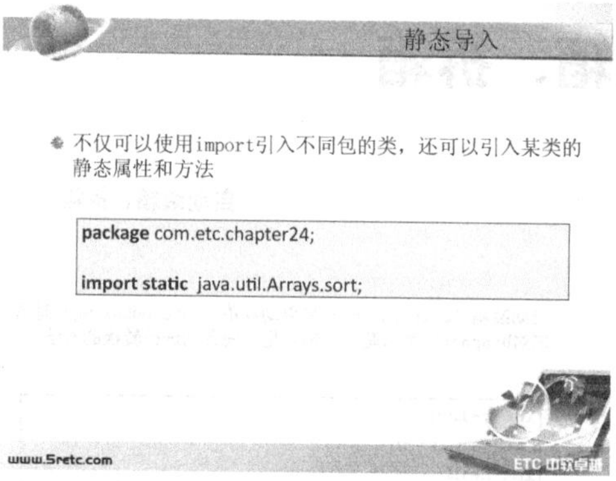

当 Java 类使用不同包的类时，需要使用 import 引入该类。不仅可以使用 import 引入不同包的类，还可以使用 import static 引入某类的静态属性和方法。如下代码所示：

```
package com.etc.chapter24;
import static java.util.Arrays.sort;
public class TestStaticImport {
    public static void main(String[] args){
        int[] a={1,2,3};
        sort(a);
    }
}
```

上述代码中的 import static java.util.Arrays.sort 语句即实现了静态导入，导入了 Arrays 类的静态方法 sort，因此，在 TestStaticImport 类中，可以直接使用 sort 方法，而不再需要使用 Arrays.sort 的形式。静态导入不仅可以导入静态方法，对于类的静态属性也能导入，方式与导入静态方法一样。静态导入仅仅提高了便利性，然而却不同程度地降低了程序的可读性，应该谨慎使用。

24.4　可变参数

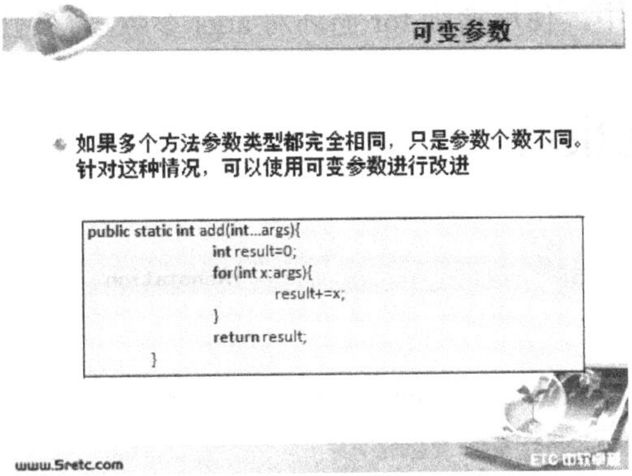

在实际应用中，可能某个类中会有多个参数类型完全相同的方法，不过参数个数不同。如下代码所示：

```
package com.etc.chapter24;
public class Calculator {
    public int add(int x1,int x2){
        return x1+x2;
    }
    public int add(int x1,int x2,int x3){
        return x1+x2+x3;
    }
    public int add(int x1,int x2,int x3,int x4){
        return x1+x2+x3+x4;
    }
}
```

上述代码中，Calculator 的 3 个 add 方法都是对整数进行加运算，参数类型完全相同，只是参数个数不同。针对这种情况，可以使用可变参数的特性进行改进。可变参数的语法如下：

```
方法声明(形式参数 1,形式参数 2,…,可变参数类型…可变参数名字){}
```

可变参数在一个方法中只能有一个，且必须是形式参数的最后一个，可变参数类型后使用“…”的形式声明。修改上面的 Calculator 类，将 add 方法使用可变参数声明。如下代码所示：

```
package com.etc.chapter24;
public class CalculatorVarArg {
    public static int add(int...args){
        int result=0;
        for(int x:args){
            result+=x;
        }
        return result;
    }
```

```
    public static void main(String[] args){
        System.out.println(add(1,2,3,4));
        System.out.println(add(1,2,3,4,5,6,7));
    }
}
```

可变参数的实质是一个数组，数组的长度在调用该方法时根据传递的参数个数决定，因此上述代码中的 add 方法中，使用增强 for 循环对 args 参数进行遍历。

24.5 Annotation

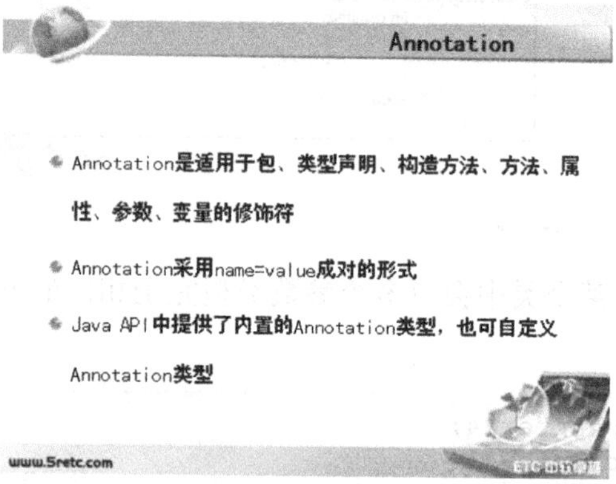

常常会看到一个程序设计术语——“元数据”(metadata)，metadata 是信息的信息。比如，要说明某个方法是覆盖父类的方法，可以使用“该方法是覆盖父类的方法”说明，也可以使用“Override the method”说明，这两种方式在文件说明上都没有问题，然而却没有工具可以分析该方法是否符合了方法覆盖的规范。Annotation 就可以通过已经定义好的 metadata 机制解决这个问题。

Annotation 是适用于包、类型声明、构造方法、方法、属性、参数、变量的修饰符。Annotation 采用 name=value 成对的形式，Java API 中提供了内置的 Annotation 类型，也可自定义 Annotation 类型。

JDK 提供了 3 种标准的 Annotation 类型，都定义在 java.lang 包中。

1. Override

Override 用来说明一个方法，表示该方法覆盖了父类中的方法。如果不符合覆盖的要求，将出现编译错误。如下代码所示：

```
@Override
public String toString() {
    return super.toString();
}
```

2. Deprecated

Deprecated 指出某一个方法或元素的使用是被阻止的。

3. SuppressWarnings

SuppressWarnings 关掉 class、method、field 与 variable 初始化的编译期警告。

除了可以直接使用上述 3 种已有的 Annotation 外，也可以自定义 Annotation 类型。自定义 Annotation 使用@interface 关键字进行声明。如下代码所示：

```
package com.etc.chapter24;
public @interface TODO {
    String value();
    String comment();
}
```

上述 TODO 类型的 Annotation 中定义了两个抽象方法：value、comment。编译器会自动生成两个同名的属性，使用时可以使用 name=value 的方式指定属性值。如下代码所示：

```
@TODO(
    value="110108",
    comment="This is a test method")
public void test(){
}
```

Annotation 目前在很多开源框架中得到了广泛的使用，在一定程度上降低了使用框架时 XML 配置文件的复杂程度。

24.6　本章小结

本章主要学习除了泛型、枚举之外的其他几个特性，包括增强 for 循环、自动装/拆箱、可变参数、静态导入和 Annotation。对于每个特性，读者需要掌握使用的场合以及特性的价值。需要注意的是，某些特性可能带来的问题，如自动装箱、拆箱可能导致性能降低等，要谨慎使用。

第25章 第五部分自我检测

1．enum有什么作用？如何遍历一个enum中的值？

2．Annotation是什么意思？有什么作用？

3．泛型是什么意思？有什么作用？

4．用简单代码，创建一个泛型ArrayList对象。

5．什么是自动装箱、拆箱？

6．什么是可变参数？有什么作用？

7．什么是静态导入？

第六部分

编程实战

教材的前面 5 个部分循序渐进地学习了 Java 程序设计的方方面面，包括 Java 语言基本语法、Java 面向对象编程思想、Java 异常处理、常用 API 的使用，以及多线程编程、IO 处理、网络编程等多个高级主题。要进一步提高程序设计的实践能力，完整实现一个案例非常关键。本部分以连连看游戏为案例，分为 11 个任务，以 step by step 的形式学习该案例的实现，将前五部分的知识点和技能点融会贯通，做到学以致用。

第 26 章 连连看游戏实现

到此为止，已经系统学习了 Java 程序设计，包括 Java 语言的基本语法、Java 面向对象思想、Java 异常处理、Java 高级编程等。虽然学习过程中有很多代码实现，但是还远远不够，本章将以连连看游戏为案例，从搭建工程开始，以 step by step 的形式完整实现案例，将本教材中的知识点融入案例实现中，使读者进一步深入理解面向对象编程思想，熟练掌握 Java 程序设计。案例将分为以下 11 个任务完成：

- 搭建工程基本结构
- 实现静态界面
- 随机生成游戏场景
- 实现直连消除版本
- 实现一折相连消除版本
- 实现两折相连消除版本
- 添加限时功能
- 添加重新开始游戏功能
- 添加可选择关卡功能
- 添加可选择模型功能
- 添加可选择图标功能

26.1 搭建工程基本结构

首先创建一个 Java Project，名字为 lianliankan，在 Project layout 处，选择第一个选项，即将工程目录作为源文件以及类文件的根目录。如图 26-1 所示，请注意图中标注的方框部分。

接下来将 JDK 中的 rt.jar 包引入工程中。右击工程，选择 Properties，弹出如图 26-2 所示对话框。

选择 Java Build Path→Libraries→Add External JARs，如图 26-3 所示，选择 JDK 安装后的目录下的 jre\lib\rt.jar 包，导入工程中。

由于笔者的 JDK 安装在 C 盘下，所以需要加入的 rt.jar 就存在于 C:\Program Files\Java\jdk1.6.0_30\jre\lib 目录下，具体目录与 JDK 安装路径有关。

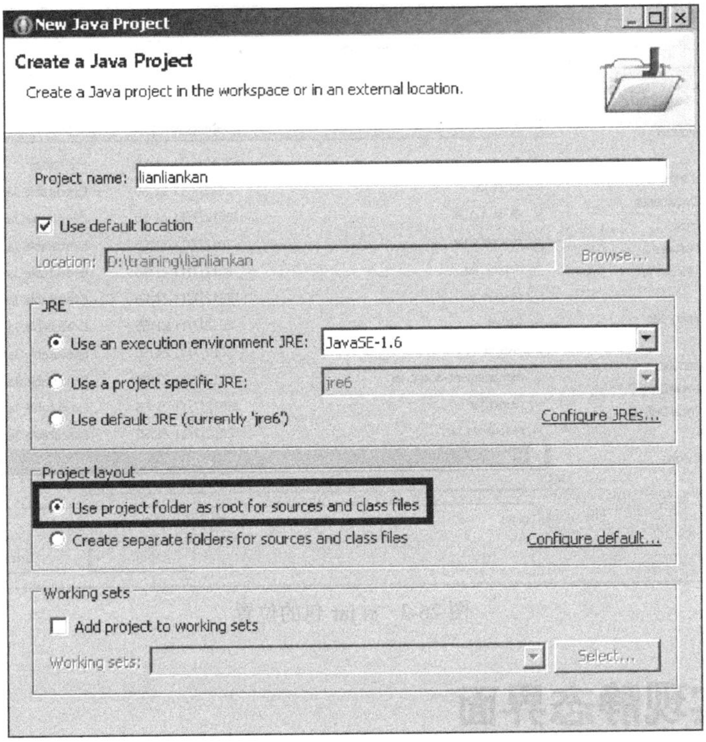

图 26-1　创建一个 Java Project

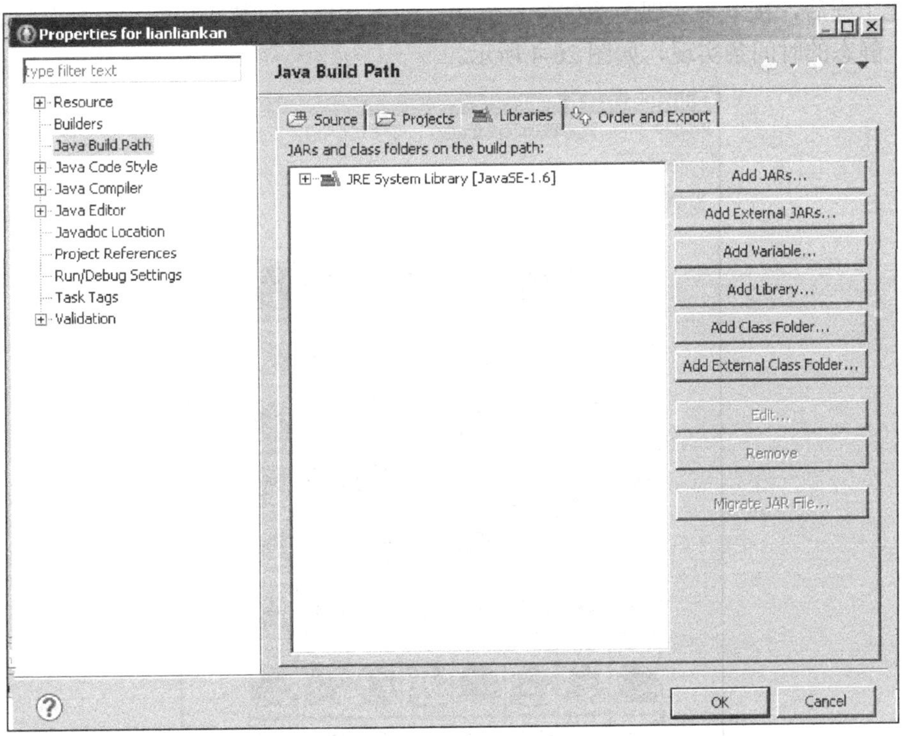

图 26-2　将 JDK 中的 rt.jar 包引入工程中

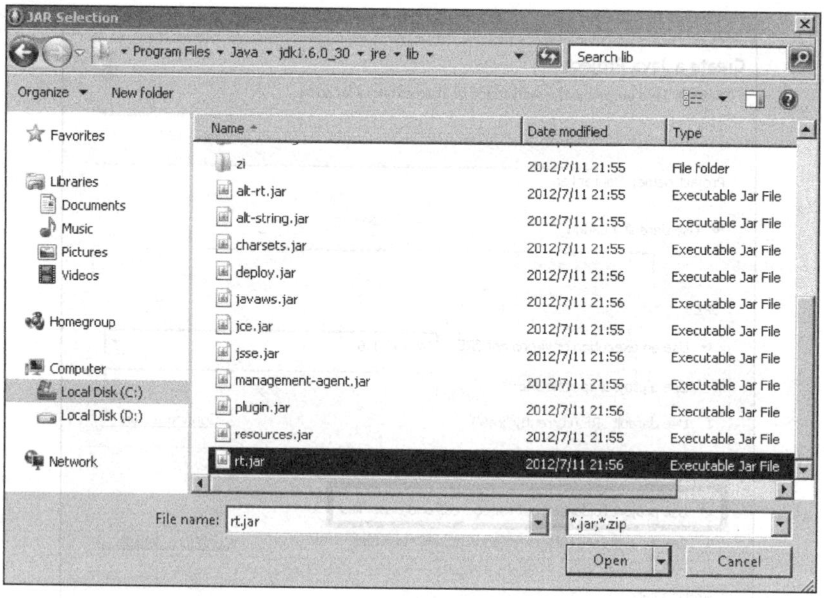

图 26-3　rt.jar 包的位置

26.2　实现静态界面

创建工程后，接下来实现游戏的静态界面，即不实现任何游戏功能，只把菜单、游戏图标场景、静态的时间条实现，如图 26-4 所示。

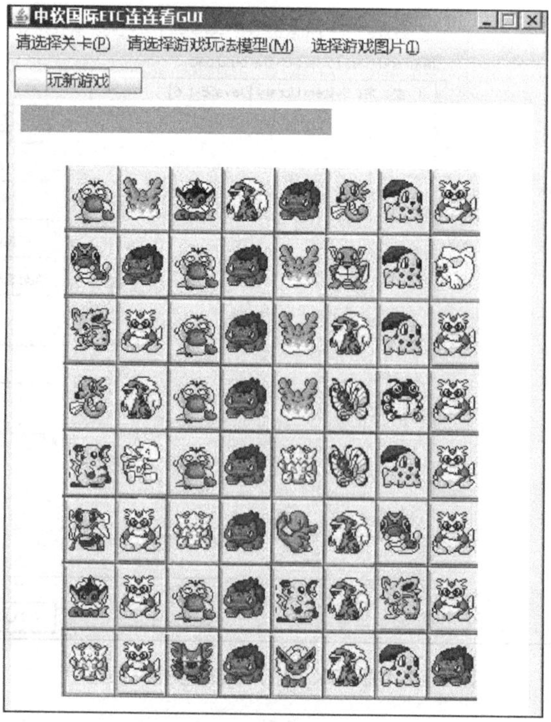

图 26-4　游戏的静态界面

实现该任务将分为 3 个步骤，分别为搭建只显示菜单的界面、实现展现游戏场景和时间条的面板、将面板添加到游戏框架。

实现步骤一

26.2.1 搭建只显示菜单的界面

游戏中有 3 个菜单和 1 个按钮，菜单分别是请选择关卡、请选择游戏玩法模型、选择游戏图片，每个菜单下又有不同数量的菜单项；按钮是玩新游戏。目前实现的界面不显示游戏中的图片，也不注册监听，即单击菜单和按钮没有任何反应，仅实现最基本的静态界面，如图 26-5 所示。

图 26-5　只显示菜单的界面

右击工程名称，创建一个 Java Class，指定其包名以及类名，并勾选生成 main 方法，该类将作为工程的主类运行。请注意给包名和类名命名时要遵守规范，如图 26-6 所示。

将生成源代码 MainFrame.java，主要代码如下：

```
public class MainFrame {
    public static void main(String[] args) {
    }
}
```

该类将作为应用的主窗口存在，因此应继承 API 中的 JFrame 类，修改类的声明语句：

```
public class MainFrame extends JFrame
```

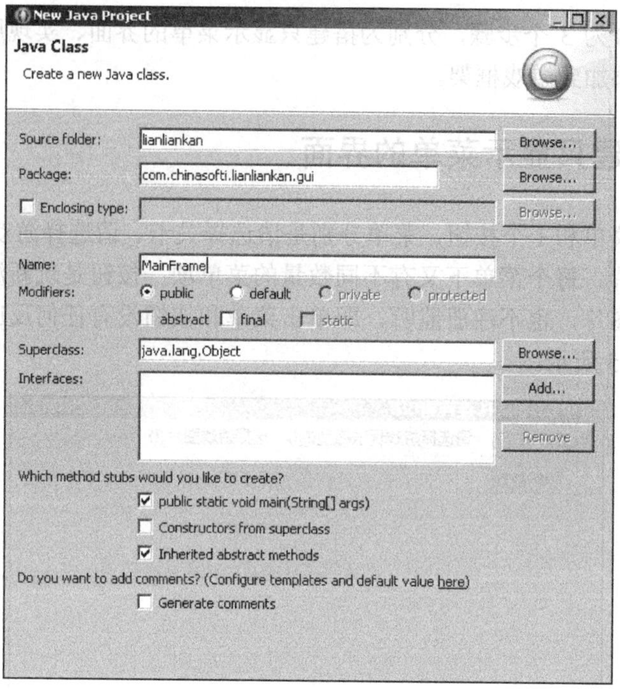

图 26-6　创建 Java Class

接下来，需要思考现阶段该类应该实现的功能。目前，希望能使用该类实现图 26-5 显示的静态界面，通过观察，需要 1 个菜单条对象、3 个菜单对象、1 个按钮对象。因此，接下来修改 MainFrame 类。如下代码所示：

```
public class MainFrame extends JFrame{
    //声明 GUI 中需要的菜单条、菜单、按钮
    JMenuBar menuBar = new JMenuBar();
    JMenu modelMenu = new JMenu();
    JMenu partMenu=new JMenu();
    JMenu imageMenu=new JMenu();
    JButton newGame = new JButton();
    //在构造方法中设置主窗口的尺寸、调用 initFrame 方法初始化 GUI，并设置当前窗口可见
    public MainFrame() {
        this.setSize(420, 585);
        initFrame();
        this.setVisible(true);
    }
    //自定义私有的 initFrame 方法，对 GUI 进行布局，注册监听等
    private void initFrame() {
    }
    /**
     * @param args
     */
   public static void main(String[] args) {
        new MainFrame();
   }
}
```

可见，上述代码中首先声明并创建了需要使用的组件，在构造方法中设置了主窗口的尺寸，并调用 initFrame 方法进行初始化。main 方法中创建 MainFrame 对象，显示静态 GUI 界

面。接下来的主要任务是完成 initFrame 方法，在菜单中加入菜单项，最后把菜单条加入主窗口中。initFrame 方法的部分代码如下所示：

```
//自定义私有的 initFrame 方法，对 GUI 进行布局，注册监听等
private void initFrame() {
        //设置关闭操作，单击“关闭”按钮直接退出应用
        setDefaultCloseOperation(JFrame.EXIT_ON_CLOSE);
        //将布局管理器设置为 null，也就是取消默认布局管理器的作用
        getContentPane().setLayout(null);
        this.setTitle("中软国际 ETC 连连看 GUI");
        this.setResizable(false);
        //对 3 个菜单对象设置文本、字体助记符
        partMenu.setText("请选择关卡(P)");
        partMenu.setFont(new Font("微软雅黑", Font.PLAIN, 12));
        partMenu.setMnemonic('P');
        modelMenu.setText("请选择游戏玩法模型(M)");
        modelMenu.setFont(new Font("微软雅黑", Font.PLAIN, 12));
        modelMenu.setMnemonic('M');
        imageMenu.setText("选择游戏图片(I)");
        imageMenu.setFont(new Font("微软雅黑", Font.PLAIN, 12));
        imageMenu.setMnemonic('I');

        //在 imageMenu 菜单，也就是“选择游戏图片”菜单下加入两个菜单项：
         “默认”和“图标图片”
        JMenuItem defaultImageMenu=new JMenuItem();
        defaultImageMenu.setFont(new Font("微软雅黑", Font.PLAIN, 12));
        defaultImageMenu.setText("默认");
        imageMenu.add(defaultImageMenu);
        JMenuItem iconImageMenu=new JMenuItem();
        iconImageMenu.setFont(new Font("微软雅黑", Font.PLAIN, 12));
        iconImageMenu.setText("图标图片");
        imageMenu.add(iconImageMenu);
        …
}
```

至此，运行 MainFrame 类可以实现本节目标，展示只有菜单的静态界面。

26.2.2 实现展现游戏场景和时间条的面板

实现步骤二

26.2.1 节中实现的静态界面中只有菜单，该案例 GUI 中最主要的部分是游戏场景，本节将游戏场景和时间条加入界面中。最终实现效果如图 26-7 所示。

创建一个新的 Java 类 MainPanel，用来显示游戏场景和时间条，如图 26-8 所示。

生成的类如下所示：

```
public class MainPanel{
}
```

该类要实现一个面板，因此继承 JPanel 类，修改上述代码，如下所示：

```
public class MainPanel extends JPanel{
}
```

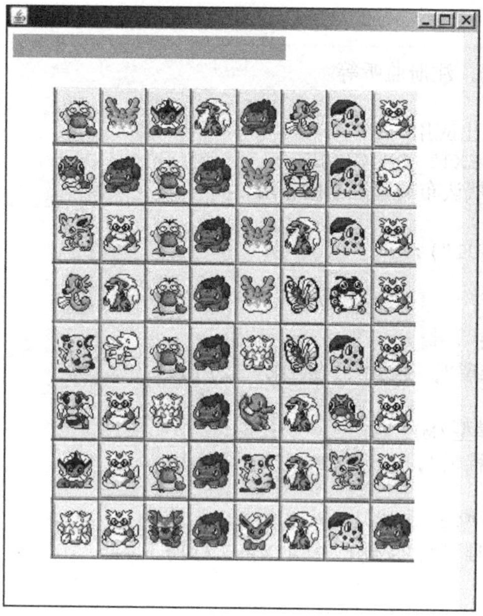

图 26-7　加入游戏场景和时间条

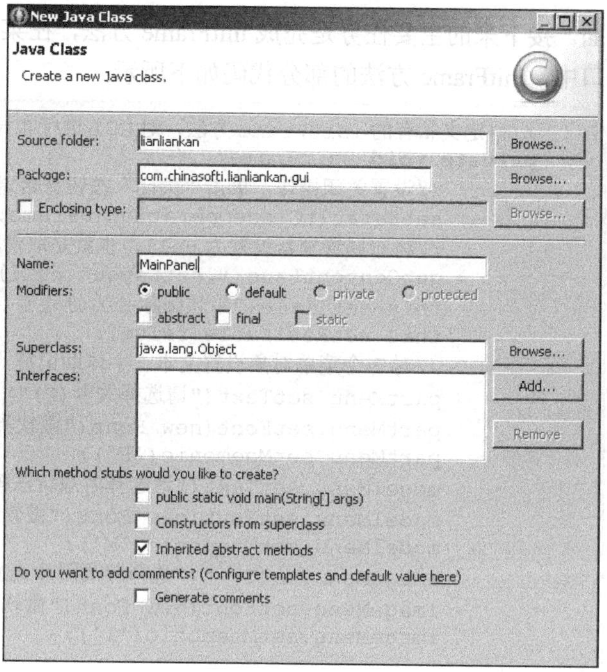

图 26-8　创建 MainPanel

该面板中主要显示的就是时间条和游戏场景。要生成游戏场景，首先需要准备好场景的资源图片。准备的资源文件为 default.png，如图 26-9 所示。

图 26-9　资源文件 default.png

该资源图片中共有 29 个小图标，大小为 40 像素×50 像素。在工程 lianliankan 根目录下创建文件夹 res，将 default.png 复制到 res 目录下。目前，工程目录如图 26-10 所示。

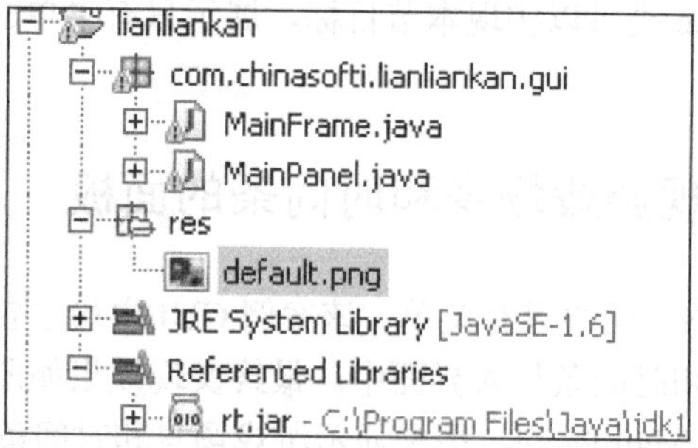

图 26-10　lianliankan 工程目录

准备好游戏场景图片资源后，就需要修改 MainPanel 类，实现具体功能。如下代码所示：

```
public class MainPanel extends JPanel{
    //缓冲图片对象，用来把图片存在内存中，处理结束后绘制到 GUI 中显示
    private BufferedImage bImage;
    //图形对象，用来画游戏场景
```

```
        private Graphics bGraphics;
        //用来保存游戏场景资源图片
        private Image image;
        //用来保存当前游戏场景中，显示的小图片编号
        private int[][] map;
                public MainPanel() {
                }
                public void paint(Graphics g) {
                }
                public static void main(String[] args){
                }
}
```

在 MainPanel 类中声明 4 个属性，其中 BufferedImage 类型的 bImage 用来把图片放在缓冲区内，Graphics 类型的 bGraphics 用来画游戏场景，Image 类型的 image 用来封装游戏资源图片，map 用来保存随机选取的小图标编号。

在 MainPanel 类中声明一个构造方法，对属性进行赋值。接下来完成构造方法功能，如下代码所示：

```
    public MainPanel() {
        //对 map 赋值，共 8 个长度为 8 的一维数组，每个数字表示小图片在资源图片中的编号。现阶
段是模拟数据，后面将随机生成
        map=new int[][]{
            new int[]{8,3,2,5,12,4,6,7},
            new int[]{9,12,8,12,3,25,6,27},
            new int[]{16,7,8,12,3,5,6,7},
            new int[]{4,5,8,12,3,15,21,7},
            new int[]{13,17,8,12,1,15,6,7},
            new int[]{14,7,1,12,10,5,9,7},
            new int[]{2,7,8,12,13,5,16,7},
            new int[]{1,7,28,12,22,5,6,12}
        };
        //res/default.png 是游戏场景的资源文件，也就是游戏场景中的小图标都从该文件中随机
          选取，包含 29 个小图片，大小为 40 像素×50 像素，编号从左到右为 1～29
        image = Toolkit.getDefaultToolkit().createImage("res/default.png");
        //创建缓冲 Image 对象
        bImage = new BufferedImage(400, 550, BufferedImage.TYPE_INT_RGB);
        //通过缓冲 Image 对象生成 Graphics 对象
        bGraphics = bImage.getGraphics();
        //调用 repaint 方法，系统将自动调用 paint 方法
        repaint();
        this.setSize(402, 506);
    }
```

上述构造方法中，对 map 进行了模拟赋值，成为一个 8×8 的二维数组，那么最终显示的游戏场景也是 8×8 格式。后续修改过程中，map 的值应该随机生成，现阶段使用固定值进行测试。例如 map 中第一个数组是{8,3,2,5,12,4,6,7}，则表示当前游戏场景的第一行显示的图标是 default.png 中从左到右数的第八个、第三个、第二个……图标。值得注意的是，构造方法中需要调用 repaint 方法，调用 repaint 方法后，将自动调用 paint 方法。接下来实现 paint 方法，如下代码所示：

```
public void paint(Graphics g) {
    //设置画图区域为白色，大小为 400 像素×500 像素
    bGraphics.setColor(Color.WHITE);
    bGraphics.fillRect(0, 0, 400, 500);
    //画一个 240 像素×20 像素的 cyan 颜色矩形，用来表示时间条，游戏时计时使用
    bGraphics.setColor(Color.cyan);
    bGraphics.fillRect(5, 5, 240, 20);
    //通过循环，根据 map 中的编号，在指定区域画图，生成 8 行 8 列游戏场景
    for(int i =0; i <8; i++) {
    for(int j = 0; j < 8; j++) {
        if(map[i][j] != 0) {
            bGraphics.setClip((j+1)*40,(i+1)*50,40,50);
            bGraphics.drawImage(image, (j+1)* 40 - (map[i][j] - 1)* 40, (i+1)*
            50, this);
        }
    }
    }
    g.drawImage(bImage, 0, 0, this);
}
```

paint 方法中绘制了一个时间条，然后根据 map 数组中的数值，选取 default.png 中的图标显示到指定区域，生成游戏场景。上述 paint 方法中的难点是 for 循环部分，首先使用 setClip 方法设置了一个和小图标一样大小的有效区域，然后使用 drawImage 方法将 default.png 绘制出来。

为了能测试阶段性效果，在 MainPanel 类中定义 main 方法，进行测试。如下代码所示：

```
public static void main(String[] args){
    JFrame test=new JFrame();
    MainPanel panel=new MainPanel();
    test.add(panel);
    test.setSize(420, 585);
    test.setVisible(true);
}
```

至此，MainPanel.java 已经完成，运行该类后将显示本节的目标界面。

26.2.3 将面板添加到游戏框架

实现步骤三

目前已经实现了 MainFrame 和 MainPanel 类，最终的 GUI 需要把 MainPanel 类实现的面板添加到 MainFrame 中，合成最终版的静态 GUI。合成的步骤特别简单，在 MainFrame 中声明 MainPanel 变量：

```
//声明并创建显示游戏场景的 MainPanel
MainPanel panel=new MainPanel();
```

然后在 MainFrame 中的 initFrame 方法中添加如下代码：

```
//设置游戏场景 Panel 的边界，并添加到主窗口
panel.setBounds(5, 30, 404, 502);
this.add(panel);
```

至此，该案例的静态界面已经完成，运行效果如图 26-11 所示。

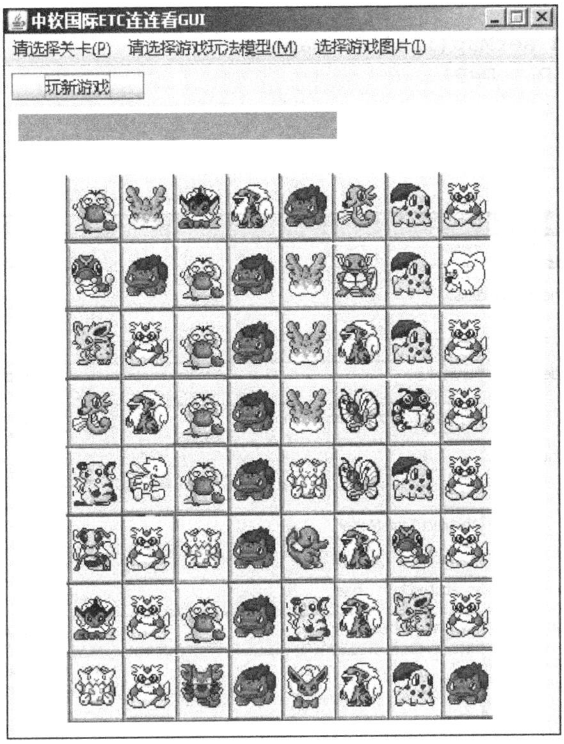

图 26-11　静态界面

26.3 随机生成游戏场景

目前已经实现的视图中，游戏场景中的小图标是固定的，也就是通过指定了 map 数组的值确定了游戏场景中的图标。接下来实现游戏场景随机生成，即不需要修改源代码，每次运行该应用，游戏场景均随机生成。

26.3.1 创建抽象类 AbstractGameModel

与视图有关的类都存放在 com.chinasofti.lianliankan.gui 包中，与数据和算法有关的类都称为模型类，即 model，都存放在 com.chinasofti.lianliankan.model 中。首先创建一个抽象类 AbstractGameModel，如图 26-12 所示。该类将是各种模型的父类，其中会逐步定义其他属性和方法，本节主要实现游戏场景随机实现的功能，不关注其他功能。

实现步骤一

为了能够实现游戏场景随机生成，首先需要将游戏场景中图标在资源图片 default.png 中的位置存储起来，所以在类中定义二维数组，存放游戏场景中的图标。如下代码所示：

```
public abstract class AbstractGameModel {
    /**
     * 存放连连看地图元素数据
     */
    public int[][] map;
```

```
    public void setMap(int[][] map) {
        this.map = map;
    }
}
```

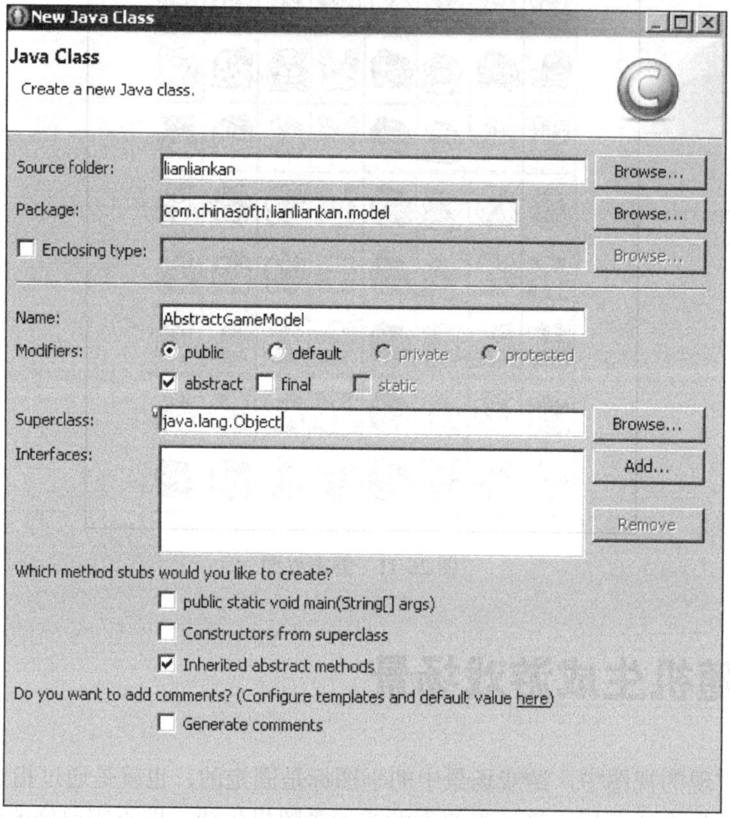

图 26-12　创建抽象类 AbstractGameModel

连连看游戏显示的图标是 8×8 格式的，那么 map 中应该存放 10×10 个元素信息，因为连连看游戏场景的四周是一圈 0，这是比较难理解的一点。map 中存储的是一个二维数组，二维数组本身是元素是一维数组的数组。也就是 10×10 的 map 中将存储 10 个长度为 10 的一维数组。其中依次是第一行到第十行的元素信息，假设 map 的某一个一维数组是{0,6,13,12,3,4,5,12,7,0}，那么表示该行的第一个图标是空，就是不存在图标，第二个是 default.png 中第 6 个图标，第三个是 default.png 中第 13 个图标，以此类推……在连线算法中，主要就依靠判断 map[i][j]是否为 0，来判断是否可以连线，因为 map[i][j]为 0 表示当前位置没有图标。边界图标之间通过折线相连时，都需要通过图标四周画线，因此四周必须设置为 0。

接下来在 AbstractGameModel 中声明两个方法。如下代码所示：

```
public int[][] initMapHelper(int elementCount,int rowCount,int columnCount,
int elementTypeCount){
    if ((elementCount % 2 != 0)&& (elementCount != ((rowCount - 2) *
    (columnCount - 2)))) {
        //如果参数不满足要求，则抛出异常
        throw  new  java.lang.IllegalArgumentException();
```

```
        }
        Random random = new Random();
        int[] initElement = new int[elementCount];
        //创建一个临时的一维数组保存初始化元素
        for (int i = 0; i < elementCount; i+=2) {
            //获取随机元素种类
            int randomNum = Math.abs(random.nextInt()) % elementTypeCount + 1;
            //一次性对相邻的两个元素赋值，保证随机得到（elementCount/2）对元素
            initElement[i] = randomNum;
            initElement[i + 1] = randomNum;
        }
        //随机打乱得到的原始数组
        initElement = getRandomArrayHelper(initElement);
        //将打乱后的一维数组复制到最后的二维数组，注意，连连看游戏地图最外圈有一圈 0
        int[][] finalMap = new int[rowCount][columnCount];
        int index = 0;
        for (int i = 1; i < rowCount - 1; i++) {
        for (int j = 1; j < columnCount-1; j++) {
            finalMap[i][j] = initElement[index];
            index++;
        }
        }
        return finalMap;
    }
    /**
     * 随机打乱原始数组
     *
     * @param srcArray int 型数组，存放未打乱的原始数据
     * @return int 型数组，存放打乱后的结果
     */
    public int[] getRandomArrayHelper(int[] srcArray){
        Random random=new Random();
        int resultArray[]=new int[srcArray.length];
        //srcIndex:还剩下的元素个数
        int srcIndex=srcArray.length;
        for(int i=0;i<srcArray.length;i++){
            int randomIndex=Math.abs(random.nextInt()%srcIndex);
            //随机取数组下标
            resultArray[i]=srcArray[randomIndex];
            //将最后一个未使用的元素和取出来的元素交换
            srcArray[randomIndex]=srcArray[--srcIndex];
        }
        return resultArray;
    }
```

上述代码中，initMapHelper 方法是用来生成 map 对象的方法，getRandomArrayHelper 方法是一个辅助方法，用来生成随机一维数组。调用 initMapHelper 时需要指定元素的个数、行数、列数、元素类型个数，例如可以使用 initMapHelper(64, 10, 10, 29);的形式调用该方法。其中 64 表示要显示的图标个数，第一个 10 表示行数，第二个 10 表示列数，29 是元素类型的个数，也就是 default.png 中图标的数目种类。值得注意的是，10 行 10 列共 100 个元素，但是元素数量却是 64 个。因为连连看游戏的四周是一圈 0，所以元素数量=（行数-2）×（列数-2）。目前已经完成了游戏的静态界面，也就是视图（view）已经完成。接下来需要实现游戏的“灵魂”部分，也就是模型（model），model 将封装游戏需要使用的数据和算法。

26.3.2 创建 AbstractGameModel 实现类

实现步骤二

AbstractGameModel 是一个抽象类，不能够实例化。目前 AbstractGameModel 类没有任何抽象类的特征，没有抽象方法，在后面将逐步加入抽象方法，被其他子类实现。为了能够尽快展示效果，接下来创建一个 AbstractGameModel 类的实现类 GameModelDefault，如图 26-13 所示。

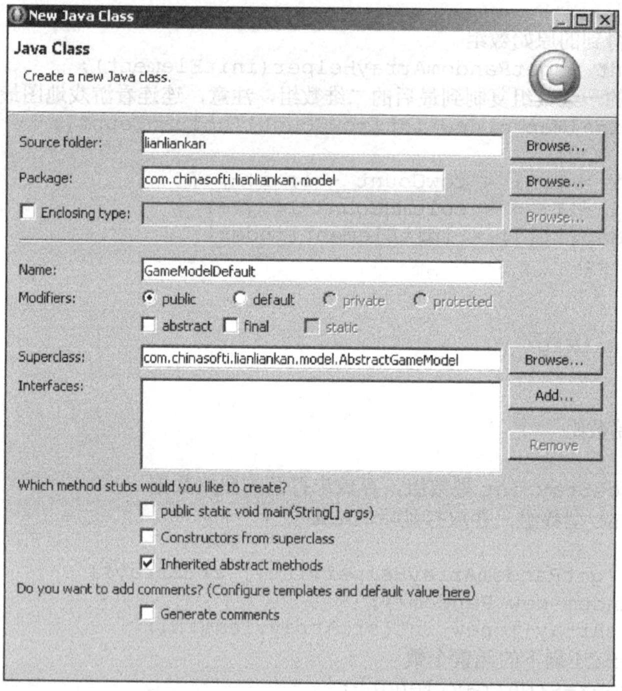

图 26-13　创建 AbstractGameModel 类的实现类 GameModelDefault

生成代码如下所示：

```java
public class GameModelDefault extends AbstractGameModel {
}
```

目前抽象父类中没有抽象方法，所以该类不需要实现具体方法，后面将逐步添加。

26.3.3 随机产生游戏场景

实现步骤三

有了 GameModelDefault 类后，可以修改 MainPanel 类，不再手工指定数组 map 的值，而是调用 initMapHelper 方法随机生成。

首先在 MainPanel 中声明模型类对象。如下代码所示：

```java
//声明模型对象
private AbstractGameModel model=new GameModelDefault();
```

然后声明 reset 方法，初始化 map 对象。如下代码所示：

```
public void reset() {
    map = model.initMapHelper(64, 10, 10, 29);
    model.setMap(map);
}
```

该方法中调用 model 的 initMapHelper 方法，实例化一个 10×10 的二维数组，其中最外面一圈都是 0，并将 map 对象赋值给 model 的 map 属性。最后在 MainPanel 的构造方法中，取消之前对 map 的赋值操作，调用 reset 方法。如下代码所示：

```
//调用 reset 方法
reset();
```

接下来运行 MainFrame，可见每次运行的效果都不同，游戏场景的图标是随机生成的，不再是固定布局，如图 26-14 所示。

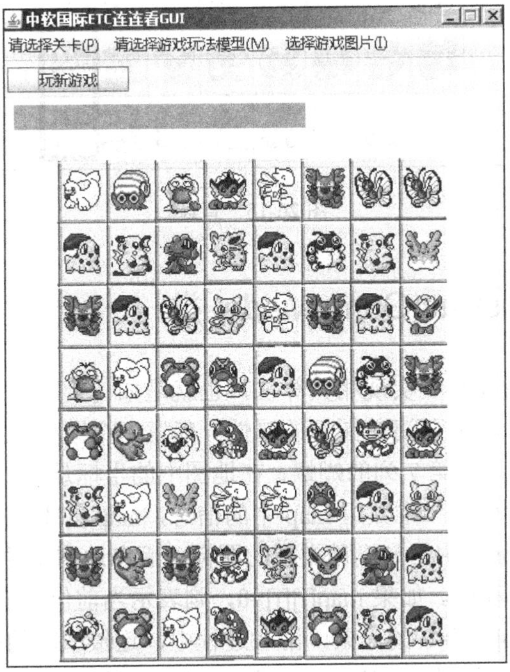

图 26-14　游戏场景图标随机生成

26.4　实现直连消除版本

目前，程序已经能随机生成游戏地图，但是依然没有响应。本节的目标是实现一个最简单玩法的版本，就是只能使用直连方式将相同图标相连。也就是两个相同的图标，只能在一行或者一列的时候，且二者的路径中没有其他图标元素时，才可以相连，如图 26-15 所示。

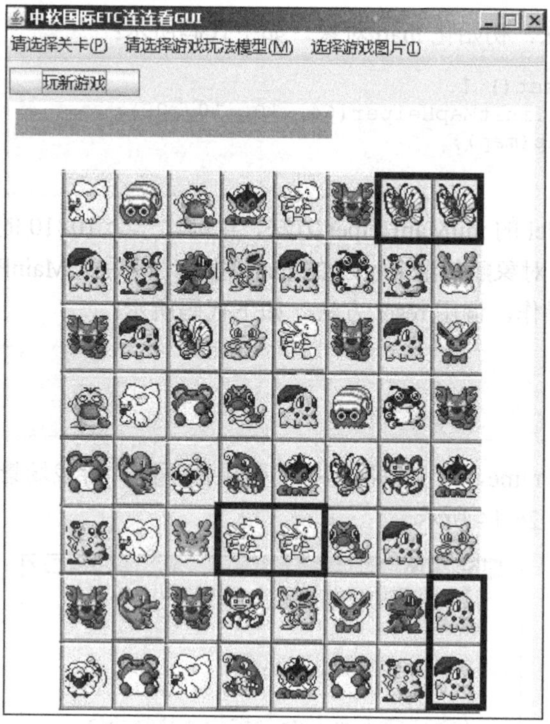

图 26-15　直连

26.4.1 修改 AbstractGameModel 类

要实现直连版本，首先需要实现相关算法，也就是如何判断两个图标元素可以通过直线相连。要理解这个算法，首先要清楚图标的属性。任意一个图标都拥有一个在游戏地图中的坐标，例如图 26-15 中第 1 行第 7 列的蝴蝶，在地图中的坐标是（1,7）。另外一个重要属性是该图标的类型，也就是存储在二维数组 map 中的信息，map 的索引值是图标在地图中的坐标值。例如蝴蝶是 default.png 中第 15 种类型的图标，而在地图中的坐标是（1,7），那么就有 map[1][7]=15 这样的关系存在。如果 map[i][j]=0，则表示当前位置没有图标，游戏刚开始时，游戏地图的四周都是 map[i][j]=0 的元素，游戏过程中，连接成功的两个元素的 map[i][j]值也将被设置为 0。总而言之，假设 map[i][j]=v；那么（i,j）表示当前图标在游戏地图中的坐标位置，v 表示该图标在资源文件中的图片类型。

理解了图标的这两种属性后，就能够明白直连的算法。假设两个元素在地图中的坐标分别为（AI,AJ）和（BI,BJ），则需要考虑以下问题。

（1）AI 与 BI 相同，在一行。

（2）BI 与 BJ 相同，在一列。

（3）AI=BI，同时 AJ=BJ 时，不能直连，表示在同一位置。

（4）map[AI][AJ]=0 或者 map[BI][BJ]=0 时，不能直连，表示其中一个为空

直连的条件：满足（1）或者（2）后，map[AI][AJ]与 map[BI][BJ]相同，同时在这两个图标直连的路径上，所有元素的 map[i][j]都为 0，则表示可以直连。

实现步骤一

有了以上的理解，就可以继续在 AbstractGameModel 中添加算法。如下代码所示：

```
    /**
     * 判断两个元素是否能够通过一条直线连接
     * @param itemAI 第一个元素的行值
     * @param itemAJ 第一个元素的列值
     * @param itemBI 第二个元素的行值
     * @param itemBJ 第二个元素的列值
     * @return 布尔值，如果为 true，说明两个元素能够通过一条直线连接，反之，则两个元素不能通过一条直线连接
     */
    public boolean linkByLine(int itemAI,int itemAJ,int itemBI,int itemBJ){
        if (itemAI == itemBI) {// 两个元素在一条水平线上
            int minJ = itemAJ < itemBJ ? itemAJ : itemBJ;
            int maxJ = itemAJ < itemBJ ? itemBJ : itemAJ;
            for (int j = minJ + 1; j < maxJ; j++) {
                if (map[itemAI][j] != 0) {
                    return false;
                }
            }
            return true;
        } else if (itemAJ == itemBJ) {// 两个元素在一条垂直线上
            int minI = itemAI < itemBI ? itemAI : itemBI;
            int maxI = itemAI < itemBI ? itemBI : itemAI;
            for (int i = minI + 1; i < maxI; i++) {
                if (map[i][itemAJ] != 0) {
                    return false;
                }
            }
            return true;
        } else {// 两个元素不在一条直线上
            return false;
        }
    }
```

上述方法实现了判断这两个图标能否直连的算法。第一个分支判断在同一行的情况，如果横坐标相同，则表示在同一行，进而判断该行两个图标之间的元素的 map[i][j]值，只要遇到一个非 0 值，就表示这两个元素之间还存在没有消掉的图标，返回 false，不能直连。同样的过程，实现第二个分支，也就是当两个元素在同一列的时候是否直连。如果既不在同一行也不在同一列，则直接返回 false。

为了能够在后续阶段实现动态扩展游戏模式，在 AbstractGameModel 类中定义抽象方法，允许子类分别实现。如下代码所示：

实现步骤二

```
    public abstract byte isConnected(int itemAI,int itemAJ,int itemBI,int itemBJ);
```

该方法是抽象方法，必须被子类实现，否则子类将提示编译错误。该方法通过判断两个元素在地图中的坐标，返回整数，标明两者能以什么方式连接。

26.4.2 修改 GameModelDefault 类

目前，GameModelDefault 类将报编译错误。原因是父类 AbstractGameModel 中定义了抽象方法，而该类并没有覆盖这个抽象方法。选择 Source→Override/Implement Methods，弹出如图 26-16 所示对话框。

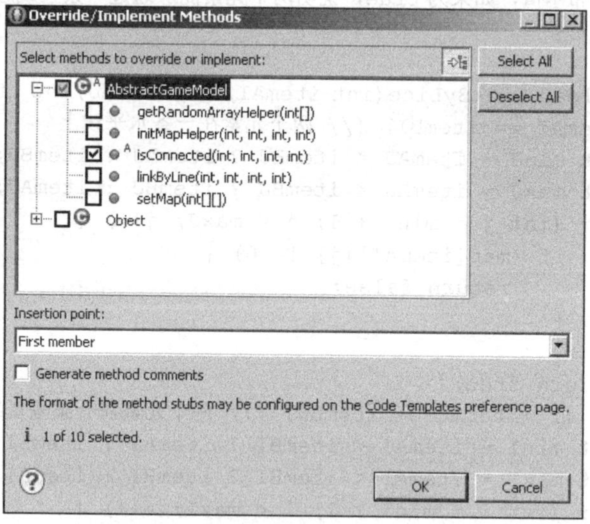

图 26-16　Override/Implement Methods 对话框

实现步骤三

勾选其中的抽象方法 isConnected，单击 OK 按钮，则在 GameModelDefault 中添加如下代码：

```
@Override
public byte isConnected(int itemAI, int itemAJ, int itemBI, int itemBJ) {
    return 0;
}
```

目前，只实现了两个图标能否直连的判断方法，因此 isConnected 方法只判断能否直连，能直连返回 1，不能直连返回 0。如下代码所示：

```
public byte isConnected(int itemAI, int itemAJ, int itemBI, int itemBJ) {
    if (map[itemAI][itemAJ] == 0 || map[itemBI][itemBJ] == 0
            || (map[itemAI][itemAJ] != map[itemBI][itemBJ])
            || (itemAI == itemBI && itemAJ == itemBJ)) {
        return 0;
    }
    if (linkByLine(itemAI, itemAJ, itemBI, itemBJ)) {
        return 1;
    }
    return 0;
}
```

至此，能否直连的判断算法已经完成。

26.4.3 修改 MainPanel 类

目前已经在 Model 中实现了直连的判断算法，任意两个图标元素，只要知道它们在游戏地图中的坐标，就可以使用 Model 中的 isConnected 方法判断是否能直连。接下来修改 MainPanel 类，使得单击图标后能使用 Model 中的算法进行判断，能够直连的元素消掉，并重画游戏地图。这部分修改工作比较大，下面分步骤进行。

实现步骤四

1. 在 MainPanel 类中声明需要的新属性

为了实现直连模式，需要在 MainPanel 中定义如下属性：

```
public class MainPanel extends JPanel{
…
//定义状态常量
public int screenState=1;
public final static int SCREEN_STATE_PLAY = 1;
public final static int SCREEN_STATE_DRAWLINE = 2;
public final static int SCREEN_STATE_SELECT_ONE = 3;
public final static int SCREEN_STATE_OVER = 4;
//定义被选择的两个图标坐标，selectAI 是 A 图标的横坐标，以此类推
int selectAI;
int selectAJ;
int selectBI;
int selectBJ;
//定义鼠标所在位置坐标
int mouseI;
int mouseJ;
//定义变量，标记两个图标能否相连，0 表示不能
int code;
//定义图标大小
public final int cellWidth = 40;
public final int cellHeight = 50;
```

其中 screenState 用来保存当前的状态，1 表示游戏正在进行的状态；2 表示选择的两个图标可以连接，需要画连接线；3 表示已经选择了某一个元素；4 表示游戏结束。默认值是 1。selectAI、selectAJ、selectBI、selectBJ 是 4 个坐标值，用来存储选择的两个图标在游戏地图中的坐标位置。mouseI 和 mouseJ 表示鼠标当前的位置。code 是 isConnected 方法的返回值，目前只可能是 0 表示不可连接，或者 1 表示可连接。cellWidth 以及 cellHeight 表示图标元素的大小，也就是游戏地图中每个小图标的大小。

2. 定义两个新方法，处理鼠标事件

实现步骤五

为了能够在用户单击游戏图标元素时有响应，在 MainPanel 中定义两个新的方法，分别是 panelMouseMoved 方法和 panelMouseClicked 方法。其中 panelMouseMoved 用来处理鼠标滑动的事件，将鼠标所在位置转换成游戏地图中的坐标，并赋值给 mouseI，mouseJ；panelMouseClicked 方法用来处理鼠标单击事件。如下代码所示：

```
    public void panelMouseMoved(MouseEvent e){
        int x = e.getX();
        int y = e.getY();
        int i = y / 50;
        int j = x / 40;
        if (i > 0 && i < 9 && j > 0 && j < 9) {
            mouseI=i;
            mouseJ=j;
        }
    }
    public void panelMouseClicked(MouseEvent e) {
        if(e.getButton()==e.BUTTON1){
            int x = e.getX();
            int y = e.getY();
            int i = y / 50;
            int j = x / 40;
            if (i > 0 && i < 9 && j > 0 && j < 9) {
                switch (screenState) {
                    case SCREEN_STATE_PLAY:
                    if (map[i][j] != 0) {
                        selectAI = i;
                        selectAJ = j;
                        screenState = SCREEN_STATE_SELECT_ONE;
                    }
                    break;
                    case SCREEN_STATE_SELECT_ONE:
                    if (map[i][j] != 0) {
                        code=model.isConnected(selectAI, selectAJ, i, j);
                        if (code != 0) {
                            selectBI = i;
                            selectBJ = j;
                            screenState = SCREEN_STATE_DRAWLINE;
                        } else {
                            selectAI=i;
                            selectAJ=j;
                        }
                    }
                    break;
                }
            }
        }
    }
```

panelMouseClicked 方法是难点。核心部分是 switch case 分支语句，一个分支代表一种状态。先判断是否使用鼠标左键单击，如果是左键，将当前坐标转换成游戏地图中的位置坐标，接下来根据 screenState 的值进行相关操作。具体判断流程如下：第一次单击某个图标时，screenState 为 SCREEN_STATE_PLAY，只要单击的图标的 map[i][j]值不是 0，则将当前位置赋值给类的属性 selectAI、selectAJ，并将 screenState 值修改为 SCREEN_STATE_SELECT_ONE。再次单击某个图标元素时，将执行 switch 中 case 值是 SCREEN_STATE_SELECT_ONE 的分支。只要单击的图标的 map[i][j]值不是 0，则使用 Model 中的 isConnected 方法判断是否能与之前保存的 selectAI,selectAJ 图标连接。如果 code 值不为 0，则表示可以连接，修改 screenState 值为 SCREEN_STATE_DRAWLINE，并把当前坐标位置赋值为 selectBI,selectBJ。如果判断后 code 值为 0，表示不能连接，则把当前选择的图标位置赋值给 selectAI,selectAJ，以备下一次选择新图标后进行判断。

3. 使 MainPanel 实现 Runnable 接口，添加 run 方法

实现步骤六

目前 MainPanel 中已经有两个方法能够响应鼠标事件，当鼠标选择某两个图标时，能够判断是否可以连接。如果可以连接，screenState 的值就是 SCREEN_STATE_DRAWLINE，需要在两者之间画线，并把两个图标消掉，也就是 map[i][j]值为 0，并重新绘制游戏地图。为了能够随时处理这种状态，现在使 MainPanel 实现 Runnable 接口，并覆盖 run 方法，在 run 方法中处理 SCREEN_STATE_DRAWLINE 状态。如下代码所示：

```
public class MainPanel extends JPanel implements Runnable{
…
public void run() {
    while (true) {
        try {
            if(screenState==SCREEN_STATE_DRAWLINE){
                paintImmediately(0,0,400,500);
                screenState=SCREEN_STATE_PLAY;
                map[selectAI][selectAJ]=0;
                map[selectBI][selectBJ]=0;
            }
            Thread.sleep(100);
            repaint();
        }catch (Exception ex) {
            ex.printStackTrace();
        }
    }
}
```

该 run 方法是线程的运行体，在一个死循环中不断判断 screenState 的值，只要值是 SCREEN_STATE_DRAWLINE，则表示需要画线并消掉两个图标，调用 paintImmediately 方法强制立刻调用 paint 方法，绘制连线等。然后重置 screenState 值，并将两个图标元素的 map 值设置为 0，调用 repaint 方法，重新绘制游戏地图，消掉的元素不再出现。既然要在 paint 方法中绘制连线等效果，所以下面需要在 paint 方法中添加代码。

4. 将 MainPanel 的 paint 方法进一步完善

为了能够在用户选择某个图标，以及两个图标可以连接的时候绘制一些效果和直线，需要在 paint 方法中添加如下代码（在给 map 赋值的 for 循环后添加）：

实现步骤七

```
bGraphics.setClip(0,0,400,500);
if (mouseI > 0 && mouseI < 9 && mouseJ > 0 && mouseJ < 9&&map
[mouseI][mouseJ]!=0){
   bGraphics.setColor(Color.BLUE);
   bGraphics.drawRect(mouseJ*cellWidth,mouseI*cellHeight,cellWidth,cellHeight);
}
switch(screenState){
case SCREEN_STATE_SELECT_ONE:
bGraphics.setColor(Color.RED);
bGraphics.drawRect(selectAJ*cellWidth,selectAI*cellHeight,cellWidth,cell
Height);
break;
case SCREEN_STATE_DRAWLINE:
bGraphics.setColor(Color.RED);
```

```
    if(code==1){
        bGraphics.drawLine(selectAJ*cellWidth+cellWidth/2,
                           selectAI*cellHeight+cellHeight/2,
                           selectBJ*cellWidth+cellWidth/2,
                           selectBI*cellHeight+cellHeight/2);
    }
    break;
}
//paint 方法的参数 g，调用 drawImage 方法，把已经在缓冲区的游戏场景绘制到 GUI 界面
g.drawImage(bImage, 0, 0, this);
```

上面增加的代码，一定要注意第一条语句。由于在 for 循环前使用 setClip 将有效区域设置为了 40 像素×50 像素，所以如果不重新设置，画图效果将不显现。上述代码中，首先通过判断 mouseI 和 mouseJ 的值，选择当前鼠标所在位置，将图标外框设置为蓝色。然后判断 screenState 的值，当状态为 SCREEN_STATE_SELECT_ONE 时，将图标外框标注为红色；当状态为 SCREEN_STATE_DRAWLINE 时，以两个图标的中心为端点绘制一条红色直线。

实现步骤八

5. 对鼠标事件进行注册监听

目前已经做了很多准备，但是鼠标事件没有注册监听，依然不会有响应。在 MainPanel 的构造方法中，加入如下代码，注册鼠标事件监听器：

```
MouseInputAdapter mAdapter=new MouseInputAdapter(){
    @Override
    public void mouseClicked(MouseEvent e) {
        panelMouseClicked(e);
    }
    @Override
    public void mouseMoved(MouseEvent e) {
        panelMouseMoved(e);
    }
};
this.addMouseListener(mAdapter);
this.addMouseMotionListener(mAdapter);
```

上述代码中定义了鼠标事件监听器 mAdapter，重写了两个方法。mouseClick 方法监听鼠标单击事件，调用 panelMouseClicked 方法，进而根据目前的 screenState 状态进行不同的操作。mouseMoved 方法监听鼠标滑动事件，调用 panelMouseMoved 方法，将获得当前鼠标位置，对所在图标进行加蓝色显示。值得一提的是，前面在构造方法中加入了 repaint 方法以便调用 paint 方法初始化界面，现在由于通过线程调用，构造方法中的 repaint 方法可以不再使用。

26.4.4 启动 MainPanel 创建的线程对象

目前，MainPanel 已经修改结束，MainPanel 已经是 Runnable 类型，其中覆盖的 run 方法非常重要，能够一直监听 screenState 的值，一旦 screenState 值成为 SCREEN_STATE_DRAWLINE，就强制运行 paint 方法，进行渲染并重新绘制游戏地图。因此，需要在 MainFrame 中创建线程并启动，保证应用运行后，该线程就被启动。在 MainFrame 中 initFrame 方法的最后添加一行代码。如下代

实现步骤九

码所示：

```
new Thread(panel).start();
```

运行 MainFrame，可以通过直连的方法玩连连看游戏，如图 26-17 所示。

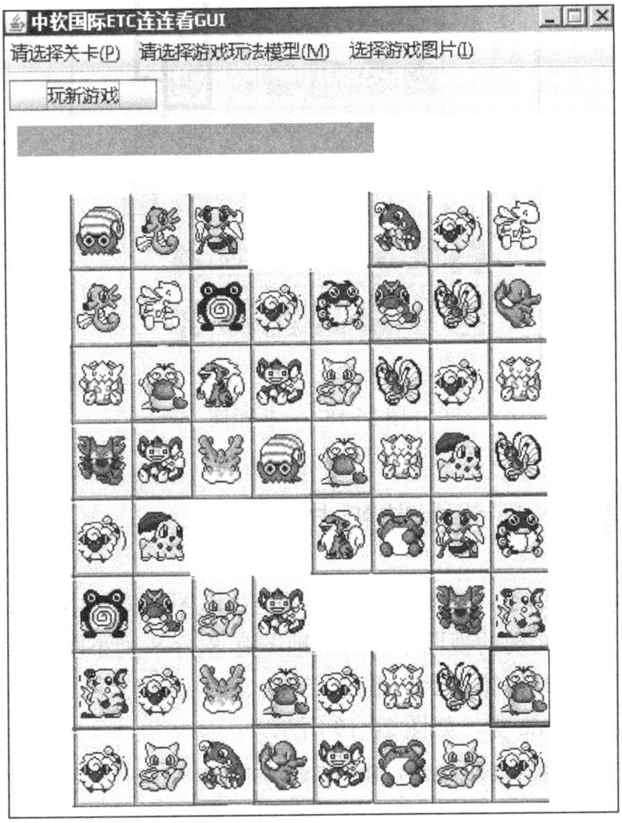

图 26-17　玩连连看游戏（直连）

26.5　实现一折相连消除版本

目前，连连看游戏只能通过直线连接两个相同的图标，接下来实现可以通过一折的方式相连，如图 26-18 所示。

图 26-18 中的两组蝴蝶就是能够用一折方式相连的例子。与实现直连方式相同的思路，首先要梳理清楚如何判断两个图标元素能够通过一折方式相连。如果存在两个元素，分别是(AI,AJ)以及(BI,BJ)，通过一折方式相连时，需要考虑以下条件。

（1）AI 和 BI 不相等，AJ 和 BJ 也不相等。因为同行或者同列的元素，要么是直连，要么是两折，不可能一折相连。

（2）两个元素的一折路径上，map[i][j]都为 0。比起直连判断算法，一折方式在判断路径是否都是 0 元素上稍微复杂。直连只要判断一条直线路径即可，而一折需要判断两条。

（3）Map[AI][AJ]与 map[BI][BJ]相等，表示同一类型元素。

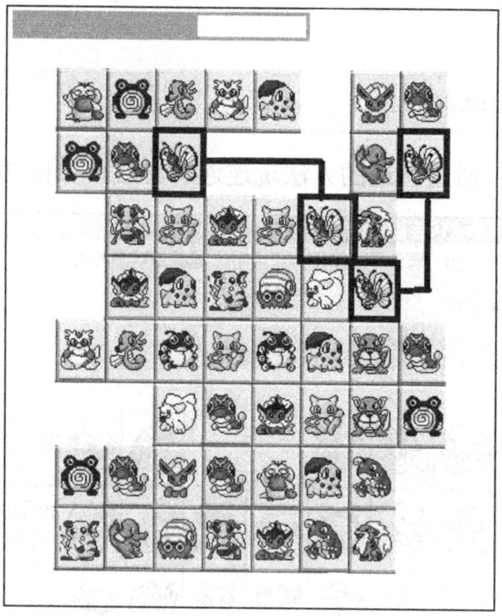

图 26-18　一折相连

26.5.1 创建 Node 类封装折点信息

实现步骤一

为了更好地封装位置信息，把游戏场景看做一张地图，将其中的每个图标看做一个节点。例如目前实现的视图中，游戏地图有 8 行 8 列小图标，它们的位置可以使用其所在的行列位置表示，例如（3,2）表示第 3 行第 2 列的图标节点。为了能够存储折点的位置，创建 Node 类，如图 26-19 所示。

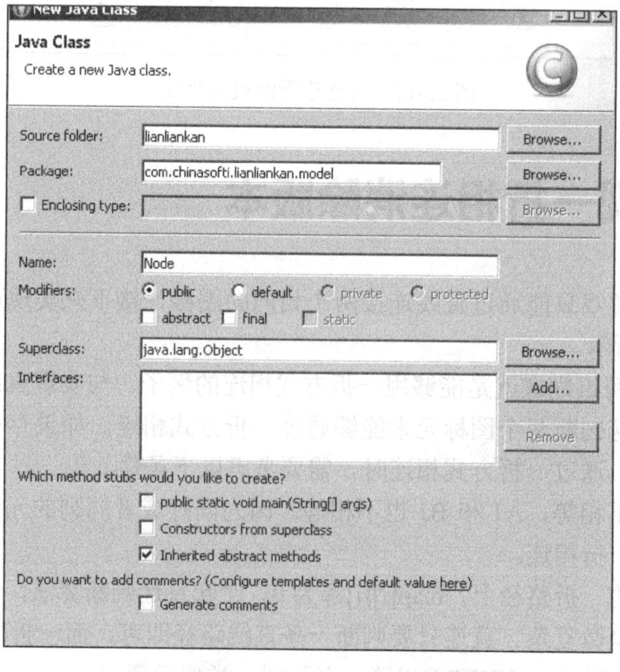

图 26-19　创建 Node 类

Node.java 的源代码如下所示：

```
package com.chinasofti.lianliankan.model;
public class Node {
    /**
     *节点行值
     */
    private int i;
    /**
     *节点列值
     */
    private int j;
    public int getI() {
        return i;
    }
    public void setI(int i) {
        this.i = i;
    }
    public int getJ() {
        return j;
    }
    public void setJ(int j) {
        this.j = j;
    }
}
```

26.5.2 修改 AbstractGameModel 类

为了能够使用一折的方式连接，需要修改 AbstractGameModel 类，添加新的算法。首先需要在 AbstractGameModel 类中定义一个 Node[]数组，用来保存折点信息。由于后续将添加两个折点连接的算法，因此该数组长度为 2。如下代码所示：

实现步骤二

```
//存放折点，最多两个，具体值使用 setTurningPoints 设置
public Node[] turningPoints=new Node[2];
```

定义了折点数组后，需要定义方法，能把真正的折点信息存入 Node[]。定义方法如下：

```
//保存折点信息
public void setTurningPoints(int i,int j,int index){
    if(turningPoints[index-1]==null){
        turningPoints[index-1]=new Node();
    }
    turningPoints[index-1].setI(i);
    turningPoints[index-1].setJ(j);
}
```

上述方法将指定某个折点在游戏地图中的坐标和索引。1 个折点的算法中只有 1 个折点，而后续将实现 2 个折点的算法，就会有 2 个折点，因此需要指定折点索引。该方法先判断当前折点元素是否为空，如果为空，则创建一个 Node 对象赋值，并用 i 和 j 对该对象赋值。准备好折点相关的属性和方法后，需要添加一个关键的方法，即判断两个图标元素能否通过一

折进行连接。如下代码所示：

实现步骤三

```
/**
 * 判断两个元素是否能够通过一折连接
 * @param itemAI 第一个元素的行值
 * @param itemAJ 第一个元素的列值
 * @param itemBI 第二个元素的行值
 * @param itemBJ 第二个元素的列值
 * @return 布尔值，如果为 true，说明两个元素能够通过一折连接，反之，则两个元素不能通过一折连接
 */
public boolean linkByOneTurn(int itemAI,int itemAJ,int itemBI,int itemBJ){
//如果两个元素能够一折连接，那么折点是固定的，即(itemAI,itemBJ)或(itemBI,itemAJ)
        if((map[itemAI][itemBJ] == 0)
                && linkByLine(itemAI, itemAJ, itemAI, itemBJ)
                && linkByLine(itemBI, itemBJ, itemAI, itemBJ)) {
            setTurningPoints(itemAI,itemBJ,1);
            return true;
        }else if((map[itemBI][itemAJ] == 0)
                && linkByLine(itemAI, itemAJ, itemBI, itemAJ)
                && linkByLine(itemBI, itemBJ, itemBI, itemAJ)) {
            setTurningPoints(itemBI,itemAJ,1);
            return true;
        }else{
            return false;
        }
}
```

如果两个图标（AI,AJ）以及（BI,BJ）能通过一折连接，那么折点是固定的，要么是（AI,BJ），要么是（BI,AJ），上述代码分别判断两种可能，确定折点和存入折点数组 turningPoints 中。

26.5.3 创建子类 GameModelOneTurn

实现步骤四

每一种新的连接模式，都在一个具体的子类中实现相关算法。创建新的子类 GameModelOneTurn，重写 isConnetced 方法。如下代码所示：

```
public class GameModelOneTurn extends AbstractGameModel {
    @Override
    public byte isConnected(int itemAI,int itemAJ,int itemBI,int itemBJ){
        if (map[itemAI][itemAJ] == 0 || map[itemBI][itemBJ] == 0
                || (map[itemAI][itemAJ] != map[itemBI][itemBJ])
                || (itemAI == itemBI && itemAJ == itemBJ)) {
            return 0;
        }
        if(linkByLine(itemAI, itemAJ, itemBI, itemBJ)){
            return 1;
        }
        if(linkByOneTurn(itemAI, itemAJ, itemBI, itemBJ)){
            return 2;
        }
        return 0;
    }
}
```

该方法中，先判断肯定不能连接的情况，返回 0；然后判断可以直连的情况，返回 1；最后判断可以一折相连的情况，返回 2。

26.5.4 修改 MainPanel 类

实现步骤五

为了能够实现一折相连，首先需要在 MainPanel 中使用 GameModelOneTurn 为模型对象，不再使用 GameModelDefault。如下代码所示：

```
//声明模型对象
private AbstractGameModel model=new GameModelOneTurn();
```

要实现一折相连，必须将折点信息进行存储，因此需要声明一个 Node 数组，存储折点信息。如下代码所示：

```
//存放折点信息
Node turnPoints[];
```

接下来主要需要修改的是 paint 方法中的部分代码。以前版本中 paint 方法的 switch 分支中，case SCREEN_STATE_DRAWLINE 分支下只处理 code=1，也就是直连的情况。现在要加入 code=2，也就是一折相连的情况。如下代码所示：

```
else if(code==2){
turnPoints=model.turningPoints;
Node node=turnPoints[0];
bGraphics.drawLine(selectAJ*cellWidth+cellWidth/2,
                   selectAI*cellHeight+cellHeight/2,
                   node.getJ()*cellWidth+cellWidth/2,
                   node.getI()*cellHeight+cellHeight/2);
bGraphics.drawLine(selectBJ*cellWidth+cellWidth/2,
                   selectBI*cellHeight+cellHeight/2,
                   node.getJ()*cellWidth+cellWidth/2,
                   node.getI()*cellHeight+cellHeight/2);
}
```

上述代码中，首先将 Model 中保存好的折点信息赋值给当前的 turnPoints 属性。一折方式相连需要画两条直线，即第一个图标到折点，以及第二个图标到折点。运行 MainFrame，则可以同时使用直线及一折方式玩连连看游戏。

26.6 实现两折相连消除版本

接下来实现能够两折相连的版本。如图 26-20 所示，标注的两个图标就是通过两折相连，有两个折点。

与前面阶段的过程相同，首先分析判断两个图标是否能通过两折连接的算法。如果两个图标（AI,AJ）和（BI,BJ）能通过两折连接，那么其中一个折点要么与（AI,AJ）同行，要么同列，一定能与（AI,AJ）直线相连，同时与（BI,BJ）一折相连。换种方式说，如果在与（AI,AJ）一行的图标中，有一个值为 0，并能够与（AI,AJ）直线相连，同时又能与（BI,BJ）相连，那么（AI,AJ）一定能与（BI,BJ）两折相连。

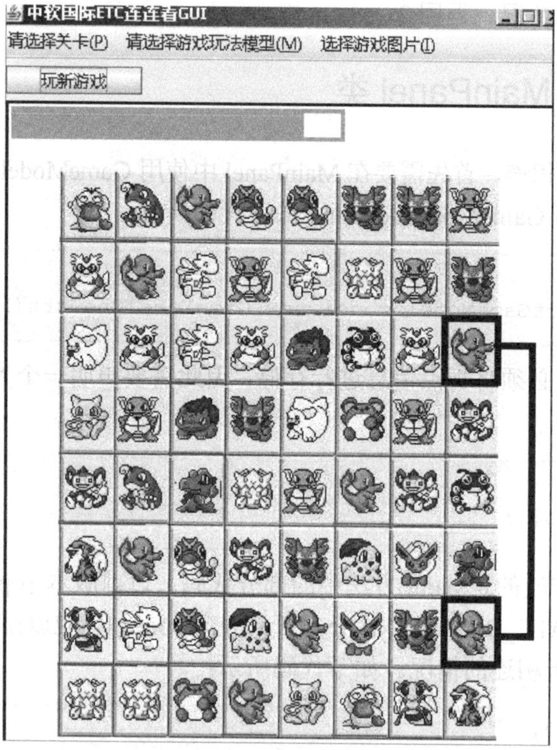

图 26-20　两折相连

26.6.1　在 AbstractGameModel 中添加新算法

为了能够实现两折相连，需要在 AbstractGameModel 中添加新的算法，判断两个图标是否能两折相连。如下代码所示：

```
    /**
     * 判断两个元素是否能够通过两折连接
     * @param itemAI 第一个元素的行值
     * @param itemAJ 第一个元素的列值
     * @param itemBI 第二个元素的行值
     * @param itemBJ 第二个元素的列值
     * @return 布尔值，如果为 true，说明两个元素能够通过两折连接，反之，则两个元素不能通
过两折连接
     */
       public boolean linkByTwoTurn(int itemAI,int itemAJ,int itemBI,int
itemBJ){
          for(int i=0;i<map.length;i++){
             if(map[i][itemAJ]==0&&linkByLine(i,itemAJ,itemAI,itemAJ)
             &&linkByOneTurn(i,itemAJ,itemBI,itemBJ)){
                setTurningPoints(i,itemAJ,2);
                return true;
             }
          }
```

```
        for(int j=0;j<map[itemAI].length;j++){
            if(map[itemAI][j]==0&&linkByLine(itemAI,j,itemAI,itemAJ)
                                  &&linkByOneTurn(itemAI,j,itemBI,itemBJ)){
                setTurningPoints(itemAI,j,2);
                return true;
            }
        }
        return false;
    }
```

上述代码实现了本节开头描述的算法思想，第一个 for 循环遍历与第一个图标同列的图标。如果存在值为 0 同时能直线连接到图标 A，能一折连接到图标 B 的一个折点，则表示这两个图标可以两折相连，将当前值作为第二个折点节点存到 turningPoints 中。值得注意的是，if 语句调用了 linkByOneTurn，在执行该方法过程中，将会把一折连接图标 B 的另一个折点找到，并存到 turningPoints 中，因此，最终 turningPoints 将存储两个折点信息。第二个 for 循环使用相同的流程遍历与第一个图标同行的图标。

26.6.2 创建新的模型子类 GameModelTwoTurn

实现步骤二

和前面的各阶段相同，为每种新的连接模型创建一个子类，实现 isConnected 方法。GameModelTwoTurn 类如下所示：

```
public class GameModelTwoTurn extends AbstractGameModel {
    @Override
    public byte isConnected(int itemAI, int itemAJ, int itemBI, int itemBJ) {
        if(map[itemAI][itemAJ] == 0 || map[itemBI][itemBJ] == 0
                || (map[itemAI][itemAJ] != map[itemBI][itemBJ])
                || (itemAI == itemBI && itemAJ == itemBJ)) {
            return 0;
        }
        if(linkByLine(itemAI, itemAJ, itemBI, itemBJ)) {
            return 1;
        }
        if(linkByOneTurn(itemAI, itemAJ, itemBI, itemBJ)){
            return 2;
        }
        if(linkByTwoTurn(itemAI, itemAJ, itemBI, itemBJ)){
            return 3;
        }
        return 0;
    }
}
```

上述代码中，两个节点能直连时返回 1；能一折相连时返回 2；能两折相连时返回 3。

26.6.3 修改 MainPanel 类

实现步骤三

准备好 Model 后，接下来修改 MainPanel 类。首先修改 MainPanel 中关联的模型对象类型，使用最新的 GameModelTwoTurn。如下代码所示：

```
//声明模型对象
private AbstractGameModel model=new GameModelTwoTurn();
```

接下来修改 paint 方法中 switch 分支语句的 case SCREEN_STATE_DRAWLINE 分支，目前该分支下处理 code=1 以及 code=2 的情况，也就是直连和一折的情况。现在要加入 code=3，也就是两折相连的情况。如下代码所示：

```
else if(code==3){
turnPoints=model.turningPoints;
Node pNode=turnPoints[1];
Node nNode=turnPoints[0];
bGraphics.drawLine(selectAJ*cellWidth+cellWidth/2,
                   selectAI*cellHeight+cellHeight/2,
                   pNode.getJ()*cellWidth+cellWidth/2,
                   pNode.getI()*cellHeight+cellHeight/2);
bGraphics.drawLine(pNode.getJ()*cellWidth+cellWidth/2,
                   pNode.getI()*cellHeight+cellHeight/2,
                   nNode.getJ()*cellWidth+cellWidth/2,
                   nNode.getI()*cellHeight+cellHeight/2);
bGraphics.drawLine(selectBJ*cellWidth+cellWidth/2,
                   selectBI*cellHeight+cellHeight/2,
                   nNode.getJ()*cellWidth+cellWidth/2,
                   nNode.getI()*cellHeight+cellHeight/2);
}
```

上述代码中，首先获得已经保存好的折点信息，保存到 turnPoints 中，共有两个 Node 对象，分别赋值给 nNode 和 pNode，然后画 3 条直线，将两个元素进行连接。其中理解画线坐标的算法是个难点，可以通过在纸上画图的方式理解。至此，运行 MainFrame，已经可以通过直连、一折、两折 3 种方式连接图标。

26.7　添加限时功能

目前的连连看游戏，可以不限时地玩下去，实际情况中，大多游戏都有时间限制。接下来实现游戏限时的功能，如图 26-21 所示。当开始游戏后，时间条逐渐缩短，时间到则显示红色提示框。

要实现限时功能，只要修改 MainPanel 类即可。为了能够修改时间条的宽度，首先在 MainPanel 中声明一个变量，保存初始时间条的宽度。同时需要设计一个算法来计算时间，使用 timer 变量作为计时器，初始值为 0。如下代码所示：

实现步骤一

```
//计时条的宽度和初始值
int timeRectWidth = 240;
int timer = 0;
```

接下来修改 paint 方法中绘制时间条的代码，使用 timeRectWidth 设置时间条宽度，不使用常量 240，这样可以通过修改 timeRectWidth 值重绘时间条。如下代码所示：

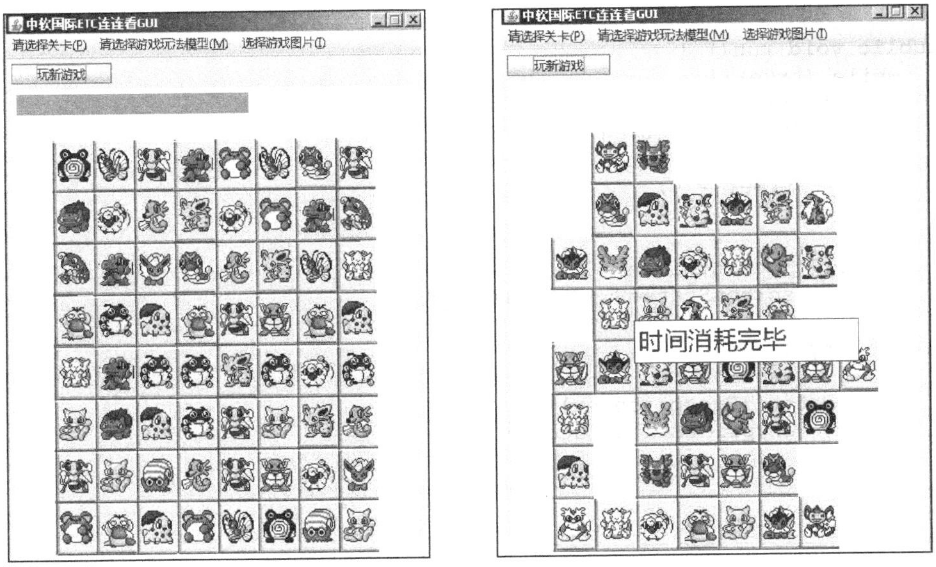

图 26-21　加入限时功能

```
//画一个 240 像素×20 像素的 cyan 颜色矩形，用来表示时间条，游戏时计时使用
bGraphics.setColor(Color.cyan);
bGraphics.fillRect(5, 5, timeRectWidth, 20);
```

在 paint 方法的 switch 分支中，增加一个 case 分支，用来处理游戏结束的提示。如下代码所示：

```
case SCREEN_STATE_OVER:
      bGraphics.setColor(Color.WHITE);
      bGraphics.fillRect(120, 230, 220, 40);
      bGraphics.setColor(Color.RED);
      bGraphics.drawRect(120, 230, 220, 40);
      bGraphics.setFont(new Font("微软雅黑", Font.PLAIN, 24));
      bGraphics.drawString("时间消耗完毕", 125, 258);
      break;
```

上述代码中，绘制一个白边红色字体的长方形，显示“时间消耗完毕”。

在 reset 方法中，增加重设 timeRectWidth 以及 timer 值的语句。代码如下所示：

```
public void reset() {
   map = model.initMapHelper(64, 10, 10, 29);
   model.setMap(map);
   timeRectWidth = 240;
   timer = 0;
}
```

实现步骤二

修改 run 方法，使用 timer 值控制 timeRectWidth，如果 timeRectWidth 为 0，则改变 screenState 值为 SCREEN_STATE_OVER，将执行 paint 方法中的 case SCREEN_STATE_OVER 分支，绘制提示框。如下代码所示：

实现步骤三

```
public void run() {
    while (true) {
        timer++;
        if (timer == 10) {
            timeRectWidth -= 2;
            timer = 0;
        }
        …
        if(timeRectWidth==0){
            screenState=SCREEN_STATE_OVER;
        }
        try {
            repaint();
        }catch (Exception ex) {
            ex.printStackTrace();
        }
    }
}
```

上述代码中，使用 timer 进行自加，每当 timer 为 10 时，就将时间条宽度减 2，直到宽度为 0，则游戏结束。

26.8 添加重新开始游戏功能

实现步骤一

如果在玩游戏的过程中想重新开始，或者游戏结束后要重新开始，则单击“玩新游戏”按钮即可。要实现这个功能非常简单，主要修改 MainFrame 即可。在 MainFrame 的 initFrame 方法中加入如下代码：

```
newGame.addActionListener(new ActionListener() {
    public void actionPerformed(ActionEvent e) {
        panel.reset();
        panel.repaint();
    }
});
```

上述代码中对按钮注册监听，单击按钮后，调用 MainPanel 的 reset 和 paint 方法，则重新开始。

实现步骤二

值得注意的一种情况是，如果游戏由于时间到而结束后，ScreenState 为 SCREEN_STATE_OVER，为了能够继续玩新游戏，需要重设状态。因此在 MainPanel 的 reset 方法中加入一行重设 screenState 值的代码：

```
public void reset() {
    map = model.initMapHelper(64, 10, 10, 29);
    model.setMap(map);
    timeRectWidth = 240;
    timer = 0;
    screenState = SCREEN_STATE_PLAY;
}
```

26.9　添加可选择关卡功能

实现步骤

目前已经实现的连连看版本，都是默认关卡，也就是当某些图标消除掉后，其他图标的位置不变。主窗口中的第一个菜单中定义了 5 个菜单项，分别是无变化、向下串、向上串、向左串、向右串。目前使用的是无变化。向下串的意思是如果某个非 0 元素的下面是 0，则把该元素与 0 元素对调，以此类推。

26.9.1 在 AbstractGameModel 中实现算法

要实现不同关卡的重新布局功能，首先要实现核心算法。以向下串为例，首先需要在 AbstractGameModel 中实现对调的算法。如下代码所示：

```
/**
 * 当地图中存在上面为非 0 元素，而下面为 0 元素的情况时，将两个元素对调
 * @return 布尔值，表示是否执行过对调操作
 * /
public boolean downHelper() {
    boolean change = false;
    for (int i = map.length - 2; i > 1; i--) {
        for (int j = 0; j < map[i].length; j++) {
            if (map[i][j] == 0 && map[i - 1][j] != 0) {
                map[i][j] = map[i - 1][j];
                map[i - 1][j] = 0;
                change = true;
            }
        }
    }
    return change;
}
```

上述代码中默认返回值是 false，即没有对调。使用两层循环，第一层的循环变量是游戏地图的行数，第二层循环变量是游戏地图的列数。判断当某个元素是 0 同时它上面的元素非 0 时，则把两个元素对调，并将返回值设置为 true。这个方法很容易理解，然而如何才能持续将所有需要对调的元素对调是难点。在 AbstractGameModel 中定义如下方法：

```
/**
 * 将地图中所有非 0 元素往下串的方法
 */
 public void downMove() {
     while(downHelper());
 }
```

该方法调用 downHelper 方法，并将方法的返回值作为 while 循环的条件。只要调用 downMove 方法，就会调用 downHelper 方法，只要有一次对调，则 downHelper 的返回值就是 true，则该循环就一直有效，所以会反复调用 downHelper 方法进行向下串的操作。其他几个关卡的算法和上述算法非常类似。

26.9.2 修改 MainPanel 类

实现算法后，需要修改 MainPanel 类，使得能够调用到具体算法。首先在 MainPanel 中添加一个新的属性 level，用来保存选择的关卡级别。如下代码所示：

```
//关卡
int level=1;
```

在 reset 方法中，添加重设关卡的语句。如下代码所示：

```
public void reset() {
    map = model.initMapHelper(64, 10, 10, 29);
    model.setMap(map);
    timeRectWidth = 240;
    timer = 0;
    screenState = SCREEN_STATE_PLAY;
    level=1;
}
```

在 run 方法中，添加 switch 分支。调用关卡具体算法如下：

```
switch(level){
    case 1:
        break;
    case 2:
        model.downMove();
        break;
    case 3:
        model.upMove();
        break;
    case 4:
        model.rightMove();
        break;
    case 5:
        model.leftMove();
        break;
}
```

26.9.3 修改 MainFrame 类

目前已经实现了算法，并且已经在线程中调用了这些算法，接下来还需要对菜单注册监听，实现用户能够选择不同关卡的操作。在 MainFrame 的 initFrame 方法的 for 循环中加入如下代码：

```
partItem.addActionListener(new ActionListener(){
    public void actionPerformed(ActionEvent e) {
        panel.reset();
        panel.level=index;
        panel.repaint();
    }
});
```

上述代码对关卡菜单项注册了单击事件的监听，选择某个具体关卡时，先重设面板，然后把当前值传递给 level，并重新绘制游戏地图。

26.10 添加可选择模型功能

目前主窗口的第二个菜单有两个菜单项，一折模型的意思是只能用直连或一折相连，默认模式是可以直连、一折或两折。接下来实现可选择模型的功能。为了能够通过菜单选择模型，需要在 MainPanel 中添加 setModel 方法。如下代码所示：

实现步骤一

```
public void setModel(AbstractGameModel model) {
    this.model = model;
}
```

接下来修改 MainFrame 类，在 initFrame 中对两个菜单项注册监听。如下代码所示：

```
oneModelMenu.addActionListener(new ActionListener(){
   public void actionPerformed(ActionEvent e) {
       panel.setModel(new GameModelOneTurn());
       panel.reset();
       panel.repaint();
   }
});
defaultModelMenu.addActionListener(new ActionListener(){
   public void actionPerformed(ActionEvent e) {
       panel.setModel(new GameModelTwoTurn());
       panel.reset();
       panel.repaint();
   }
});
```

实现步骤二

上述代码分别对两个菜单项进行事件监听，保证选择不同菜单项时，Model 的具体类型也会发生变化。至此，当用户选择不同的模型时，游戏的规则就会发生变化。

26.11 添加可选择图标功能

目前版本的连连看游戏都使用默认图标，主窗口的第三个菜单中提供了“图标图片”的选择，可以使用其他图标。首先将 other.png 复制到 res 目录下。在 MainPanel 中添加 changeImage 方法。如下代码所示：

实现步骤一

```
public void changeImage(String name){
   String fileName="res/"+name;
   image = Toolkit.getDefaultToolkit().createImage(fileName);
   repaint();
}
```

接下来在 MainFrame 中对菜单注册监听。如下代码所示：

```
defaultImageMenu.addActionListener(new ActionListener(){
   public void actionPerformed(ActionEvent e) {
       panel.changeImage("default.png");
   }
});
iconImageMenu.addActionListener(new ActionListener(){
   public void actionPerformed(ActionEvent e) {
       panel.changeImage("other.png");
   }
});
```

实现步骤二

如果选择菜单“图标图片”，则显示如图 26-22 所示效果。

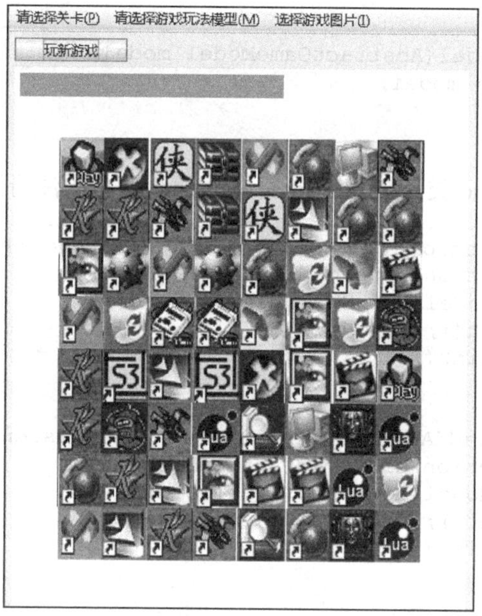

图 26-22　更换图标

26.12　本章小结

本章通过完整实现连连看游戏案例，将 Java 程序设计中的面向对象编程思想、异常处理、集合框架、多线程编程等核心知识进行了应用，进一步提升读者的 Java 编程实践能力。

附录 A

企业关注的技能

"学以致用"应该是每位读者的心愿，本书讲解了 Java 核心编程的方方面面，附录将从企业的角度列举企业所关注的与本书内容相关的技能，帮助各位读者进一步理解书中的内容。读者也可以根据这部分内容有针对性地进行练习，以熟悉企业招聘面试官常常关注的技能点，提高面试成功率。下面将根据本书的每部分内容进行划分，逐一列举企业关注的技能点，并进行分析。

第一部分　Java 语言的类

1. 请解释 Java 语言的跨平台特性。

解析：虽然不知道什么是跨平台也可以使用 Java 语言进行编程，但是对于一个 Java 程序员来说，理解跨平台特性能够更深入地掌握 Java 语言，所以企业中往往要求应聘者至少了解这个特性。

参考答案：Java 的跨平台特性也被称为可移植性、平台无关性，或者一次编写处处运行等。意思就是如果用 Java 语言编写一个应用，那么就可以在不同平台上运行，而不需要为不同平台单独进行开发。之所以能实现跨平台的特性，主要得益于 Java 虚拟机（JVM），JVM 中的解释器在运行 Java 应用时根据当前平台进行解释，解释成符合当前平台规范的机器码，从而保证同样的应用能在不同平台上运行。

2. 请列举 Java 语言的主要特点。

解析：了解一门语言，往往从熟悉该语言的主要特点开始入手，所以企业也常常通过考查应聘者对 Java 语言特点的掌握程度而判断其语言基础是否扎实。

参考答案：Java 语言有很多特点，主要包括以下几个。①跨平台性：一个应用可以不经过修改，就直接在不同的平台上运行。②面向对象：Java 语言是一门面向对象的语言，可以使用对象封装事物的属性和行为，可以使用面向对象的思想进行分析设计，并实现整个应用。③解释执行：执行 Java 应用时，JVM 中的解释器将解释类文件，生成符合当前平台的字节码。④自动垃圾回收：Java 应用中的垃圾回收是自动进行的，JVM 中的后台线程将监视内存中数据的使用情况，当内存中的数据不再被引用时，将被作为垃圾回收，而不需要程序员手动回收。

3. 请说明一个 Java 类中主要包含哪几种元素，并说明每种元素的作用。

解析：无论简单还是复杂的 Java 应用，都由若干个类组成，所以类是 Java 应用的基本组成单位。了解一个类中包含的主要元素能够对类有一个清晰的认识。一个类中，往往会包含 5 种元素，即属性、方法、构造方法、块及内部类，其中块和内部类较为少见。

参考答案：Java 类中主要包含属性、方法、构造方法、块及内部类。属性用来定义对象的数据；方法用来定义对象的行为；构造方法可以用来创建对象；块能够用来在类加载时执行通用操作或者在每次实例化前执行通用操作；内部类作为类的一个成员存在，能够访问外部类的属性和方法。

4. 请说明构造方法的作用和特征。

解析：类是对象的模板，使用类往往都需要首先对类进行实例化，即创建对象。要创建对象，就必须使用 new 关键字调用构造方法（constructor）才能完成，构造方法中往往对属性进行初始化，也可以实现其他必要的功能，如读取属性文件等。构造方法有独特的特征：名字必须与类名相同且大小写敏感，而且构造方法不能声明返回值，这两个特征缺一不可。使用 MyEclipse 工具时，可以使用菜单 Generate Constructor 自动生成不同的构造方法。

参考答案：构造方法的作用是创建对象，使用 new 关键字调用。构造方法的名字必须与类的名字完全相同，并且大小写敏感，同时构造方法不能声明返回值类型，可以使用任意一种权限访问修饰符，但是不能使用其他修饰符进行修饰。如 static、final、abstract 等修饰符都不能修饰构造方法。

5. 什么是方法重载（overload）？

解析：如果一个类的某个行为，会有不同的算法和逻辑，例如，Math 类计算绝对值的方法，可以计算 int 类型数值的绝对值，也可以计算 double 类型数值的绝对值。这种情况下，如果对每种类型都定义一个不同的方法名，如 absInt、absDouble，那么类的可读性就较差，使用该类时，必须熟悉处理每种类型参数所对应的方法名。然而，如果使用同一个方法名，而使用不同的形式参数来区别这些方法，那么就具有很好的可读性，如 abs(int i)、abs(double d)等。能编写可读性强的代码是企业对开发人员的基本要求，方法重载能够使得代码有很好的可读性。

参考答案：方法重载指的是在一个类中可以声明多个相同名字的方法，而方法的形式参数有所区别。调用这些同名方法时，JVM 会根据实际参数的不同绑定到不同的方法。

6. 请列举 Java 语言中的权限访问修饰符，并说明每种权限的含义。

解析：正确使用权限访问修饰符，能够有效控制类及类成员的安全性。Java 语言中有 4 种权限访问修饰符：public、protected、同包及 private。一般情况下，应用中的类多是 public 权限，属性多是 private 权限，方法多是 public 权限。

参考答案：Java 语言中有 4 种权限访问修饰符：public、protected、同包及 private。public 表示公共权限，即任何包都可以访问；protected 表示受保护权限，即同包可以访问，不同包中的子类可以访问；同包权限是默认权限，即不显式指明权限访问修饰符的时候就是同包权限，表示只有同包可以访问；private 是私有权限，表示只能在本类中访问。

7. 请列举 Java 语言中的 8 种基本数据类型，并说明每种数据类型的含义及长度。

解析：数据类型在任何一门编程语言中都是很重要的知识点，属性、方法参数、方法返回值都需要指定各自的数据类型。Java 语言虽然是一门面向对象的语言，但是也定义了基本数据类型。基本数据类型可以直接赋值，不需要使用 new 关键字创建，可以直接使用运算符进行运算，在编程中经常被使用。而且 Java 语言中的基本数据类型的长度固定，不会随着平台的不同而不同。

参考答案：Java 语言的 8 种基本数据类型有：byte 字节型，8 位长度；short 短整型，16

位长度；int整型，32位长度；long长整型，64位长度；float单精度浮点型，32位长度；double双精度浮点型，64位长度；char字符型，16位长度；boolean型，表示逻辑值，有true和false两个值，分别表示真和假。

8. 什么叫引用类型，引用类型和基本数据类型有什么区别？

解析：很多初级程序员都能够理解 int i=20;中的int是一种类型，称为整型。而对于类似Employee e=new Employee();中的Employee却感觉无所适从。其实，任何一个类都是一种类型，如Employee就是一种类型，可以说变量e的类型就是Employee。Java语言中将类的类型称为引用类型，即reference type。可以说，除了8种基本数据类型之外的类型都是引用类型，包括API中所有的类、自定义的所有类，也包括数组。引用类型和基本数据类型的直观区别就是引用类型的变量需要使用new调用构造方法来赋值，而基本数据类型可以直接使用“=”赋值。但是，引用类型中的String比较特殊，既可以使用new关键字赋值，也可以直接使用“=”赋值，一般情况下都使用“=”直接赋值。

参考答案：Java语言中除了基本数据类型之外的类型，都称为引用类型。引用类型就是类的类型，所有的对象都是引用类型，包括数组对象。引用类型必须使用new调用构造方法进行赋值，引用类型的变量拥有自己的属性和方法，可以使用圆点调用自己的属性和方法。基本数据类型直接使用“=”进行赋值，且没有自己的属性和方法，往往都在声明属性或方法时使用。

9. 对于String对象，可以使用“=”赋值，也可以使用new关键字赋值，两种方式有什么区别？

解析：String类型是实际工作中经常使用到的类型，从数据类型上划分，String是一个引用类型，是API中定义的一个类。所以String类型的对象可以使用new创建，例如String name=new String("ETC");为变量name进行赋值，值为“ETC”。然而，String类比起其他类有些特殊，可以使用“=”直接赋值，如String name="ETC";也是为变量name进行赋值，值为“ETC”。这两种赋值方式是有差别的，使用new赋值，永远都是创建一个新的对象，在新的内存空间初始化了字符串值；而使用“=”赋值，不会每次都初始化新的字符串，而是从一个“字符串实例池”中去查找有没有要赋值的字符串，如有则直接引用；如不存在，则初始化一个字符串，并放入“字符串实例池”。在实际编程中，往往使用“=”对String类型变量进行赋值。

参考答案：使用“=”赋值不一定每次都创建一个新的字符串，而是从“字符串实例池”中查找字符串。使用new进行赋值，则每次都创建一个新的字符串。

10. String类是一个“不可变类”，请解释“不可变类”的含义。

解析：String类是一个不可变类，即immutable类。所谓不可变，是指当一个字符串被初始化后，它的值就不会被改变。例如，String s=new String("hello");将初始化一个值为hello的字符串，如果调用s.toUpperCase()看起来是把hello变为大写的HELLO，然而事实上并不会把已有的hello变为HELLO，而是在新的空间初始化一个HELLO字符串。也正因为有这种不可变性，所以才能支持“字符串实例池”的使用。

参考答案：所谓不可变类，就是当字符串初始化后，就不能够被改变。

11. String类和StringBuffer类有什么区别？

解析：String类是不可变类，字符串一旦初始化后，就不能被改变。而StringBuffer类是可变类，字符串值可以被改变。常常在实际应用中看到类似这样的代码：String s=new String("hello"); s+="world";，这两句代码首先创建一个字符串 hello，然后将 world 追加到 hello 后面，重新赋值给变量 s。然而，这个过程实际上是这样的：首先创建一个 StringBuffer 对象，然后调用 StringBuffer 类的 append 方法追加字符串，最后对 StringBuffer 对象调用 toString 方法转换成字符串返回。可见，使用“+”连接字符串时，本质上是使用了可变的 StringBuffer 类，经过转换，性能效率肯定受到影响，所以建议需要追加字符串时，可以考虑直接使用 StringBuffer 类。

参考答案：String 类是不可变类，即字符串值一旦初始化后就不能被改变。StringBuffer 类是可变字符串类，类似于 String 的缓冲区，可以修改字符串的值。

12. StringBuffer 和 StringBuilder 有什么区别？

解析：StringBuilder 是 JDK 5.0 中增加的一个新类，在以前版本中不存在这个类。StringBuilder 中的方法和 StringBuffer 中的方法基本相同，但是 StringBuffer 是线程安全的，而 StringBuilder 不是线程安全的，因此在不考虑同步的情况下，StringBuilder 有更好的性能。

参考答案：StringBuffer 是线程安全的字符串缓冲，而 StringBuilder 不是线程安全的。

13. 包装器类型包括哪些类？有什么作用？

解析：初级程序员常常对 float 和 Float 或者 double 和 Double 感到混淆。在 Java 语言中，存在 8 种基本数据类型，即 byte、short、int、long、float、double、char、boolean。对应这 8 种基本数据类型，API 中定义了 8 个类，能把这些基本数据类型转换成引用类型，分别是 Byte、Short、Integer、Long、Float、Double、Character、Boolean。这 8 个类被统称为包装器类型。JDK 5.0 之后，包装器类型和基本数据类型之间可以直接转换，称为自动装箱、拆箱（boxing、unboxing）。例如 Integer it=3; it++;虽然写法上可以像使用基本数据类型一样使用包装器类型，但是本质上依然是进行了类似 it=new Integer(3);的转换，因此，不要轻易使用包装器类型的自动装箱、拆箱，以免影响性能，能够使用基本数据类型就使用基本数据类型。

参考答案：包装器类型包括 Byte、Short、Integer、Long、Float、Double、Character、Boolean 这 8 个类，主要用来对 byte、short、int、long、float、double、char、boolean 这 8 种基本数据类型进行包装，使其成为引用类型。

14. 请说明 Java 语言中的值传递规则。

解析：值传递是编写应用时不可避免的操作。例如某方法声明形式是 public void f(int x){}，使用该方法时，必须为其传递一个 int 类型的实际参数，如 f(10)。又如 public void g(Employee e){}，那么使用该方法时，必须为其传递一个 Employee 类型的实际参数，如 g(new Employee())。所以，对于初级程序员来说，了解 Java 语言的值传递规则非常重要。Java 语言中，基本类型传递的是值，如 f(10)，仅仅把 10 赋值给形式参数 x，是值的复制。而引用类型传递的是引用，即虚地址，例如 g(new Employee())是把实际参数的虚地址传递给形式参数 e，也就是说实际参数和形式参数的虚地址相同，物理上是同一个对象。

参考答案：基本数据类型传递的是值，引用类型传递的是引用，即虚地址。

15. 使用 static 修饰属性或方法后，属性和方法有什么特征？

解析：static 修饰符是一个非常常见且重要的修饰符，称为静态。静态不是指值不能改变，这是很多初级程序员容易望文生义的地方。static 常常用来修饰类的属性或方法。当一个属性或方法和对象没有关系，或者说可被任何对象共享的时候，那么就应该使用 static 进行修饰。

例如某类中的计数器，用来计算实例的个数。那么这个计数器属性就是可被所有对象共享的属性，就应该使用 static 修饰。又如 Math 类中的 abs(int)方法，用来返回参数的绝对值，这个方法和 Math 类的对象没有关系，Math 类的所有对象可以共享这个方法，那么这个方法就可以用 static 修饰。程序员必须深入理解 static 修饰符的使用。

参考答案：static 修饰属性或方法后，属性和方法不再属于某个特定对象，而是可被所有对象共享，也可以说 static 成员不依赖某个对象，在类加载时就被初始化。static 修饰的属性或方法，可以直接使用类名调用，而不用先实例化对象再调用。

16. 使用 final 修饰属性后，属性有什么特征？

解析：属性可以是变量也可以是常量，如果是常量，就需要使用 final 修饰。如果使用 final 修饰了某个属性，那么该属性的值一旦被赋值，就不能被修改。实际中常常有这样的代码：private static final int ERROR=0;也就是说，常常会声明静态的常量。静态常量的命名规范比较特殊，往往都使用大写字母，如果包含多个单词，每个单词之间使用下画线连接。静态常量的意思是，该类所有对象都拥有一个不变的常量 ERROR，值为 0。API 中的很多类都定义了这样的静态常量，使用时直接使用类名调用即可。

参考答案：final 修饰属性后，属性就成为一个常量。常量只要被赋值，就不能被改变。

17. 请说明操作符==的作用。

解析：实际编程中，==是非常常用的操作符。很多初级程序员会使用这样的代码：if(s=="save"){}，结果会发现，即使当字符串 s 的值为 save 时，if 条件依然不能被执行。原因是==在比较引用类型时，比较的是两个对象的虚地址，而不是内容。要比较两个对象的内容是否相同，往往需要使用 equals 方法，例如 if(s.equals("save")){}。==比较基本类型时，将比较数值的二进制是否相等，例如 if(x==0.5){}。值得注意的是，与空指针 null 值进行比较，往往使用==进行，如 if(s==null||s.equals(""))，表示如果字符串是空指针或空串。

参考答案：==可以用来比较基本类型或引用类型。比较基本类型时，==用来比较数值二进制的值，比较引用类型时，用来比较对象的虚地址。

18. 请说明&&与&的区别和联系。

解析：实际编程中，常常需要使用“与”或“或”的逻辑。其中&&和&存在一定区别，&&可能发生“短路”问题，如 if(s!=null&&s.length()==6)中，如果 s 的值为 null，那么第一个表达式的值为 false，返回值肯定是 false，不会计算第二个表达式的值，这就是“短路”。然而如果使用&，如 if(s!=null&s.length()==6)，假设 s 的值为 null，虽然返回值肯定为 false，但是依然会判断第二个表达式的值，将发生空指针异常。实际工作中，经常使用&&操作符。

参考答案：&&会发生“短路”问题，当第一个表达式的值为 false 时，将直接返回结果 false，而不会判断第二个表达式的值。而&不会发生“短路”问题，即使第一个表达式的值是 false，依然会判断第二个表达式的值。

19. 请列举 Java 语言中的几种位运算符，并说明位运算符的作用。

解析：位运算符对二进制数值进行运算，左移一位相当于乘 2 运算，右移一位相当于除 2 运算。移位运算符效率较高，在游戏开发中经常使用。

参考答案：Java 语言中有以下 3 种移位运算符。<<：左移运算符，左移 1 位相当于乘 2。>>：有符号右移，右移一位相当于除 2；>>>：无符号右移，忽略符号位，空位都以 0 补齐。

20. break语句能在什么场合使用？

解析：break 语句表示中断，不能够随便使用，只能在循环语句中或 switch 语句中使用。初级工程师往往容易将 break 和 return 混淆。return 可以在方法体中的任意位置使用，可以带值返回也可以不带值返回，执行 return 语句后，该方法将返回，也就是方法执行结束。而 break 只能在循环体中或 switch 的 case 语句中使用，不能随意使用。

参考答案：break 语句可以在循环体中使用，也可以在 switch 的 case 语句中使用。

21. 简述 for 循环中的 break 语句和 continue 语句的作用。

解析：很多时候，循环是为了查找某些符合条件的数据，只要找到就没有必要继续下去，称为中断循环，break 语句就可以用来中断循环。而 continue 语句恰恰相反，是用来继续下一次循环的。值得注意的是，Java 语言中可以在循环前面加标号，即 label，然后可以使用 break 或 continue 中断或继续标号的循环。

参考答案：break 可以用来中断循环，continue 可以用来继续下一次循环。

第二部分　类之间的关系

1. 用代码表示 A 类关联 B 类的情况。

解析：一个 Java 应用中不可能只有一个类，所以了解类之间的关系对程序员来说非常重要。关联关系是最常用的一种关系，如果说 A 关联 B，那么就是 B 作为 A 的属性存在。关联关系是一种复用的策略，即 A 关联 B 的时候，A 可以复用 B 的行为。

参考答案：

```
class A{
    private B b;
    public void setB(B b){
        this.b=b;
    }
}
```

2. 请说明 Java 语言中数组的基本概念、数组的作用，以及数组的声明创建方式。

解析：数组是任何一门语言里都常用的类型，Java 语言也不例外。程序员了解数组，不能仅仅从语法上了解，而应该深入理解数组的作用。数组可以用来存储类型相同的元素，作为一种数据容器使用。和数组类似的概念是集合，也能作为数据容器使用。

参考答案：数组是相同元素的集合，作为数据容器使用。声明创建一个 int 型数组，如下所示：int[] x=new int[3];其中 3 是数组的长度，该数组能够存储 3 个 int 型变量。

3. 使用代码，创建一个长度为 5 的 String 型数组，并使用增强 for 循环迭代数组打印输出数组中的元素。

解析：增强 for 循环是 JDK 5.0 增加的特性，可以方便地遍历数组或集合。程序员需要注意的是，如果 JDK 版本低于 5.0，则不支持这个功能。另外，并不是说有了增强 for 循环后，传统的 for 循环就不被使用，增强 for 循环只能用来方便地遍历数组或集合，其他情况下还只能使用传统的 for 循环。

参考答案：

```
String[] sArray=new String[5];
for(String s:sArray){
    System.out.println(s);
}
```

4. 说明 Arrays 类的作用。

解析：在实际工作中，常常需要对数组中的元素进行处理，如排序等。初级程序员往往选择自己编写算法实现。实际上，API 中提供了 Arrays 类，该类中定义了很多和数组有关的工具方法，能够方便地处理数组，是程序员必须掌握的类。

参考答案：Arrays 类是 java.util 包中的一个类，类中的所有方法都是 static 方法，这些方法都是数组对象的工具方法，能够对数组进行处理，如 sort 方法可以对数组元素进行排序。

5. 请使用简单代码展示 A 类依赖 B 类的含义。

解析：对于程序员来说，了解类和类之间的关系非常有必要。依赖关系指的是一种瞬时的关系，如果 A 依赖 B，一般指的是 A 类的某个行为，需要 B 类对象作为参数。

参考答案：

```
class A{
    public void f(B b){}
}
```

6. 请说明依赖关系和关联关系的区别。

解析：依赖关系和关联关系是非常常见的两种关系，二者的区别也很明显，程序员了解二者的区别能够更深入地理解面向对象的思想。

参考答案：依赖关系是一种瞬时关系，A 依赖 B，指的是 A 的某个行为的参数是 B 的类型，也就是说，A 要想实现这个行为，必须依赖 B 的实例。A 关联 B，是一种长久的关系，指的是 B 作为 A 的属性存在，只要实例化一个 A 的对象，就会为这个 A 的对象实例化一个 B 的对象，作为它的属性使用，可以在 A 中任何需要使用 B 的地方使用 B。

7. 继承有什么作用？Java 语言中的继承有什么特点？

解析：继承是面向对象语言的一大特征，主要作用是重复使用，子类通过继承父类，能够重复使用父类的属性和方法。值得注意的是，有两个策略可以实现重复使用，一个是关联，另一个是继承，实际编程中，关联用的更多。因为子类继承父类后，相当于父类中的细节将暴露给子类。初级程序员一定不要随意使用继承，避免滥用继承。

参考答案：继承主要为了能够重复使用父类中的成员。Java 语言中的继承是单继承，也就是说一个类最多只能继承一个父类。

8. 什么是方法覆盖（override）？说明方法覆盖与方法重载（overload）的区别。

解析：方法覆盖是一个非常重要的概念，是多态性的一个体现。方法覆盖发生在继承关系中，当子类需要修改从父类继承到的某个方法的方法体时，就可以声明一个和父类同名、同参数、同返回值的方法，这样就对父类中的那个方法进行了覆盖，子类对象调用该方法时将自动绑定到子类中的方法。API 的很多类中都进行了方法覆盖，如 String 类中的 toString 方法，就覆盖了父类 Object 中的 toString 方法。

参考答案：方法覆盖发生在继承关系的子类中，当子类要修改从父类继承到的某个方法的方法体时，就可以在子类中声明一个与父类同名、同参数、同返回值类型的方法，这就是方法覆盖。而重载与继承没有关系，指的是在一个类中可以同时声明多个同名但不同参数的方法。

9. 请说明什么是抽象类，以及抽象类有什么作用。

解析：初级程序员往往不需要自己创建抽象类，但是必须了解抽象类的概念，并且会使用抽象类。抽象类往往是设计阶段的概念，用来定义多个子类的模板，一些具体的实现可以在子类中进行。初级程序员往往需要会创建子类继承抽象类，实现抽象类中的方法。在 API 中，抽象类比比皆是。

参考答案：抽象类是不能实例化的类，使用 abstract 修饰。抽象类往往用来做父类使用，定义一些子类的共同属性或行为。

10. 请说明抽象方法的含义，并说明抽象类与抽象方法的关系。

解析：抽象方法都是在抽象类中定义的，是用来定义子类 what to do 的策略，而具体的 how to do 都在子类中实现。

参考答案：抽象方法是没有方法体的方法，使用 abstract 修饰符修饰。抽象类中不一定有抽象方法，但是有抽象方法的类一定是抽象类。

11. super 关键字的两种用法。

解析：使用一些 IDE 生成代码时，常常会在构造方法中见到 super 这个关键字。顾名思义，super 是和父类有关的一个关键字，熟悉 super 的用法对熟练掌握继承很有必要。

参考答案：super 关键字有两种用法。第一种是在子类构造方法的第一行，调用父类的某个构造方法，如 super();表示调用父类中没有参数的构造方法；又如 super(10);表示调用父类中具有一个整型参数的构造方法；第二种是在子类中调用父类中的成员，如 super.f();的意思是调用父类中的 f 方法。

12. final 类与 final 方法有什么作用？

解析：final 修饰符是一个用途非常广泛的修饰符，可以修饰类、方法和属性。

参考答案：final 类是不能够被继承的类，称为终极类，如 String 类就是 final 类，不能有子类。final 修饰方法后，是终极方法，不能被子类覆盖，但是可以被子类继承使用。

13. 什么是多态参数？多态参数有什么作用？

解析：多态性是面向对象语言的一大特征，重载、覆盖、多态参数是多态性的几种主要表现形式。多态参数处处可见，如某方法 f(Object o)，这个方法的参数类型是 Object，那么使用该方法时，只要传递给 f 的参数类型是 Object 即可。也就是说，Object 类的任意子类对象都可以传递给 f 方法。这就是多态参数，意思是对外形式都一样，都是 Object，具体实现的时候，可以是这个类型的任意子类。这就使得该方法比较灵活，Object 类即使有了新的子类，该方法也可以在不进行修改的情况下直接作用到那个子类。了解多态参数的含义和使用，对于编写 Java 程序来说特别关键。

参考答案：多态参数就是参数的类型是某个父类类型，具体为这个参数赋值的时候，就可以使用该父类的任意子类的对象。使用多态参数，可以使得程序的扩展性更好，即使扩展了新的子类，方法不需要任何修改，就能接受子类类型进行处理。

14. Object 类有什么特点？

解析：Object 类是一个非常重要的类，是所有类的父类，包括数组在内。也就是说，任何一个 Java 类，不管是在 API 中定义的，还是自定义的类，都直接或间接地继承了 Object

类。所以，如果有一个方法 f(Object o)，那么可以传递给这个方法任意一个类的对象，包括数组对象，因为所有对象都可以说是 Object 类型。

参考答案：Object 类是所有类的直接或间接的父类。

15. Object 类中的 toString 方法有什么作用？

解析：Object 类是所有类的父类，所以 Object 类中的方法是所有类都默认具备的方法，其中的 toString 方法可以将任意一个对象作为字符串返回，默认的格式是“类名@内地址”。然而，API 中很多类已经覆盖了这个方法，将其返回值的格式进行了自定义，如 String 类的 toString 方法已经覆盖为返回字符串的字符序列。toString 方法在很多场合被自动调用，例如打印输出一个对象时，就自动调用该对象的 toString 方法，如果需要修改返回字符串的格式，就需要在类中覆盖 toString 方法。

参考答案：toString 方法可以把对象作为字符串返回。

16. Object 类中的 equals 方法与 hashCode 方法有什么作用？

解析：Object 类中定义了 equals 方法和 hashCode 方法。在 Object 类中，equals 方法用来比较对象的引用值，也就是只有物理上是同一个对象的两个引用，在使用 equals 方法比较时才返回 true。hashCode 方法返回一个对象的内地址的十六进制值。由于 Object 类是所有类的父类，所以任意类中都拥有这两个方法，并都可以进行覆盖。尤其在操作 Set、Map 对象时，覆盖集合元素类的 equals 方法和 hashCode 方法非常有必要，因为 Set 和 Map 判断元素是否重复，主要依靠这两个方法进行。一般的规则如下：如果存在 x 和 y 两个对象，调用 x.equals(y)返回 true 时，那么调用 hashCode 方法返回值也应该相同；调用 x.equals(y)返回 false 时，那么调用 hashCode 方法返回值可能相同，也可能不同。值得注意的是，只要覆盖了 equals 方法，一定要按照规则覆盖 hashCode 方法。在实际工作中，很多 IDE 环境都支持覆盖 equals 和 hashCode 的功能。

参考答案：Object 类中的 equals 方法用来比较两个引用的引用值，hashCode 用来返回引用的内地址的十六进制数值。在 Set 和 Map 集合中，判断两个元素是否重复时，往往需要使用这两个方法。这两个方法往往被子类覆盖，覆盖的规则如下：如果存在 x 和 y 两个对象，调用 x.equals(y)返回 true 时，那么调用 hashCode 方法的返回值也应该相同；调用 x.equals(y)返回 false 时，那么调用 hashCode 方法返回值可能相同，也可能不同。

17. 接口有什么特点？与抽象类有什么区别？

解析：接口是一个设计层面的概念，初级程序员往往不会自己定义接口，但是会使用接口。理解接口的概念非常有必要。接口定义了实现类的规范，即 what to do 的部分，所有实现类必须按照这个规范进行实现。

参考答案：接口的特点是不能定义变量，而且所有方法都是抽象方法。而抽象类中可以有变量，也不强制必须有抽象方法。

18. 类继承父类与类实现接口有什么区别？

解析：类继承父类和类实现接口，本质上其实是一样的，都是将父类或接口作为模板，在这个模板上进行扩展或重写。程序员在实际编程中，常常需要继承父类或实现接口。

参考答案：类继承父类只能是单继承，也就是一个子类最多只能有一个父类；而类实现接口可以多实现，就是一个子类可以同时实现多个接口，并覆盖所有接口中的所有抽象方法。

19. Comparable 接口有什么作用？

解析：Comparable 接口是在实际编程中常常使用的接口，该接口定义了 compareTo(Object o)方法，用来定义对象的比较逻辑。这个接口在其他 API 中常常会强制使用，例如 Arrays 类的 sort(Object[])方法，就强制数组元素必须实现 Comparable 接口。与这个接口类似的另外一个接口是 Comparator 接口。

参考答案：Comparable 接口定义了 compareTo(Object o)方法，可以用来实现对象的比较逻辑。这个接口在其他 API 中常常强制使用，用来规范对象的比较逻辑。

第三部分　异常处理

1. 什么是异常？异常和错误有什么区别？

解析：异常处理是面向对象语言比起过程式语言的一大改进。对于 Java 程序员来说，必须了解异常处理，才能够顺利编程。

参考答案：异常是一些不正常的事件，能够中断程序的正常执行，例如除以 0 的计算就是异常。异常和错误不同，异常是可以被处理的，而错误往往是不能够被处理的，如内存溢出错误。

2. NullPointerException 是什么异常？什么情况下会发生该异常？

解析：程序员必须能够理解常见异常的发生原因，并能够处理。NullPointerException 就是一种特别常见的运行期异常。

参考答案：NullPointerException 是空指针异常，若一个引用没有被赋值，就是 null 值。在这种情况下，使用该引用调用其属性或方法，就会发生 NullPointerException 异常。

3. 说明 try/catch/finally 语句块的作用。

解析：编写 Java 程序，避免不了需要处理异常。Java 中处理异常使用 try/catch/finally 实现。尤其其中的 finally 语句非常值得程序员关注，可以用来执行必须实现的功能，如关闭数据库连接等操作。

参考答案：try 语句块用来包含可能发生异常的语句，catch 块用来捕获异常，finally 块用来包含必须执行的语句。

4. 如何使用语句抛出异常？抛出异常后如何处理？

解析：某些业务逻辑的非正常事件流，可以使用抛出异常来标记。抛出的异常必须是自定义的异常类型，建议不要使用 API 中的标准异常类，避免混淆。

参考答案：使用 throw 语句就可以抛出异常，如 throw new XXXException()。抛出异常后，一般情况下会在方法声明处使用 throws 声明该类型的异常，调用该方法时编译器将提示处理异常。

5. throw 关键字和 throws 关键字有什么区别和联系？

解析：throw 和 throws 是异常处理时两个常见的关键字，初级程序员常常容易混淆。如果能正确理解 throw 和 throws 的作用和区别，说明已经能比较深入地理解异常处理。throw 用来抛出异常，如果执行了 throw 语句，程序将发生异常，启动异常处理机制。throws 用来声明异常，表明这个方法可能会发生某些类型的异常，那么编译器将强制在调用这个方法的时候处理异常。API 中很多方法都使用 throws 声明了异常，所以使用这些方法时编译器会提示需要处理异常。

参考答案：throw 用来在方法体内抛出异常，而 throws 用来在方法声明处声明异常。这两个关键字有着一定的联系。如果一个方法中使用了 throw 关键字抛出了异常，那么要么立即使用 try catch 语句进行捕获，要么就使用 throws 进行声明，否则将出现编译错误。然而，并不是只有使用了 throw 关键字后才能使用 throws 关键字，从语法上来说，任何一个方法都可以直接使用 throws 关键字，抽象方法也可以使用。

6. 什么是自定义异常类？为什么要自定义异常类？

解析：企业应用中，往往会自定义一系列的异常类，标记一些非正常的事件流。然而，这些自定义异常类不会让每个程序员自定义，而是会由专人定义，分发给程序员使用。

参考答案：自定义异常类区别于 API 中的标准异常类，指的是开发人员自己创建的异常类。只要继承 API 中某个异常类就可以自定义一个异常类，常常继承 Exception 类。自定义异常类主要为了标记业务逻辑中的非正常事件流，避免与 API 中的标准异常混淆。

第四部分　核心 API 的使用

1. 请画出 Java 集合框架的主要接口和类的继承关系。

解析：集合是非常重要的类型，也是企业考查员工编程能力时常常关注的知识点。程序员应该熟悉 Java 集合框架的主要继承关系，掌握常用集合类的用法和特点。

参考答案：

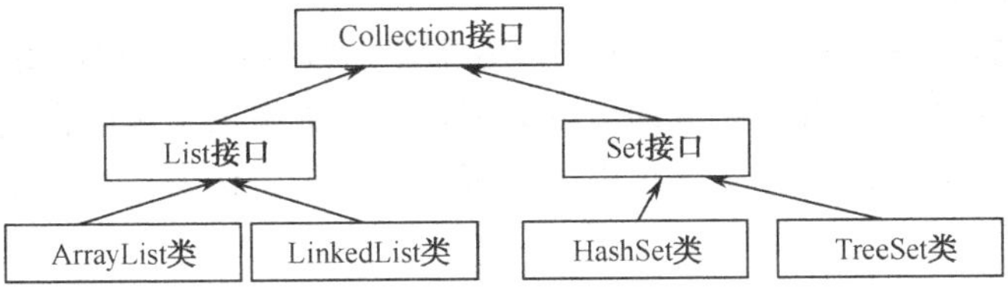

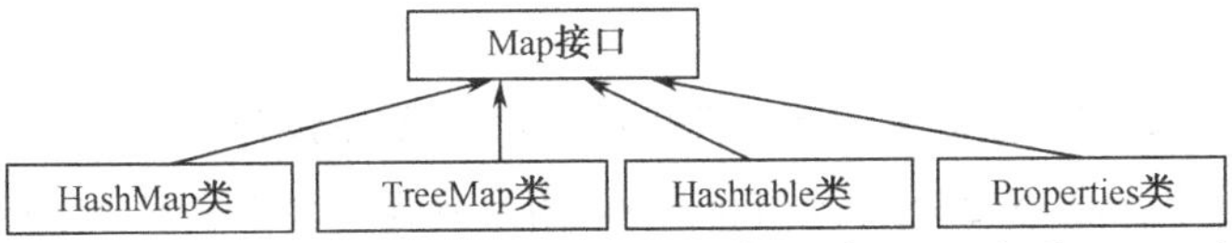

2. Collection 接口和 Map 接口分别定义了什么集合类型？有什么区别？

解析：Collection 和 Map 是 Java 集合框架中的两个基本集合类型，要区别不同的集合，首先要从区别 Collection 和 Map 开始。

参考答案：Collection 接口是传统的集合接口，可以把单个对象存储进来。而 Map 接口是映射接口，存储的是键值对。

3. 用简单代码演示创建一个泛型类型为 Customer 类的 List 对象，并使用增强 for 循环迭代该集合。

解析：JDK 5.0 以后，集合框架中的接口和类都是泛型类及泛型接口，并可以使用增强 for 循环迭代集合。程序员需要确认开发平台的 JDK 版本，如果低于 5.0 则不能使用这些功能。

参考答案：

```
List<Customer> list=new ArrayList<Customer>();
for(Customer cust:list){
}
```

4. List和Set集合有什么区别？

解析：List和Set是Collection接口的两个子接口，也是使用最多的两种集合类型。程序员掌握这两个接口的基本特征，能够更准确地选择集合类型。

参考答案：List实现了列表类型的集合，List中的元素是有顺序（ordered）的，每个元素根据加入集合的顺序而对应一个索引值，可以根据这个索引值返回集合元素。而Set实现了不重复的集合，即Set中的元素不能够重复，重复的元素将无法添加到集合中。

5. List接口有哪几个主要的实现类？分别说明其特征。

解析：List是用得较多的集合类型，是一个接口，具体使用List类型集合时，需要使用其实现类。List接口的每个实现类也都实现了不同的数据结构，各自具有不同的特征，其中ArrayList是最常用的List实现类。

参考答案：List接口中有以下几个常用实现类。①ArrayList：实现了动态数组的特征。②LinkedList：实现了链表的数据结构，也可以用做栈或队列。③Vector：Vector类的功能ArrayList都可以实现，区别在于Vector是线程同步的。

6. Collection和Collections有什么区别？

解析：很多初级程序员对Collection和Collections容易混淆，二者名字非常类似，本质含义却大大不同，Collections类与Arrays类非常类似，都是工具类，程序员应该熟练掌握。

参考答案：Collection是一个接口的名字，定义了集合类型的共同特征。而Collections是一个类的名字，是集合类型的工具类，类中定义了大量的静态方法，能够操作集合对象。

7. 如何将一个Collection转换成数组？

解析：集合和数组有很多共同的地方，二者都作为数据容器使用，用来持有数据。然而，数组的长度总是固定的，集合的长度却可以动态扩展，数组由于可以直接通过索引操作其中的元素，所以性能和效率较高。实际应用中，可能使用集合作为临时变量持有数据，却将最终的结果转换成数组返回。

参考答案：Collection接口中定义了toArray(T[] a)方法来将集合转换为数组，其中T是泛型类型。

8. 假设存在文本文件etc.doc，请用代码展示将该文件按行读出，并打印输出到控制台。

解析：能够使用java.io包进行文件的输入/输出操作是一个程序员的必备技能，使用IO的步骤基本类似，都需要经历选择IO类、创建流对象、进行读/写操作、关闭流对象的过程。程序员应该熟悉常用的IO流，能够根据需要选择适当的IO类。

参考答案：

```
File file=new File("etc.doc");
    try {
        FileReader fr=new FileReader(file);
        BufferedReader br=new BufferedReader(fr);
        String line=br.readLine();
        while(line==null){
            System.out.println(line);
            line=br.readLine();
        }
    } catch (FileNotFoundException e) {
        e.printStackTrace();
    } catch (IOException e) {
        e.printStackTrace();
    }
```

9. 请说明 AWT、Swing 及 SWT 的区别和联系。

解析：目前，使用 Java 开发 GUI 的应用比较少，然而程序员至少应该了解利用 Java 进行 GUI 编程的主要概念。

参考答案：AWT（Abstract Windows Toolkit）是 Java 语言中最原始的 GUI 工具包；Java Swing 是 Java Foundation Classes（JFC）的一部分，是在 AWT 基础上发展而来的 GUI API；AWT 和 Swing 都是原 Sun 公司推出的 Java GUI 工具包，而 SWT 是 Eclipse 组织为了开发 Eclipse IDE 环境所编写的一组底层 GUI API。

10. 假设某 GUI 中存在一个按钮 button，请使用匿名内部类对该按钮注册监听器，使得单击按钮后应用能够退出。

解析：使用 Java 语言进行 GUI 开发的应用较少。只要进行 GUI 开发，事件处理都是非常重要的知识点。GUI 的事件处理，很多时候使用匿名内部类实现，程序员至少需要熟悉匿名内部类的语法。

参考答案：

```
button.addActionListener(new ActionListener(){
        public void actionPerformed(ActionEvent arg0) {
                System.exit(0);
        }
});
```

11. 使用 Java 语言如何创建线程对象？请列出常用的两种方法。

解析：Java 语言能够支持多线程编程，将线程封装成 Thread 类型的对象，只要创建 Thread 类型的对象，就能够便捷地启动线程、执行线程体。程序员必须掌握创建线程的常用方法。

参考答案：Java 语言中经常使用两种方法创建线程。① 创建 Thread 类的子类，在子类中覆盖 Thread 类的 run 方法，实现线程的运行体，只要创建该子类对象就是线程对象。② 创建 Runnable 接口的实现类，在实现类中覆盖接口中的 run 方法，实现线程的运行体。使用 Thread（Runnable）构造方法可以创建线程对象，参数是 Runnable 接口实现类的实例。

12. 关键字 synchronized 有什么作用？用简单代码展示 synchronized 的用法。

解析：线程可以共享数据，而共享数据时，可能会因为多个线程并发处理共享数据而导致数据不一致。这种时候，线程同步就非常关键。程序员必须掌握同步的用法，尤其不能随意将代码进行同步，因为同步将降低性能，所以一定不能把不需要同步的代码进行同步，而是只把必须同步的代码进行同步。

参考答案：synchronized 可以将某个代码块或者某个方法进行线程同步，被同步的代码块在一个时刻只能被一个线程访问，只有当前线程处理结束后，方能被其他线程访问。例如：

```
public void run() {
    for(int i=0;i<50;i++){
        synchronized(this){
            System.out.println(Thread.currentThread().getName()+" :x="+x);
            x++;
        }
    }
}
```

13. 线程之间通信的方法有哪几个？分别起到什么作用？

解析：如果多个线程共享了某些数据，同时线程之间又存在一定的“依赖”关系，即执行某类线程必须依赖另一类线程的执行结果，如消费者必须等待生产者生产了商品才能消费。这种情况下，线程之间就需要通信。必须在同步代码块中调用线程通信的方法。

参考答案：线程通信的方法有 3 个，在 Object 类中定义。①wait 方法：使得线程进入等待状态。②notify 方法：随意通知等待池中的某个线程。③notifyAll 方法：通知等待池中的所有线程。

14. 基于 TCP 协议的网络编程，如何在客户端和服务器端传输数据？

解析：使用 Java 语言进行网络编程，主要是针对传输层进行编程。传输层主要有两种协议，即 TCP 和 UDP。基于 TCP 协议的网络编程，主要使用 Socket 和 ServerSocket。程序员应该掌握基于 TCP 协议网络编程的连接方式、通信方式等。

参考答案：基于 TCP 协议的网络编程，主要使用 Socket 类获得输入流和输出流，进一步在客户端和服务器端进行输入和输出操作。

15. 基于 UDP 协议的网络编程，如何在客户端和服务器端传输数据？

解析：除了 TCP 协议外，传输层还可以使用 UDP 协议。基于 UDP 协议的网络编程，主要使用数据报传输数据。

参考答案：基于 UDP 协议的网络编程，主要使用数据报传输数据。Java 语言 API 中定义了 DatagramPacket 类，用来表示一个数据报。

16. Date 和 Calendar 类有什么区别和联系？

解析：应用开发中经常需要对日期进行处理。Java 语言中与日期有关的类包括 Date 和 Calendar，程序员应该熟悉这两个类。

参考答案：Date 类用来表示某个特定瞬间，能够精确到毫秒。而在实际应用中，往往需要把一个日期中的年、月、日等信息单独返回进行显示或处理，Calendar 类中就定义了这样一系列方法。往往可以先创建一个 Date 实例，然后通过 Calendar 中的 setTime 方法将该实例关联到 Calendar，接下来就可以使用 Calendar 中的方法处理 Date 实例中的信息。

17. DateFormat 类有什么作用？用简单代码展示其使用方法。

解析：DateFormat 类是和日期格式相关的类，当需要将日期按照一定格式显示时，应该考虑使用 DateFormat 类，对这样常用的类，程序员都应该熟练使用。

参考答案：DateFormat 是一个用来对日期和时间类型进行格式转换的类，该类是一个抽象类，定义了日期时间格式化的通用方法。例如：

```
DateFormat format1=DateFormat.getInstance();
System.out.println(format1.format(new Date()));
```

18. SimpleDateFormat 类有什么作用？用简单代码展示其使用方法。

解析：SimpleDateFormat 类是 DateFormat 类的子类，能够灵活定义日期显示格式。对于程序员来说，要想能够灵活定义日期格式，必须熟悉 API 中定义的字符模式。

参考答案：SimpleDateFormat 类是 DateFormat 类的子类，可以非常灵活地定义日期显示格式。例如：

```
SimpleDateFormat sdf1=new SimpleDateFormat("yyyy年MM月dd日 hh时mm分ss秒EE", Locale.CHINA);
System.out.println(sdf1.format(new Date()));
```

19. Java 语言中与国际化相关的类有哪几个？说明其主要作用。

解析：如果应用需要能够支持不同的语言环境，那么就需要进行国际化编程。目前有很多框架对国际化进行了封装和支持，然而了解 Java 语言对国际化底层的支持，对于程序员进行国际化编程是非常有必要的。

参考答案：Java 语言中与国际化相关的类主要有 3 个。①java.util.Locale：对应一个特定的国家/区域、语言环境。②java.util.ResourceBundle：用于加载一个资源包，并从资源包中获取需要的内容。③java.text.MessageFormat：用于将消息格式化，如动态为占位符赋值等。

20. Java 语言中与格式化相关的类有哪几个？说明其主要作用。

解析：格式化在编程中常常出现，如将数字以货币或百分数的形式输出等。Java 语言定义了一系列的类，能够实现不同类型的格式化，程序员应该熟悉这些类的使用。

参考答案：Java 语言中主要有 3 个和格式化相关的类。①DateFormat：用来对日期进行格式化，并有子类 SimpleDateFormat 对其进行了扩展。②MessageFormat：用来对消息进行格式化。③NumberFormat：用来对数字进行格式化，并有 ChoiceFormat 和 DecimalFormat 两个子类对其进行了扩展。

21. Java 语言中使用哪两个类封装大数据类型？分别有什么作用？

解析：实际编程中，往往会由于数值超出长度范围而失去精度。Java 语言中提供了大数据类型解决这个问题，程序员应该对此熟练掌握，在需要进行大数据运算时使用。

参考答案：Java 语言中有两个大数据类型，即 BigInteger 和 BigDecimal，其中 BigInteger 可以封装任意精度的整型数值，而 BigDecimal 可以封装任意精度的有符号数，包括整数和浮点数。

22. 什么是反射？反射有哪些作用？

解析：Java 语言对反射进行了支持，很多框架的底层也使用了反射技术，例如 Spring 框架的 IoC 技术就基于了反射技术。了解反射技术，对于程序员理解很多其他框架和技术都非常有必要。

参考答案：反射是一种强大的工具，能够用来创建灵活的代码，这些代码可以在运行时装配。利用反射机制能够实现很多动态的功能，例如在运行期判断一个对象有哪些方法、动态为对象增加成员、运行期调用任意对象的任意方法等。

23. 有哪几种方法可以返回 Class 类的对象？

解析：初级程序员往往容易对 Class 类产生混淆，Class 是 API 中的一个类名，而不是关键字 class。Class 类是反射技术的核心，用来封装类的类型，通过 Class 实例，可以动态获得类的其他信息。

参考答案：有 3 种方式可以返回 Class 类型对象。①使用 Object 类中的 getClass 方法。②使用 Class 类的 forName 方法。③使用“类名.class”形式返回 Class 实例。

第五部分　特性总结

1. 什么是泛型？泛型有什么作用？

解析：泛型是 JDK 5.0 中增加的特性，API 中有大量的泛型接口、泛型类、泛型方法等。程序员需要了解泛型的作用，尤其在使用集合框架时，往往需要使用到泛型。

参考答案：泛型的本质就是参数化类型，也就是说把数据类型指定为一个参数。在需要声明数据类型的地方，就可以不指定具体的某个类型，而是使用这个参数。这样一来，就能够在具体使用时再指定具体类型，实现了参数的“任意化”。泛型的好处是在编译的时候能够检查类型安全，并且所有的强制转换都是自动和隐式的，提高了代码的重用率。

2. 请声明一个简单的泛型类，说明泛型的作用。

解析：泛型可以用在很多地方，可以声明泛型类、泛型接口、泛型方法等。其中泛型类的使用是程序员必须掌握的知识点。

参考答案：

```
public class GenClass<E> {
    private E attr;
    public GenClass(E attr){
        this.attr=attr;
    }
    public E getAttr() {
        return attr;
    }
    public void setAttr(E attr) {
        this.attr = attr;
    }
    public static void main(String[] args) {
        GenClass<String> g1=new GenClass<String>("hello");
        System.out.println(g1.getAttr());
        GenClass<Integer> g2=new GenClass<Integer>(new Integer(100));
        System.out.println(g2.getAttr());
    }
}
```

上面的类GenClass就是一个泛型类，其中E代表类型的一个参数，不是一个具体的类，可以使用任意字母替代。在类中声明属性、方法的时候，都使用E这个参数表示类型，达到了类型任意化的效果。可见，使用该类时，可以根据需要将E替换为任意具体类型。

3. 下述代码是否有编译错误？如果有，请指出错误。

```
List<String> ls = new ArrayList<String>();
List<Object> lo = ls;
```

解析：Object类是Java中的顶级类，是所有类直接或间接的父类。然而，继承关系在使用泛型集合时非常容易出错，程序员必须谨慎使用。例如，虽然String类型是Object类型的子类型，然而一个泛型类型为String的List并不是一个泛型类型为Object的List的子类型。

参考答案：代码有编译错误，在第二行出错。一个泛型类型为String的List并不是一个泛型类型为Object的List的子类型。

4. 请使用简单代码声明一个枚举类型，并说明枚举的作用。

解析：枚举是JDK 5.0版本增加的新类型，在这之前，只有类和接口两种类型。枚举类型主要能够解决静态常量的类型不安全问题。例如，某类中有一系列int型的静态常量，并都赋予了特定的值。然而在使用这些常量时，完全可以用任意一个int型的值替代，编译器不会发现错误。而枚举作为一种类型存在，编译器将在编译期检查类型，不能随意使用其他值替代。当应用中需要一系列预定义的常量值时，程序员就应该考虑是否使用枚举实现。

参考答案：枚举使用enum关键字声明。如下代码所示：

```
public enum StudentGrade {
    A,B,C;
}
```

使用枚举的时候，可以通过枚举的名字 StudentGrade 进行引用。如下代码所示：

```
public void setGrade(StudentGrade grade) {
    this.grade = grade;
}
```

在使用 setGrade 方法时，实际参数值只能是枚举 StudentGrade 中的预定义值，否则将出现编译错误。

5. 假设有一个枚举类型是 Grade，请用代码展示遍历该枚举的方法。

解析：枚举中往往定义了一系列的数据点，在某些场合下可能需要遍历这些值。程序员应该掌握遍历枚举的方法。

参考答案：遍历枚举需要使用 values 方法。如下代码所示：

```
Grade[]grades = Grade.values();
for(Grade g:grades){
   System.out.println(g);
}
```

6. 增强 for 循环在什么场合使用？用简单代码展示其使用方法。

解析：增强 for 循环是 JDK 5.0 版本增加的特性，只能在遍历数组或集合时使用。遍历集合时，最好使用泛型集合，否则将比较复杂。增强 for 循环并不能完全替代传统循环，如果不是遍历数组或集合，还是只能使用传统的 for 循环。

参考答案：增强 for 循环可以用来遍历数组或集合。如下代码所示：

```
for(String s:sArray){
     System.out.println(s);
}
```

上述代码中的 sArray 是一个 String 类型的数组。

7. 什么是自动装箱、拆箱？使用该特性有哪些注意事项？

解析：自动装箱、拆箱指的是 8 个包装器类型与 8 个基本数据类型之间转换的问题。然而，这个特性却需要谨慎使用，因为虽然表面上看来非常方便，而实质上依然需要创建对象、进行转换等操作，使用不恰当会降低性能。

参考答案：自动装箱指的是可以直接将基本数据类型转换为包装器类型，自动拆箱指的是可以直接将包装器类型转换为基本数据类型。如下代码所示：

```
int m=100;
Integer im=m;
int n= im;
```

上述代码中，直接将 m 赋值给包装器对象 im，这就是自动装箱，然后直接将 im 赋值给基本数据类型 n，这就是自动拆箱。虽然表面上看代码简洁方便，然而本质上装箱的时候依然使用 new 创建了对象，而拆箱时也依然调用了方法进行运算。因此，不要在没有必要的时候，频繁使用装箱、拆箱，会降低性能。

8. 什么是可变参数？用简单代码展示可变参数的使用。

解析：如果一个类中的某个方法，要接受某个类型的参数，而参数个数却不确定，这种情况下，可以将这个参数使用数组类型或集合类型封装。但使用该方法时比较麻烦，必须先把参数封装成数组或集合。可变参数就能够解决这个问题。

参考答案：可变参数是指参数个数不确定的参数。如下代码所示：

```
public static int add(int...args){
    ...
}
```

上述方法的参数 args 就是可变参数，使用 add 方法时，形式参数可以是任意多个 int 型数值。